明清小品丛刊

[明] 吕坤 洪应明 著
吴承学 李光摩 校注

呻吟語 菜根談

上海古籍出版社

图书在版编目（CIP）数据

呻吟语／（明）吕坤；吴承学，李光摩校注．菜根谈／（明）洪应明著．—上海：上海古籍出版社，2000.5（2018.5重印）
（明清小品丛刊）
ISBN 978-7-5325-2746-5

Ⅰ．①呻…②菜… Ⅱ．①吕…②吴…③李…④洪… Ⅲ．人生哲学-中国-明清时代 Ⅳ．B825

中国版本图书馆CIP数据核字（2000）第18343号

明清小品丛刊
呻吟语·菜根谈
［明］吕坤·洪应明 著
吴承学 李光摩 校注
上海世纪出版股份有限公司
上海古籍出版社 出版、发行
（上海瑞金二路272号 邮政编码200020）
（1）网址：www.guji.com.cn
（2）E-mail：guji1@guji.com.cn
（3）易文网网址：www.ewen.co
新华书店上海发行所发行 苏州市越洋印刷有限公司印刷
开本 850×1156 1/32 印张 14.125 插页 4 字数 304,000
2000年5月第1版 2018年5月第10次印刷
印数：21,501-23,600
ISBN 978-7-5325-2746-5

I·1402 定价：33.00元

出 版 说 明

中国古典散文，自先秦发源，中经汉魏六朝、唐宋，发展到明清，已经进入了其终结期。这一时期，尤其是晚明阶段，伴随着时代社会的发展，文坛也出现了新的变化。这一时期的散文园地，虽然没有再出现过像先秦诸子、唐宋八家那样的天才巨子，但也是作者众多、名家辈出；虽然没有再出现过《庄子》、《韩非子》一类以思理见胜的议论文，《左传》、《史记》一类以叙述见长的史传文，以及韩柳欧苏散文一类文质兼胜的作品，但也有新的开拓和发展，散文的题材更加丰富，形式更加自由，从对政治、历史和社会现实的关注，更多地转向对人生处世、生活情趣的关注，从而形成了又一个以文体为特征命名的发展时期，这就是文学史上习称的明清小品文。

小品的名称并不自明清始。“小品”一词，来自佛学，本指佛经的节本。《世说新语·文学》：“殷中军（浩）读小品，下二百签，皆是精微。”刘孝标注云：“释氏《辨空》，经有详者焉，有略者焉；详者为大品，略者为小品。”可见，“小品”本来是就“大品”相对而言，是篇幅上的区分，而不是题材或体裁的区分。小品一词，后来运用到文学领域，同样也没有严格的明确的定义,凡是短篇杂记一类文章,均可称之为小品。题材的包容和体裁的自由,可以说是小品文的主要特点。准确地说,“小品”是一种“文类”,可以包括许多具体的文体。事实上,在明人的小品文集中,许多文体,如尺牍、游记、日记、序跋,乃至骈文、辞赋、小说等几乎所有的文体,都可以成为“小品”。明人王思任的《谑庵文饭小品》,就包括了几乎所有的散文、韵文的文体。尽管如此,从阅读和研究的习惯来说,小品文还是有比较宽泛的界定,通常所称的小品文,主要还是就文体而言,指篇幅短小、文辞简约、情趣盎然、韵味隽永的散文作品。

小品文作为一种文体的兴盛,在明清时期,主要在晚明阶段。而小品文的渊源,则仍可追溯到先秦时期。《论语》、《孟子》、《庄子》等书中一些精采的短章片断,可以看作是后世小品文的滥觞。六朝文人的一些书信、笔记之类,如《世说新语》中所记的人物言行,“简约玄淡,真致不穷”(胡应麟《少室山房类稿·读〈世说新语〉》),更是绝佳的小品之作。唐代小品文又有长足发展。柳宗元的“永州八记”,堪称山水小品中的精品。晚唐时期,陆龟蒙、皮日休、罗隐等人的小品文,刺时讽世,尖锐深刻,在衰世的文坛上独树一帜,“正是一塌糊涂的泥塘里的光彩和锋芒”(鲁迅《小品文的危机》)。宋代文化得到空前的发展,出现了不少百科全书式的文化巨人,而其中代表宋代文化最高成就的苏轼,就是一位小品文的巨匠。苏轼自由不羁的性格,多方面的文化素养,使小品文这种文体在他手中运用自如,创作出大量清新俊逸之作,书画题跋这一体裁更是达到了极致。以致明人把他推为小品文的正宗,编有《苏长公小品》。宋代兴起的大量笔记,不少具有很高的文学价值,也为小品文的兴盛起了推波助澜的作用。

把小品文作为一种文体加以定名，并有大量作家以主要精力创作小品文，从而使小品文创作趋于繁荣，还得到晚明阶段。这一阶段，不仅有不少作家把自己的著作径以“小品”命名，如朱国祯的《涌幢小品》、陈继儒的《晚香堂小品》、王思任的《谑庵文饭小品》等；还出现了不少以“小品”为名的选本，如王纳谏编《苏长公小品》、华淑编《闲情小品》、陈天定编《古今小品》、陆云龙编《皇明十六家小品》等。而作为小品文达到鼎盛阶段标志的，还得推当时出现的许多具有很高文学成就的小品文作家，如以袁宗道、袁宏道、袁中道“三袁”和江盈科为代表的“公安派”作家，钟惺、谭元春为代表的“竟陵派”作家，以及同时或稍后的屠隆、汤显祖、张大复、陈继儒、李日华、吴从先、刘侗、张岱等，均有小品文著述传世。晚明小品文的主要特点在于独抒性灵，不拘格套，在艺术上极富创造性。晚明小品虽然在思想内涵和历史深度方面，无法与先秦两汉散文、唐宋散文等相比；但在反映时代思潮、探寻人生真谛方面，同样达到了时代的高度。

晚明小品文的兴盛，是与当时的社会现实、社会风尚和思潮的影响分不开的。晚明个性解放的思潮、市民意识的增强，是晚明小品文兴盛的重要原因。明亡之后，天翻地覆的巨变使社会思潮产生了新的变化，晚明的社会思潮和文学风尚得到了新的审视；同时，随着清王朝专制统治的加强和正统文学思潮的冲击，小品文的创作也趋于衰微。但仍有一部分作家仍然继承了晚明文学的传统，创作出既有晚明文学精神又具时代特色的小品文，如李渔的《闲情偶寄》、张潮的《幽梦影》、余怀的《板桥杂记》、冒襄的《影梅庵忆语》、沈复的《浮生六记》等，或以其潇洒的情趣，或以其真挚的情怀，为后人所激赏。

明清小品文不仅是中国古典散文终结期时的遗响，而且也是古典散文向现代散文转换中的重要一环，对后世产生了重要影响。"五四"新文学运动的不少散文作家都喜爱晚明小品，周作人在《中国新文学的源流》一书中甚至认为晚明文学运动与"五四"新文学运动有些相似之处。20世纪三十年代的中国文坛上，更曾掀起过一阵晚明小品的热潮。以林语堂为代表的作家大力提倡小品与幽默，强调自我，主张闲适，甚至认为"中国现代文学唯一之成功，小品文之成功也"(林语堂《人间世》发刊词)。在当时内忧外患的形势下，林语堂等人的观点无疑是不合时宜的，因而理所当然地受到了鲁迅先生的批评。但鲁迅先生对小品文本身以及晚明文学的代表袁宏道等并不持否定态度，而是认为"小品文大约在将来也可以存在于文坛，只是以'闲适'为主，却稍不够"(《一思而得》)。鲁迅先生是把战斗的小品比作"匕首"与"投枪"，他晚年以主要精力创作杂文，正是重视小品文作用的表现。进入九十年代以后，随着思想的解放和物质生活的改善，文坛上又出现了一阵小品随笔热，明清小品的价值在尘封半个世纪之后重又为人们所发现，并开始得到实事求是的评估。为了使广大读者对明清小品有比较全面的认识，给广大读者提供较好的阅读文本，我们特出版了这套《明清小品丛刊》。

本丛刊精选明清具有较大影响和具有较高欣赏价值的小品文集。入选本丛刊者，系历史上曾单独成集者，不收今人选本。入选的小品文集一般根据通行本加以校勘，所据版本均在前言 中予以注明。一般不出校记，重要异文则在注中注明。由于明清小品文作者多率性而作，又多引用前人诗文及典故，所论又多切合当时社会风尚，为给读者阅读提供参考和帮助，特对入选的小品文予以简注，对文中出现的人名、地名、典故、术语加以简明的注释，语词一般不注。明清小品文集的校注工作是一项尝试，疏误之处当在所不免，殷切地期待着读者的批评与指正。

上海古籍出版社

前　　言

本书是晚明时代两部著名小品文集的合集，一部是吕坤的箴言体小品《呻吟语》，一部是洪应明的清言小品《菜根谈》。我们把这两部在思想内容与艺术形态都有较大区别又各具代表性的小品合为一集，目的在于让读者互相比较、互相补充，以便更为全面地了解晚明文人的思想心态和晚明小品的艺术形态。

《呻吟语》的作者吕坤（1536——1618），明嘉靖、万历年间人，字叔简，一字心吾或新吾，自号抱独居士，河南宁陵人。曾官至刑部左、右侍郎。吕坤为人“刚介峭直，留意正学。居家之日，与后进讲习，所著述，多出新意”（《明史》卷二二六）。《呻吟语》成书于万历二十一年，所谓“呻吟语，病时疾痛语也”，其目的是“以一身示惩于天下”（《呻吟语序》），即起着警世的作用。《呻吟语》以儒家思想为立足点，反映了作者对于人生和社会的思考。全书分六卷，即礼集、乐集、射集、御集、书集、数集，又分为性命、存心、伦理、谈道、修身、问学、应务、养生、天地、世运、圣贤、品藻、治道、人情、物理、广喻、词章十七类，篇幅甚大，从其题目也不难看出其儒家修养的道德体系。《呻吟语》表现的思想情趣与一般晚明的清言小品不同，它更近于传统的格言、箴言，内容多关乎治国修身，处事应物，也表现作者的哲学思想，其风格颇为谨重，无一般晚明人的狂狷之风；其立意比较积极，无晚明许多小品虚无的态度。

吕坤的思想综采百家，但其主体仍是儒家，不过由于受到时代风气的影响，他的儒学思想带有明显的晚明色彩。比如他积极地主张根据人情物理来会通和权变，不拂人的情性。如卷一《谈道》篇就说："圣人只是傍人情依物理。"卷二《问学》篇也说："学问大要，须把天道、人情、物理、世故识得透彻，却以胸中独得中正的道理消息之。"卷五《治道》篇又说："王法上承天道，下顺人情，要个大中至正，不容有一毫偏重偏轻之制。"卷六《人情》篇："圣人处世只于人情上做工夫，其于人情，又只于未言之先、不言之表上作工夫。"从人情物理讲道学，强调人情物理的重要性，这比以理杀人的腐儒高明何止百倍。又如卷三《应务》篇："《仪礼》不知是何人制作，有近于迂阔者，有近于迫隘者，有近于矫拂者，大率是个严苛繁细之圣人所为，胸中又带个惩创矫拂心而一切之。后世以为周公也，遂相沿而守之。毕竟不便于人情者，成了个万世虚车。"他大胆地批评儒家经典的不近人情，"成了个万世虚车"。他还指出封建社会里，在实施礼教方面对于男女的两重标准，"夫礼也，严于妇人之守贞，而疏于男子之纵欲，亦圣人之偏也"(《治道》)。这些都深刻地批判封建社会的礼教之不平等与不公正。

《呻吟语》时时体现出儒家君子自强不息的积极用世精神，但时由于身处晚明时代，目睹社会现实的黑暗与吏治的腐败，这种强烈用世的精神必然伴随着深沉的忧患意识。如卷五《治道》篇："而今不要掀揭天地、惊骇世俗，也须拆洗乾坤、一新光景。""振则须起风雷之益,惩则须奋刚健之乾,不如是,海内大可忧矣。""如今天下事,譬之敝屋,轻手推扶,便愕然咋舌。今纵不敢更张,而毁拆以滋坏,独不可已乎?""整顿世界,全要鼓舞天下人心。鼓舞人心,先要振作自家神气。而今提纲挈领之人,奄奄气不足以息,如何教海内不软手折脚、零骨懈髓底!""印书先要个印板真,为陶先要个模子好。以邪官举邪官,以俗士取俗士,国欲治,得乎?""纪纲法度,整齐严密,政教号令,委曲周详,原是实践躬行,期于有实用,得实力。今也自贪暴者奸法,昏惰者废法,延及今日万事虚文,甚者迷制作之本意而不知,遂欲并其文而去之。只今文如学校,武如教场,书声军容,非不可观可听,将这二途作养人用出来,令人哀伤愤懑欲死。推之万事,莫不皆然。安用缙绅簪缨塞破世间哉?"这是对晚明社会现实和政治现状的批评,其态度是相当激烈也非常中肯,而且流露出对于晚明时代吏治腐败的失望以至绝望的情绪。这不是吕坤一己之私情,其实也是明清之际,在社会即将产生天崩地陷的巨变之前,一批有正义感和使命感的知识分子所共同表现出来的悲剧情怀。

《呻吟语》在艺术形态上属于箴言体或语录体,言简意赅,语言比较随意,有感而发,随手记录,不求文采,不求偶对,辞达而已。此书历来影响颇大,如清代尹会一在《吕语集粹·序》中说:"吕新吾先生著述甚富,皆心得之学,明体达用之书也,而《呻吟语》为最。余反复玩味,见其推勘人情物理,研辨内外公私,痛切之至,令人当下猛省,奚啻砭骨之神针,苦口之良剂。"申涵光的《荆园小语》也说:"吕新吾先生《呻吟语》,不可不常看。"

《菜根谈》,亦作《菜根谭》,其作者有的本子题为洪应明,有的本子则题为洪自诚。今据《四库全书总目》卷一四四子部小说家类存目二《仙佛奇踪》提要:"明洪应明撰。明字自诚,号还初道人。其里贯未详,是编成于万历壬寅。"可见洪应明与洪自诚同为一人,只是一为名,一为字。按万历壬寅即万历三十年,也就是公元1602年,可见洪应明主要生活于万历年间。《菜根谈》的创作时间不详。民国十四年扫叶山房影印日本刻本上有于孔兼的《菜根谈题词》。按于孔兼,《明史》有传,万历八年进士,官至礼部仪制郎中,万历二十一年(1593年)因疏救考功郎中赵南星而被谪,从此家居二十年,杜门读书。于孔兼的题辞自称云:"逐客孤踪,屏居蓬舍。……日与渔父田夫朗吟唱和于五湖之滨、绿野之坳,不日与竞刀锥、荣升斗者交臂抒情于冷热之场、腥膻之窟也。……适有友人洪自诚者,持《菜根谈》示予,且丐予序。"可见《菜根谈》所作的时间是于孔兼辞官家居时间,也就是万历二十一年以后的二十年间。所以《菜根谈》与《呻吟语》同样写于万历年间,但可以肯定《菜根谈》的写作略比《呻吟语》要晚些。

《菜根谈》的篇幅比《呻吟语》小得多,分为修省、应酬、评议、闲适、概论几部分。古人以"咬菜根"喻过清苦生活。朱熹《朱子全书·学四》:"某观今人因不能咬菜根,而至于违其本心者众矣,可不戒哉!"于孔兼在《菜根谈题词》中说:"谈以'菜根'名,固自清苦历练中来,亦自栽培灌溉里得,其颠顿风波,备尝险阻,可想矣。"三山通理达夫在序《菜根谈》时,也表达了近似的意见:"菜之为物,日用所不可少,以其有味也。但味由根发,故凡种菜者必要厚培其根,其味乃厚。似此书所说世味及出世味,皆为培根之论,可弗重欤?"二氏的议论都侧重于人品的修养,有励志警策之作用,以揭示《菜根谈》书名的内涵。

把《菜根谈》与《呻吟语》作一比较,更能看出两书的特色。如果说,《呻吟语》内容大致是从儒家学说出发来阐述道德修养,《菜根谈》内容则大致是关于人情哲理与生活艺术,充满人生智慧与生活气息。于孔兼在《菜根谈题词》中评论此书说:“其谈性命直入玄微,道人情曲尽岩险。俯仰天地,见胸次之夷犹;尘芥功名,知识趣之高远。笔底陶铸,无非绿树青山;口吻化工,尽是鸢飞鱼跃。”颇为简要地概括了此书的内容。在《菜根谈》中,人生哲理、世态炎凉、论文谈艺、山川水月、泉石烟霞、花草虫鱼,无所不具。它不像《呻吟语》那样阐释比较纯正的儒家中庸思想,而是熔儒道释三家于一炉,加上作者自己对于人生的体验和思考,带有更为浓郁的晚明色彩。“看破有尽身躯,万境之尘缘自息;悟入无坏境界,一轮之心月独明。”(《闲适》)“山河大地已属微尘,而况尘中之尘;血肉身躯且归泡影,而况影外之影。非上上智,无了了心。”(《概论》)这些清言庄禅的意味很浓,但像“欲做精金美玉的人品,定从烈火中锻来;思立掀天揭地的事功,须向薄冰上履过”(《修省》),这又很有儒家君子自强不息的观念。不过《菜根谈》在描写文人理想的生活时总是流露出清净无为、空虚澹泊的情趣与禅机:“阶下几点飞翠落红,收拾来无非诗料;窗前一片浮青映日,悟入处尽是禅机。”(《闲适》)“孤云出岫,出留一无所系;朗镜悬空,静躁两不相干。”(《概论》)“听静夜之钟声,唤醒梦中之梦;观澄潭之月影,窥见身外之身。”(《概论》)可见《菜根谈》主要的思想倾向明显受到老庄与禅宗影响,颇为典型地反映了晚明文人的思想情趣和意绪心态。

晚明许多清言作品,都流露出当时文人强烈的幻灭感和末世意识。在这方面,《菜根谈》比较有代表性。“狐眠败砌,兔走荒台，尽是当年歌舞之地；露冷黄花，烟迷衰草，悉属旧时争战之场。盛衰何常，强弱安在？念此令人心灰。”(《概论》)令人不免有“亡国之音哀以思”之预感。晚明文人所追求的闲适超脱，往往与这种末世的悲凉和苦涩交织在一起，故与其他时代比如唐宋文人的闲情逸致有明显不同的况味。

《菜根谈》与《呻吟语》形式上是颇为不同的。《呻吟语》属于语录体、箴言体之类，而《菜根谈》则是清言体。晚明清言是一种精致而优美的格言式小品，而其内容大多表现晚明文人的闲情逸致和庄禅幽尚。清言的语言往往融合骈文之韵与散文之气，高雅整饬而又灵动畅达，骈散兼用而多用骈语。不过，清言虽用骈语，但却与传统骈文的文体风格有很大的差异。骈文比较重视词藻之华艳、色彩之浓郁，讲究用典、声律，故风格华丽；清言虽多偶句，但比较生活化，少用典故，风格更为自然清新、流畅自由，读起来似行云流水，自如无碍。《菜根谈》典型地反映了晚明清言小品的语言特色。与《呻吟语》相比，它更喜欢诗意的语言，显得深刻、隽永而精美，令人回味无穷：“昼闲人寂，听数声鸟语悠扬，不觉耳根尽彻；夜静天高，看一片云光舒卷，顿令眼界俱空。”(《闲适》)“霜天闻鹤唳，雪夜听鸡鸣，得乾坤清纯之气；晴空看鸟飞，活水观鱼戏，识宇宙活泼之机。”(《闲适》)这些诗化语言构成一种相当灵动的艺术意境和强烈的艺术感染力，使读者似乎在欣赏自然的松韵石声、水心云影中，超然妙悟。

晚明清言存在着雅俗两种审美观念的合流。一方面是诗化的语言，极力营造艺术意境，同时也可以运用相当通俗化的语言。这在《菜根谈》中也有体现：“富贵的一世宠荣，到死时反增一个恋字，如负重担；贫贱的一世清苦，到死时反脱了一个厌字，如释重枷。”(《闲适》)“进德修行，要个木石的念头，若一有欣羡，便趋欲境；济世经邦，要段云水的趣味，若一有贪著，便堕危机。”(《概论》)对偶的形式是一种文雅的修辞方式，而这里却是以对偶形式来编排白话俗语，语言上有一种特别的谑趣。总之，文白并用，雅俗相兼，经典之语，市井之言，皆可熔于一炉，其风格整饬而又灵动，雅致而又通俗，这可以说是晚明清言小品的语言形式特点。

《菜根谈》一书问世以来，在海内外影响甚大。此书流入日本后，于江户时代重刊，一纸风行，遍传三岛。清康熙帝曾亲自辑录“满汉合璧本”《菜根谈》，命内务府印行，以教育子弟。近年来，《菜根谈》在海内外都颇受重视，甚至形成一股阅读热潮。

最后向读者交待一下本书整理所据的版本。《呻吟语》以明万历二十一年刻本为底本；《菜根谈》以清同治年间常州天宁寺沙门清镕重校刻本为底本，书前的于孔兼《菜根谈题词》，据民国十四年扫叶山房影印日本刻本补入。两书均以他本校正，不出校记，特此说明。

吴承学

一九九九年六月于中山大学

目　　录

出版说明……1
前言……1

呻　吟　语

呻吟语序……3
卷一　内篇　礼集……5
　性命……5
　存心……11
　伦理……33
　谈道……44
卷二　内篇　乐集……84
　修身……84
　问学……133
卷三　内篇　射集……152
　应务……152
　养生……198

卷四　外篇　御集……………………………………………… 201
　　天地…………………………………………………………… 201
　　世运…………………………………………………………… 214
　　圣贤…………………………………………………………… 217
　　品藻…………………………………………………………… 233
卷五　外篇　书集……………………………………………… 265
　　治道…………………………………………………………… 265
卷六　外篇　数集……………………………………………… 329
　　人情…………………………………………………………… 329
　　物理…………………………………………………………… 336
　　广喻…………………………………………………………… 340
　　词章…………………………………………………………… 359

菜　根　谈

菜根谈原序…………………………………………………… 369
菜根谈题词…………………………………………………… 371
　　修省…………………………………………………………… 373
　　应酬…………………………………………………………… 379
　　评议…………………………………………………………… 388
　　闲适…………………………………………………………… 399
　　概论…………………………………………………………… 407

呻◇吟◇语

〔明〕吕　坤　著

呻吟语序

呻吟，病声也。呻吟语，病时疾痛语也。病中疾痛，惟病者知，难与他人道；亦惟病时觉，既愈，旋复忘也。

予小子生而昏弱善病，病时呻吟，辄志所苦以自恨曰：慎疾。无复病。已而弗慎，又复病，辄又志之。盖世病备经，不可胜志。一病数经，竟不能惩。语曰：三折肱成良医[①]。予乃九折臂矣[②]！沉痼年年，呻吟犹昨。嗟嗟！多病无完身，久病无完气。予奄奄视息而人也哉！

三十年来，所志《呻吟语》凡若干卷，携以自药。司农大夫刘景泽，摄心缮性，平生无所呻吟，予甚爱之。顷共事雁门，各谈所苦。予出《呻吟语》视景泽，景泽曰："吾亦有所呻吟，而未之志也。吾人之病，大都相同。子既志之矣，盍以公人？盖三益焉：医病者见子呻吟，起将死病；同病者见子呻吟，医各有病；未病者见子呻吟，谨未然病。是子以一身示惩于天下，而所寿者众也。即子不愈，能以愈人，不既多乎？"余矍然曰："病语狂，又以其狂者惑人闻听，可乎？"因择其狂而未甚者存之。呜呼！使予视息苟存，当求三年艾[③]，健此馀生，何敢以沉痼自弃？景泽，景泽，其尚医余也夫！

万历癸巳三月抱独居士宁陵吕坤书[④]

①三折肱:语出《左传·定公十三年》:“三折肱,知为良医。” ②九折臂:语出《楚辞·九章·惜诵》:“九折臂而成医兮,吾至今而知其信然。” ③三年艾:上好的艾草,作为针灸治病之用。语出《孟子·离娄上》:“今之欲王者,犹七年之病,求三年之艾,苟为不畜,终身不得。” ④万历癸巳:万历二十一年,即公元1593年。

呻吟语卷一·内篇·礼集

性　　命

正命者，完却正理，全却初气，未尝以我害之，虽桎梏而死，不害其为正命①。若初气凿丧，正理不完，即正寝告终，恐非正命也。

①正命：《孟子·尽心上》："尽其道而死者，正命也。桎梏死者，非正命也。"

德性以收敛沉着为第一，收敛沉着中又以精明平易为第一。大段收敛沉着人怕含糊，怕深险。浅浮子虽光明洞达，非蓄德之器也。

或问："人将死而见鬼神，真耶？幻耶？"曰："人寤则为真见，梦则为妄见。魂游而不附体，故随所之而见物，此外妄也；神与心离合而不安定，故随所交而成景，此内妄也。故至人无梦①，愚人无梦，无妄念也。人之将死，如梦然，魂飞扬而神乱于目，气浮散而邪客于心，故所见皆妄，非真有也。或有将死而见人拘系者，尤妄也。异端之语，入人骨髓，将死而惧，故常若有见。若死必有召之者，则牛羊蚊蚁之死，果亦有召之者耶？大抵草木之生枯，土石之凝散，人与众动之死生、始终、有无，只是一理，更无他说。万一有之，亦怪异也。”

①至人无梦：谓至人无妄念，故无梦也。《庄子·大宗师》：“古之真人，其寝不梦。”

气无终尽之时，形无不毁之理。

真机、真味要涵蓄，休点破。其妙无穷，不可言喻，所以圣人无言[①]。一犯口颊，穷年说不尽，又离披浇漓，无一些咀嚼处矣。

①圣人无言：《论语·阳货》：“子曰：‘予欲无言。’子贡曰：‘子如不言，则小子何述焉？’子曰：‘天何言哉？四时行焉，百物生焉，天何言哉！’”

性分不可使亏欠，故其取数也常多，曰穷理，曰尽性，曰达天，曰入神，曰致广大、极高明[①]。情欲不可使赢馀，故其取数也常少，曰谨言，曰慎行，曰约己，曰清心，曰节饮食、寡嗜欲。

①致广大、极高明：《礼记·中庸》：“故君子尊德性而道问学，致广大而尽精微，极高明而道中庸；温故而知新，敦厚以崇礼。”

深沉厚重是第一等资质，磊落豪雄是第二等资质，聪明才辩是第三等资质。

六合原是个情世界[1]，故万物以之相苦乐，而至人圣人不与焉。

①六合：指天地宇宙。

凡人光明博大、浑厚含蓄，是天地之气；温煦和平，是阳春之气；宽纵任物，是长夏之气；严凝敛约、喜刑好杀，是秋之气；沉藏固啬，是冬之气；暴怒是震雷之气，狂肆是疾风之气，昏惑是霾雾之气，隐恨留连是积阴之气，从容温润是和风甘雨之气，聪明洞达是青天朗月之气。有所钟者，必有所似。

先天之气发泄处不过毫厘，后天之气扩充之必极分量。其实分量极处原是毫厘中有底，若毫厘中合下原无，便是一些增不去。万物之形色才情，种种可验也。

蜗藏于壳，烈日经年而不枯，必有所以不枯者在也。此之谓以神用，先天造物命脉处。

兰以火而香，亦以火而灭；膏以火而明，亦以火而竭；炮以火而声，亦以火而泄。阴者，所以存也；阳者，所以亡也。岂独声色、气味然哉？世知郁者之为足，是谓万年之烛。

火性发扬，水性流动，木性条畅，金性坚刚，土性重厚。其生物也亦然。

一则见性，两则生情。人未有偶而能静者，物未有偶而无声者。

声无形色，寄之于器；火无体质，寄之于薪；色无着落，寄之草木。故五行惟火无体而用不穷。

人之念头与气血同为消长。四十以前是个进心，识见未定而敢于有为；四十以后是个定心，识见既定而事有酌量；六十以后是个退心，见识虽真而精力不振。未必人人皆此，而此其大凡也。古者四十仕，六十、七十致仕，盖审之矣。人亦有少年退缩不任事，厌厌若泉下人者，亦有衰年狂躁妄动喜事者，皆非常理。若乃以见事风生之少年为任事，以念头灰冷之衰夫为老成，则误矣。邓禹沉毅[①]，马援矍铄[②]，古诚有之，岂多得哉！

①邓禹：字仲华，东汉初人，在刘秀创建东汉王朝的过程中，功勋卓著。《后汉书》本传谓其“沉深有大度”。　②马援：字文渊，东汉初人，著名将领，屡建战功。年六十二，请命出征，光武帝刘秀怜他年老，未同意。马援披甲上马，据鞍顾眄，以示可用。刘秀笑曰：“矍铄哉是翁。”见《后汉书》本传。矍铄，勇猛的样子。

命本在天。君子之命在我，小人之命亦在我。君子以义处命，不以其道得之不处，命不足道也；小人以欲犯命，不可得而必欲得之，命不肯受也。但君子谓命在我，得天命之本然；小人谓命在我，幸气数之或然。是以君子之心常泰，小人之心常劳。

性者，理气之总名。无不善之理，无皆善之气。论性善者，纯以理言也；论性恶与善恶混者，兼气而言也。故经传言性，各各不同，惟孔子无病[①]。

①孔子无病：指《论语·阳货》“性相近，习相远”之说无弊。

气、习，学者之二障也。仁者与义者相非，礼者与信者相左，皆气质障也。高髻而笑低鬟，长裾而讥短袂，皆习见障也。大道明，率天下气质而归之，即不能归，不敢以所偏者病人矣；王制一，齐天下趋向而同之，即不能同，不敢以所狃者病人矣。哀哉！兹谁任之？

父母全而生之，子全而归之，发肤还父母之初，无些毁伤[①]，亲之孝子也；天全而生之，人全而归之，心性还天之初，无些缺欠，天之孝子也。

①“发肤”二句：见《孝经·开宗明义章》：“身体发肤，受之父母，不敢毁伤，孝之始也。”

虞廷不专言性善[①]，曰：“人心惟危，道心惟微。”[②]或曰：“人心非性。”曰：“非性可矣，亦是阴阳五行化生否？”六经不专言性善，曰：“惟皇上帝，降衷下民，厥有恒性。”[③]又曰：“天生蒸民有欲，无主乃乱。”[④]孔子不专言性善，曰：“继之者，善也；成之者，性也。”[⑤]又曰：“性相近也”，“惟上智与下愚不移。”[⑥]才说相近，便不是一个，相远从相近起脚。子思不专言性善，曰：“修道之谓教。”[⑦]性皆善矣，道胡可修？孟子不专言性善，曰:“声、色、臭、味、安佚,性也。”[8]或曰:“这性是好性。”曰:“好性如何君子不谓?”又曰:“动心忍性。”善性岂可忍乎?犬之性,牛之性,岂非性乎?犬、牛之性亦仁、义、礼、智、信之性乎?细推之,犬之性犹犬之性,牛之性犹牛之性乎?周茂叔不专言性善[9],曰:“五事相感而善恶分、万事出矣。”又曰:“几善恶。”程伯淳不专言性善[10],曰:“恶亦不可不谓之性。”大抵言性善者主义理而不言气质。盖自孟子之折诸家始,后来诸儒遂主此说,而不敢异同,是未观于天地万物之情也。义理固是天赋气质,亦岂人为?无论众人,即尧、舜、禹、汤、文、武、周、孔,岂是一样气质哉?愚僭为之说曰:“义理之性有善无恶,气质之性有善有恶。”气质亦天命于人而与生俱生者,不谓之性可乎?程子云[11]:“论性不论气,不备;论气不论性,不明。”将性气分作两项便不透彻。张子以善为天地之性[12],清浊纯驳为气质之性,似觉支离。其实,天地只是一个气,理在气之中,赋于万物,方以性言。故性字从生从心,言有生之心也。设使没有气质,只是一个德性,人人都是生知圣人,千古圣贤千言万语、教化刑名,都是多了底,何所苦而如此乎?这都是降伏气质,扶持德性。立案于此,俟千百世之后驳之。

①虞廷:指虞舜,古帝名。　②“人心”二句:语出《尚书·大禹谟》。　③“惟皇”三句:出自《尚书·汤诰》、《尚书·仲虺之诰》。④“天生”二句:语出《尚书·仲虺之诰》。　⑤“继之”二句:语出《易·系辞上》。　⑥“性相近”二句:语出《论语·阳货》。　⑦子思:孔子之孙,相传为《大学》的作者。所引语出《礼记·中庸》。　⑧“声色”句:语出《孟子·尽心》。　⑨周茂叔:即宋代理学家周敦颐,字茂叔,人称濂溪先生。　⑩程伯淳:即宋代理学家程颢,字伯淳,人称明

道先生。 ⑪程子:即宋代理学家程颐,字正叔,程颢之弟,人称伊川先生。 ⑫张子:即宋代理学家张载,字子厚,世称横渠先生。

性,一母而五子。五性者,一性之子也。情者,五性之子也。一性静,静者阴;五性动,动者阳。性本浑沦,至静不动,故曰:"人生而静,天之性也。"[①]才说性,便已不是性矣。此一性之说也。

①"人生"二句:语出《礼记·乐记》:"人生而静,天之性也。感于物而动,性之欲也。"意谓人的本性不见物则无欲。

宋儒有功于孟子,只是补出一个气质之性来,省多少口吻!

存　心

心要如天平,称物时物忙而衡不忙,物去时即悬空在此。只恁静虚中正,何等自在!

收放心[①],休要如追放豚,既入苙了[②],便要使他从容闲畅,无拘迫懊憹之状。若恨他难收,一向束缚在此,与放失同。何者?同归于无得也。故再放便奔逸不可收拾。君子之心如习鹰驯雉,搏击飞腾,主人略不防闲;及上臂归庭,却恁忘机自得,略不惊畏。

①放心:指放纵恣肆之心。《尚书·毕命》:"虽收放心,闲之维艰。" ②"休要"二句:语出《孟子·尽心下》:"如追放豚,既入其苙,又从而招之。"苙,猪栏。

学者只事事留心,一毫不肯苟且,德业之进也,如流水矣。

不动气,事事好。

心放不放,要在邪正上说,不在出入上说。且如高卧山林,游心廊庙,身处衰世,梦想唐虞[①]。游子思亲,贞妇怀夫,这是个放心否?若不论邪正,只较出入,却是禅定之学。

①唐虞:唐尧、虞舜。传说中的远古帝王。唐虞之世是后人理想中的太平盛世。

或问:"放心如何收?"余曰:"只君此问便是收了。这放收甚容易,才昏昏便出去,才惺惺便在此[①]。"

①惺惺:清醒。

常使精神在心目间,便有主而不眩。于客感之交,只一昏昏,便是胡乱应酬。岂无偶合?终非心上经历过,竟无长进。譬之梦食,岂能饱哉?

防欲如挽逆水之舟,才歇力便下流;力善如缘无枝之树,才住脚便下坠。是以君子之心无时而不敬畏也。

一善念发，未说到扩充，且先执持住，此万善之囮也[1]。若随来随去，更不操存此心，如驿传然，终身无主人住矣。

①囮：本指用经过训练的鸟诱捕别的鸟。此指媒介。

千日集义[1]，禁不得一刻不慊于心，是以君子瞬存息养，无一刻不在道义上。其防不义也，如千金之子之防盗，惧馁之故也。

①集义：《孟子·公孙丑上》："其为气也，……是集义所生者。"朱熹注："集义，犹言集善，盖欲事事皆合于义也。"

无屋漏工夫[1]，做不得宇宙事业。

①屋漏：《诗经·大雅·抑》："相在尔室，尚不愧于屋漏。"毛传："西北隅谓之屋漏。"指暗处。屋漏工夫，指独处的修养。

君子口中无惯语，存心故也。故曰："修辞立其诚。"[1]不诚何以修辞？

①"修辞"句：语出《周易·乾卦》。修辞，修饰词句。

一念收敛，则万善来同；一念放恣，则百邪乘衅。

得罪于法，尚可逃避；得罪于理，更没处存身，只我的心便放不过我。是故君子畏理甚于畏法。

或问:“鸡鸣而起,若未接物,如何为善?”[①]程子曰:“只主于敬便是善。”愚谓:惟圣人未接物时何思何虑?贤人以下,睡觉时合下便动个念头,或昨日已行事,或今日当行事便来心上。只看这念头如何,如一念向好处想,便是舜边人;若一念向不好处想,便是跖边人[②];若念中是善,而本意却有所为,这又是舜中跖,渐来渐去,还向跖边去矣。此是务头工夫。此时克己更觉容易,点检更觉精明,所谓去恶在纤微,持善在根本也。

①“鸡鸣而起”三句:《孟子·尽心上》:“孟子曰:‘鸡鸣而起,孳孳为善者,舜之徒也;鸡鸣而起,孳孳为利者,跖之徒也。欲知舜与跖之分,无他,利与善之间也。’” ②跖:即柳下跖,生活于春秋战国之际。旧时蔑称他为盗跖。

目中有花,则视万物皆妄见也。耳中有声,则听万物皆妄闻也。心中有物,则处万物皆妄意也。是故此心贵虚。

忘是无心之病,助长是有心之病。心要从容自在,活泼于有无之间。

“静”之一字,十二时离不了,一刻才离便乱了。门尽日开阖,枢常静;妍蚩尽日往来,镜常静;人尽日应酬,心常静。惟静也,故能张主得动,若逐动而去,应事定不分晓。便是睡时,此念不静,作个梦儿也胡乱。

把意念沉潜得下,何理不可得?把志气奋发得起,何事不可做？今之学者,将个浮躁心观理,将个委靡心临事,只模糊过了一生。

"心平气和",此四字非涵养不能做,工夫只在个定火,火定则百物兼照,万事得理。水明而火昏。静属水,动属火,故病人火动则躁扰狂越,及其苏定,浑不能记。苏定者,水澄清而火熄也。故人非火不生,非火不死;事非火不济,非火不败。惟君子善处火,故身安而德滋。

当可怨可怒、可辩可诉、可喜可愕之际,其气甚平,这是多大涵养!

天地间真滋味,惟静者能尝得出;天地间真机括,惟静者能看得透;天地间真情景,惟静者能题得破。作热闹人,说孟浪语,岂无一得？皆偶合也。

未有甘心快意而不殃身者。惟理义之悦我心,却步步是安乐境。

问:"慎独如何解[①]?"曰:"先要认住'独'字。'独'字就是'意'字。稠人广坐、千军万马中,都有个'独',只这意念发出来是大中至正底,这不劳慎就将这'独'字做去,便是天德王道。这意念发出来,九分九厘是,只有一厘苟且,为人之意,便要点检克治,这便是慎独了。"

①慎独:意指独处无人时,也要检点自己的行为。《礼记·中庸》:

“莫见乎隐,莫显乎微,故君子慎其独也。”

用三十年心力,除一个“伪”字不得。或曰:“君尽尚实矣。”余曰:“所谓伪者,岂必在言行间哉?实心为民,杂一念德我之心便是伪;实心为善,杂一念求知之心便是伪;道理上该做十分,只争一毫未满足便是伪;汲汲于向义,才有二三心便是伪;白昼所为皆善,而梦寐有非僻之干便是伪;心中有九分,外面做得恰像十分便是伪。此独觉之伪也,余皆不能去,恐渐渍防闲,延恶于言行间耳。”

自家好处掩藏几分,这是涵蓄以养深;别人不好处要掩藏几分,这是浑厚以养大。

宁耐是思事第一法,安详是处事第一法,谦退是保身第一法,涵容是处人第一法,置富贵、贫贱、死生、常变于度外,是养心第一法。

胸中情景,要看得春不是繁华,夏不是发畅,秋不是寥落,冬不是枯槁,方为我境。

大丈夫不怕人,只是怕理;不恃人,只是恃道。

静里看物,欲如业镜照妖。

“躁心浮气,浅衷狭量”,此八字进德者之大忌也。去此八字,只用得一字,曰主静。静则凝重。静中境自是宽阔。

士君子要养心气,心气一衰,天下万事分毫做不得。冉有只是个心气不足[①]。

①冉有:冉求,字子有,孔子弟子。《论语·雍也》:“冉求曰:‘非不说子之道,力不足也’。”

主静之力大于千牛,勇于十虎。

君子洗得此心净,则两间不见一尘[①];充得此心尽,则两间不见一碍;养得此心定,则两间不见一怖;持得此心坚,则两间不见一难。

①两间:指天地之间。

人只是心不放肆,便无过差;只是心不怠忽,便无遗忘。

胸中只摆脱一“恋”字,便十分爽净,十分自在。人生最苦处,只是此心沾泥带水,明是知得,不能断割耳。

盗只是欺人。此心有一毫欺人,一事欺人,一语欺人,人虽不知,即未发觉之盗也。言如是而行欺之,是行者言之盗也。心如是而口欺之,是口者心之盗也。才发一个真实心,骤发一个伪妄心,是心者心之盗也。谚云:“瞒心昧己。”有味哉其言之矣。欺世盗名其过大,瞒心昧己其过深。

此心果有不可昧之真知,不可强之定见,虽断舌可也,决不可从人然诺。

才要说睡,便睡不着;才说要忘,便忘不得。

举世都是我心。去了这我心,便是四通八达,六合内无一些界限。要去我心,须要时时省察这念头是为天地万物,是为我。

目不容一尘,齿不容一芥,非我固有也。如何灵台内许多荆榛却自容得[1]?

①灵台:即心。《庄子·庚桑楚》:"不可内于灵台。"

手有手之道,足有足之道,耳目鼻口有耳目鼻口之道,但此辈皆是奴婢,都听天君使令。使之以正也顺从,使之以邪也顺从。渠自没罪过,若有罪过,都是天君承当[1]。

①天君:指心。《荀子·天论》:"心居中虚,以治五官,夫是之谓天君。"

心一松散,万事不可收拾;心一疏忽,万事不入耳目;心一执着,万事不得自然。

当尊严之地,大众之前,震怖之景,而心动气慑,只是涵养不定。

久视则熟字不识，注视则静物若动。乃知蓄疑者乱真知，过思者迷正应。

常使天君为主，万感为客便好。只与他平交，已自亵其居尊之体。若跟他走去走来，被他愚弄啜哄，这是小儿童，这是真奴婢，有甚面目来灵台上坐，役使四肢百骸？可羞可笑。（示儿）

不存心，看不出自家不是。只于动静语默、接物应事时，件件想一想，便见浑身都是过失。须动合天则[①]，然后为是。日用间如何疏忽得一时？学者思之。

①天则：自然的法则。《周易·乾卦》："乾元用九，乃见天则。"

人生在天地间，无日不动念，就有个动念底道理；无日不说话，就有个说话底道理；无日不处事，就有个处事底道理；无日不接人，就有个接人底道理；无日不理物，就有个理物底道理；以至怨怒笑歌、伤悲感叹、顾盼指示、咳唾涕洟、隐微委曲、造次颠沛、疾病危亡，莫不各有道理。只是时时体认，件件讲求。细行小物尚求合则，彝伦大节岂可逾闲？故始自垂髫，终于属纩[①]，持一个自强不息之心通乎昼夜。要之，于纯一不已之地忘乎死生，此还本归全之道，戴天履地之宜。不然恣情纵意而各求遂其所欲，凡有知觉运动者皆然，无取于万物之灵矣。或曰："有要乎？"曰："有，其要只在存心。""心何以存？"曰："只在主静。只静了，千酬万应都在道理上，事事不错。"

①属纩:用新绵置临死者的鼻前,验其是否断气。后因以指疾病临危的代称。

迷人之迷,其觉也易;明人之迷;其觉也难。

心相信,则迹者土苴也,何烦语言?相疑,则迹者媒孽也,益生猜贰。故有誓心不足自明,避嫌反成自诬者,相疑之故也。是故心一而迹万,故君子治心不修迹。中孚[1],治心之至也。豚鱼且信,何疑之有?

①中孚:《周易·中孚》:"中孚,豚鱼吉。"象曰:"豚鱼吉,信及豚鱼也。"豚鱼,即小猪和鱼,喻微小之物。

君子畏天,不畏人;畏名教,不畏刑罚;畏不义,不畏不利;畏徒生,不畏舍生。

"忍"、"激"二字,是祸福关。

殃咎之来,未有不始于快心者。故君子得意而忧,逢喜而惧。

一念孳孳,惟善是图,曰正思。一念孳孳,惟欲是愿,曰邪思。非分之福,期望太高,曰越思。先事徘徊,后事懊恨,曰萦思。游心千里,歧虑百端,曰浮思。事无可疑,当断不断,曰惑思。事不涉己,为他人忧,曰狂思。无可奈何,当罢不罢,曰徒思。日用职业,本分工夫,朝惟暮图,期无旷废,曰本思。此九思者,日用之间,不在此则在彼。善摄心者,其惟本思乎?身有定业,日有定务,暮则省白昼之所行,朝则计今日之所事。念兹在兹,不肯一事苟且,不肯一时放过,庶心有着落,不得他适,而德业日有长进矣。

学者只多忻喜心,便不是凝道之器。

小人亦有坦荡荡处,无忌惮是已。君子亦有常戚戚处[①],终身之忧是已。

①坦荡荡、常戚戚:《论语・述而》:"子曰:'君子坦荡荡,小人长戚戚。'"戚戚,忧惧。

只脱尽轻薄心,便可达天德。汉唐以下儒者,脱尽此二字不多人。

斯道这个担子,海内必有人负荷。有能慨然自任者,愿以绵弱筋骨助一肩之力,虽走僵死不恨。

耳目之玩,偶当于心,得之则喜,失之则悲,此儿女子常态也。世间甚物与我相关,而以得喜,以失悲耶?圣人看得此身亦不关悲喜,是吾道之一囊橐耳。爱囊橐之所受者,不以囊橐易所受,如之何以囊橐弃所受也?而况耳目之玩,又囊橐之外物乎?

寐是情生景,无情而景者,兆也。寤后景生情,无景而情者,妄也。

人情有当然之愿,有过分之欲。圣王者,足其当然之愿,而裁其过分之欲,非以相苦也。天地间欲愿止有此数,此有馀而彼不足,圣王调剂而均厘之,裁其过分者以益其当然。夫是之谓至平,而人无淫情、无觖望。

恶恶太严,便是一恶;乐善甚亟,便是一善。

投佳果于便溺,濯而献之,食乎?曰:不食。不见而食之,病乎?曰:不病。隔山而指骂之,闻乎?曰:不闻。对面而指骂之,怒乎?曰:怒。曰:此见闻障也。夫能使面而食,闻而不怒,虽入黑海、蹈白刃可也。此炼心者之所当知也。

只有一毫粗疏处,便认理不真,所以说惟精,不然众论淆之而必疑;只有一毫二三心,便守理不定,所以说惟一[①],不然利害临之而必变。

①惟精、惟一:指精心一意。语出《尚书·大禹谟》:"人心惟危,道心惟微,惟精惟一,允执厥中。"

种豆其苗必豆,种瓜其苗必瓜,未有所存如是,而所发不如是者。心本人欲而事欲天理,心本邪曲而言欲正直,其将能乎?是以君子慎其所存。所存是,种种皆是;所存非,种种皆非,未有分毫爽者。

属纩之时，般般都带不得，惟是带得此心，却教坏了，是空身归去矣。可为万古一恨。

吾辈所欠，只是涵养不纯不定。故言则矢口所发，不当事，不循物，不宜人；事则恣意所行，或太过，或不及，或悖理。若涵养得定，如熟视正鹄而后开弓①，矢矢中的；细量分寸而后投针，处处中穴。此是真正体验，实用工夫，总来只是个沉静。沉静了，发出来件件都是天则。

①正鹄：靶心。

定静中境界与六合一般大①，里面空空寂寂，无一个事物，才问他索时，般般足、样样有。

①定静：语出《礼记・大学》："知止而后有定，定而后能静，静而后能安，安而后能虑，虑而后能得。"

"暮夜无知"①，此四字百恶之总根也。人之罪莫大于欺。欺者，利其无知也。大奸大盗皆自无知之心充之。天下大恶只有二种：欺无知，不畏有知。欺无知还是有所忌惮心，此是诚伪关。不畏有知是个无所忌惮心，此是死生关。犹知有畏，良心尚未死也。

①暮夜无知：《后汉书・杨震传》载，杨震为东莱太守，道经昌邑。昌邑令王密暮夜怀金遗震。震曰："故人知君，君不知故人，何也？"密曰："暮夜无知者。"震曰："天知，神知，我知，子知。何谓无知？"密愧

而出。

天地万物之理,出于静,入于静;人心之理,发于静,归于静。静者,万理之橐籥,万化之枢纽也。动中发出来,与天则便不相似。故虽暴肆之人,平旦皆有良心,发于静也;过后皆有悔心,归于静也。

动时只见发挥不尽,那里觉错?故君子主静而慎动。主静,则动者静之枝叶也;慎动,则动者静之约束也。又何过焉?

童心最是作人一大病[①],只脱了童心,便是大人君子。或问之。曰:"凡炎热念、骄矜念、华美念、欲速念、浮薄念、声名念,皆童心也。"

①童心:本指纯真之心。李贽《焚书·童心说》:"夫童心者,绝假纯真,最初一念之本心也。"吕坤这里指天生欲求。

吾辈终日念头离不了四个字,曰:"得、失、毁、誉。"其为善也,先动个得与誉底念头;其不敢为恶也,先动个失与毁底念头。总是欲心、伪心,与圣人天地悬隔。圣人发出善念,如饥者之必食,渴者之必饮。其必不为不善,如烈火之不入,深渊之不投,任其自然而已。贤人念头只认个可否,理所当为,则自强不息;所不可为,则坚忍不行。然则得失毁誉之念可尽去乎?曰:胡可去也?天地间惟中人最多。此四字者,圣贤藉以训世,君子藉以检身。曰"作善降之百祥,作不善降之百殃"[①],以得失训世也。曰"疾没世而名不称"[②],曰"年四十而见恶”[3]，以毁誉训世也。此圣人待衰世之心也。彼中人者，不畏此以检身，将何所不至哉？故尧舜能去此四字，无为而善，忘得失毁誉之心也。桀纣能去此四字，敢于为恶，不得失毁誉之恤也。

①“作善”二句：语出《尚书·伊训》。言行善就会有好报，作恶就会遭殃。　②疾没世而名不称：语出《论语·卫灵公》。意谓深感遗憾的是到死而名字不被人称述。　③年四十而见恶：语出《论语·阳货》。意谓到了四十岁，还被人厌恶，终无善行。

心要虚，无一点渣滓；心要实，无一毫欠缺。

只一事不留心，便有一事不得其理；一物不留心，便有一物不得其所。

只大公了，便是包涵天下气象。

士君子作人，事事时时只要个用心。一事不从心中出，便是乱举动；一刻心不在腔子里，便是空躯壳。

古人也算一个人，我辈成底是甚么人？若不愧不奋，便是无志。

圣、狂之分，只在苟、不苟两字。

余甚爱万籁无声，萧然一室之趣。或曰：“无乃大寂灭乎?”曰:“无边风月自在。”

无技痒心,是多大涵养!故程子见猎而痒[①]。学者各有所痒,便当各就痒处搔之。

①“程子”句:程颢年少时好田猎,成年后一次见到有人在田中打猎,不觉心喜,跃跃欲试。见《河南程氏遗书》第七。

欲,只是有进气无退气;理,只是有退气无进气。善学者审于进退之间而已。

圣人悬虚明以待天下之感,不先意以感天下之事。其感也,以我胸中道理顺应之;其无感也,此心空空洞洞,寂然旷然。譬之鉴,光明在此,物来则照之,物去则光明自在。彼事未来而意必,是持鉴觅物也。尝谓镜是物之圣人。镜日照万物而常明,无心而不劳故也。圣人日应万事而不累,有心而不役故也。夫惟为物役而后累心,而后应有偏着。

恕心养到极处,只看得世间人都无罪过。

物有以慢藏而失,亦有以谨藏而失者。礼有以疏忽而误,亦有以敬畏而误者。故用心在有无之间。

说不得真知明见,一些涵养不到,发出来便是本象,仓卒之际,自然掩护不得。

一友人沉雅从容,若温而不理者。随身急用之物,座客失备者三人,此友取之袖中,皆足以应之。或难以数物,呼左右取之携中,犁然在也。余叹服曰:“君不穷于用哉!”曰:“我无以用为也。此第二着,偶备其万一耳。备之心,慎之之心也。慎在备先。凡所以需吾备者,吾已先图,无赖于备。故自有备以来,吾无万一,故备常馀而不用。”或曰:“是无用备矣。”曰:“无万一而犹备,此吾之所以为慎也。若恃备而不慎,则备也者,长吾之怠者也,久之必穷于所备之外。恃慎而不备,是慎也者,限吾之用者也,久之必穷于所慎之外。故宁备而不用,不可用而无备。”余叹服曰:“此存心之至者也。《易》曰:‘藉之用茅,又何咎焉?’①其斯之谓与?”吾识之,以为疏忽者之戒。

①“藉之”二句:语出《周易·系辞上》。藉,指祭祀用的草垫。茅,即白茅。

欲理会七尺,先理会方寸;欲理会六合,先理会一腔。

静者生门,躁者死户。

士君子一出口无反悔之言,一动手无更改之事,诫之于思故也。

只此一念公正了,我于天地鬼神通是一个,而鬼神之有邪气者,且跧伏退避之不暇。庶民何私何怨,而忍枉其是非,腹诽巷议者乎?

和气平心,发出来如春风拂弱柳,细雨润新苗,何等舒泰!何等感通!疾风迅雷、暴雨酷霜,伤损必多。或曰:“不似无骨力乎?”余曰:“譬之玉,坚刚未尝不坚刚,温润未尝不温润。”余严毅多,和平少,近悟得此。

俭则约,约则百善俱兴;侈则肆,肆则百恶俱纵。

天下国家之存亡,身之生死,只系“敬怠”两字。敬则慎,慎则百务修举;怠则苟,苟则万事隳颓。自天子以至于庶人,莫不如此。此千古圣贤之所兢兢,而世人之所必由也。

每日点检,要见这念头自德性上发出,自气质上发出,自习识上发出,自物欲上发出。如此省察,久久自识得本来面目。初学最要知此。

道义心胸发出来,自无暴戾气象,怒也怒得有礼。若说圣人不怒,圣人只是六情。

过差遗忘,只是昏忽,昏忽只是不敬。若小心慎密,自无过差遗忘之病。孔子曰:“敬事。”樊迟粗鄙,告之曰:“执事敬。”[①]子张意广,告之曰:“无小大,无敢慢。”[②]今人只是懒散,过差遗忘安得不多?

①樊迟:孔子弟子。《论语·子路》:“樊迟问仁。子曰:‘居处恭,执事敬,与人忠。虽之夷狄,不可弃也。’” ②子张:孔子弟子。《论语·尧曰》:“子曰:‘君子无众寡,无小大,无敢慢。斯不亦泰而不骄乎?’”

吾初念只怕天知,久久来不怕天知,又久久来只求天知。但未到那何必天知地步耳。

气盛便没涵养。

定静安虑,圣人胸中无一刻不如此。或曰:“喜怒哀乐到面前何如?”曰:“只恁喜怒哀乐,定静安虑,胸次无分毫加损。”

忧世者与忘世者谈,忘世者笑;忘世者与忧世者谈,忧世者悲。嗟夫! 六合骨肉之泪,肯向一室胡越之人哭哉? 彼且谓我为病狂,而又安能自知其丧心哉?

“得”之一字,最坏此心。不但鄙夫患得,年老戒得为不可。只明其道而计功,有事而正心,先事而动得心,先难而动获心,便是杂霸杂夷。一念不极其纯,万善不造其极,此作圣者之大戒也。

充一个公已公人心,便是胡越一家;任一个自私自利心,便是父子仇雠。天下兴亡,国家治乱,万姓死生,只争这个些子。

厕牏之中可以迎宾客,床笫之间可以交神明,必如此而后谓之不苟。

为人辨冤白谤,是第一天理。

治心之学,莫妙于“瑟僩”二字[①]。瑟训严密,譬之重关天险,无隙可乘。此谓不疏,物欲自消其窥伺之心。僩训武毅,譬之将军按剑,见者股栗。此谓不弱,物欲自夺其猖獗之气。而今吾辈,灵台四无墙户,如露地钱财,有手皆取;又孱弱无能,如杀残俘虏,落胆从人。物欲不须投间抵隙,都是他家产业;不须硬迫柔求,都是他家奴婢。更有那个关防?何人喘息?可哭可恨!

①瑟僩:《诗经·卫风·淇奥》:“瑟兮僩兮,赫兮咺兮。”朱熹《诗集传》注云:“瑟,矜庄貌;僩,威严貌。”

沉静非缄默之谓也。意渊涵而态闲正,此谓真沉静。虽终日言语,或千军万马中相攻击,或稠人广众中应繁剧,不害其为沉静,神定故也。一有飞扬动扰之意,虽端坐终日,寂无一语,而色貌自浮;或意虽不飞扬动扰,而昏昏欲睡,皆不得谓沉静。真沉静底自是惺憁[①],包一段全副精神在里。

①惺憁:警觉,清醒。

明者料人之所避,而狡者避人之所料,以此相与,是贼本真而长奸伪也。是以君子宁犯人之疑,而不贼己之心。

室中之斗,市上之争,彼所据各有一方也。一方之见皆是己非人,而济之以不相下之气,故宁死而不平。呜呼!此犹愚人也。贤臣之争政,贤士之争理亦然。此言语之所以日多,而后来者益莫知所决择也。故为下愚人作法吏易,为士君子所折衷难。非断之难,而服之难也。根本处在不见心而任口,耻屈人而好胜,是室人市儿之见也。

大利不换小义,况以小利坏大义乎?贪者可以戒矣。

杀身者不是刀剑,不是寇仇,乃是自家心杀了自家。

知识,帝则之贼也①。惟忘知识以任帝则,此谓天真,此谓自然。一着念便乖违,愈着念愈乖违。乍见之心歇息一刻,别是一个光景。

①帝则:即天理,自然的法则。《诗经·大雅·皇矣》:"不识不知,顺帝之则。"意即不作聪明,以循天理。

为恶惟恐人知,为善惟恐人不知,这是一副甚心肠,安得长进?

或问:"虚灵二字如何分别?"曰:"惟虚故灵。顽金无声,铸为钟磬则有声。钟磬有声,实之以物则无声。圣心无所不有,而一无所有,故感而遂通天下之故。"

浑身五脏六腑、百脉千络、耳目口鼻、四肢百骸、毛发甲爪,以至衣裳冠履,都无分毫罪过,都与尧舜一般,只是一点方寸之心千过万罪,禽兽不如。千古圣贤只是治心,更不说别个。学者只是知得这个可恨,便有许大见识。

人心是个猖狂自在之物，陨身败家之贼，如何纵容得他？

良知何处来[1]？生于良心；良心何处来？生于天命。

①良知：语出《孟子·尽心上》："人之所不学而能者，其良能也；所不虑而知者，其良知也。"

心要实，又要虚。无物之谓虚，无妄之谓实。惟虚故实，惟实故虚。心要小，又要大。大其心能体天下之物，小其心不偾天下之事[1]。

①偾：倒覆。偾事，即败事。

要补必须补个完，要拆必须拆个净。

学术以不愧于心、无恶于志为第一，也要点检这心志是天理、是人欲。便是天理，也要点检是边见、是天则[1]。

①边见：片面之见。

尧眉舜目，文王之身，仲尼之步，而盗跖其心，君子不贵也，有数圣贤之心，何妨貌似盗跖。

伦　　理

宇宙内大情种，男女居其第一。圣王不欲裁割而矫拂之，亦不能裁割矫拂也。故通之以不可已之情，约之以不可犯之礼，绳之以必不赦之法，使纵之而相安相久也。圣人亦不若是之亟也，故五伦中父子、君臣、兄弟、朋友，笃了又笃，厚了又厚，惟恐情意之薄。惟男女一伦是圣人苦心处，故有别先自夫妇始。本与之以无别也，而又教之以有别，况有别者而肯使之混乎？圣人之用意深矣。是死生之衢而大乱之首也，不可以不慎也。

亲母之爱子也，无心于用爱，亦不知其为用爱，若渴饮饥食然，何尝勉强？子之得爱于亲母也，若谓应得习于自然，如夏葛冬裘然，何尝归功？至于继母之慈，则有德色，有矜语矣。前子之得慈于继母，则有感心，有颂声矣。

一家之中要看得尊长尊，则家治。若看得尊长不尊，如何齐他得？其要在尊长自修。

人子之事亲也，事心为上，事身次之，最下事身而不恤其心，又其下事之以文而不恤其身。

孝子之事亲也，礼卑伏如下仆，情柔婉如小儿。

进食于亲，侑而不劝；进言于亲，论而不谏；进侍于亲，和而不庄。亲有疾，忧而不悲；身有疾，形而不声。

侍疾忧而不食，不如努力而加餐。使此身不能侍疾，不孝之大者也。居丧羸而废礼，不如节哀而慎终。此身不能襄事，不孝之大者也。

朝廷之上，纪纲定而臣民可守，是曰朝常；公卿大夫、百司庶官，各有定法，可使持循，是曰官常；一门之内，父子兄弟、长幼尊卑，各有条理，不变不乱，是曰家常；饮食起居，动静语默，择其中正者守而勿失，是曰身常。得其常则治，失去常则乱。未有苟且冥行而不取败者也。

雨泽过润，万物之灾也；恩宠过礼，臣妾之灾也；情爱过义，子孙之灾也。

人心喜则志意畅达，饮食多进而不伤，血气冲和而不郁，自然无病而体充身健，安得不寿？故孝子之于亲也，终日乾乾[①]，惟恐有一毫不快事到父母心头。自家既不惹起，外触又极防闲，无论贫富贵贱，常变顺逆，只是以悦亲为主。盖悦之一字，乃事亲第一传心口诀也。即不幸而亲有过，亦须在悦字上用工夫。几谏积诚、耐烦留意、委曲方略，自有回天妙用。若直诤以甚其过，暴弃以增其怒，不悦莫大焉。故曰：不顺乎亲，不可以为子。

①终日乾乾：言终日勉力，不敢懈怠。《周易·乾卦》："君子终日乾

乾,夕惕若厉,无咎。”

郊社[1],报天地生成之大德也。然灾沴有禳,顺成有祈。君为私田则仁,民为公田则忠。不嫌于求福,不嫌于免祸。子孙之祭先祖,以追养继孝也。自我祖父母以有此身也,曰赖先人之泽以享其馀庆也,曰吾朝夕奉养承欢,而一旦不复献杯棬,心悲思而无寄,故祭荐以伸吾情也;曰吾贫贱不足以供菽水,今鼎食而亲不逮,心悲思而莫及,故祭荐以志吾悔也。岂为其游魂虚位能福我而求之哉?求福已非君子之心,而以一饭之设,数拜之勤,求福于先人,仁孝诚敬之心果如是乎?不谋利,不责报,不望其感激,虽在他人犹然,而况我先人乎?《诗》之祭必言福,而《楚茨》诸诗为尤甚[2],岂可为训耶?吾独有取于《采蘩》、《采蘋》二诗[3],尽物尽志以达吾子孙之诚敬而已,他不及也。明乎此道,则天下万事万物皆尽我所当为,祸福利害皆听其自至,人事修而外慕之心息,向道专而作辍之念忘矣。何者?明于性分而无所冀幸也。

①郊社:即祭天地。冬至祭天曰郊,夏至祭地曰社。 ②《楚茨》:《诗经·小雅》篇名。 ③《采蘩》、《采蘋》:《诗经·召南》二篇名。

友道极关系,故与君父并列而为五[1]。人生德业成就少朋友不得。君以法行,治我者也;父以恩行,不责善者也;兄弟怡怡[2],不欲以切偲伤爱;妇人主内事,不得相追随规过;子虽敢争,终有可避之嫌;至于对严师,则矜持收敛而过无可见;在家庭则狎昵亲习而正言不入。惟夫朋友者,朝夕相与,既不若师之进见有时,情理无嫌,又不若父子兄弟之言语有忌。一德亏,则友责之;一业废,则友责之。美则相与奖劝,非则相与匡救。日更月变,互感交摩,骎骎然不觉其劳且难,而入于君子之域矣。是朋友者,四伦之所赖也。嗟夫!斯道之亡久矣。言语嬉媟、樽俎妪煦,无论事之善恶,以顺我者为厚交;无论人之奸贤,以敬我者为君子。蹑足附耳,自谓知心;接膝拍肩,滥许刎颈。大家同陷于小人而不知,可哀也已!是故物相反者相成,见相左者相益。孔子取友曰"直谅多闻"[3]。此三友者,皆与我不相附会者也,故曰益。是故,得三友难,能为人三友更难。天地间不论天南地北,缙绅草莽,得一好友,道同志合,亦人生一大快也。

①五:指五伦,即君臣、父子、兄弟、夫妻和朋友之间的五种关系。 ②兄弟怡怡:指兄弟和睦相处。《论语·子路》:"朋友切切偲偲,兄弟怡怡。" ③直谅多闻:指交朋友要交直爽、信实、见闻广博的人。《论语·季氏》:"孔子曰:'益者三友,损者三友。友直,友谅,友多闻,益矣。友便辟,友善柔,友便佞,损矣。'"

长者有议论,唯唯而听,无相直也;有咨询,謇謇而对,无遽尽也。此卑幼之道也。

阳称其善以悦彼之心,阴养其恶以快己之意,此友道之大戮也。青天白日之下有此魅魑魍魉之俗,可哀也已!

古称君门远于万里,谓情隔也。岂惟君门,父子殊心,一堂远于万里;兄弟离情,一门远于万里;夫妻反目,一榻远于万里。苟情联志通，则万里之外犹同堂共门而比肩一榻也。以此推之，同时不相知，而神交于千百世之上下亦然。是知离合在心期，不专在躬逢。躬逢而心期，则天下至遇也：君臣之尧舜，父子之文周，师弟之孔颜[①]。

①文周、孔颜：即周文王、周公旦、孔子、颜回。

隔之一字，人情之大患。故君臣、父子、夫妇、朋友、上下之交，务去隔。此字不去，而不怨叛者，未之有也。

仁者之家，父子愉愉如也，夫妇雍雍如也，兄弟怡怡如也，僮仆䜣䜣如也，一家之气象融融如也。义者之家，父子凛凛如也，夫妇嗃嗃如也，兄弟翼翼如也，僮仆肃肃如也，一家之气象栗栗如也。仁者以恩胜，其流也知和而和；义者以严胜，其流也疏而寡恩。故圣人之居家也，仁以主之，义以辅之；洽其太和之情，但不溃其防斯已矣。其井井然，严城深堑，则男女之辨也，虽圣人不敢与家人相忘。

父在居母丧，母在居父丧，以从生者之命为重。故孝子不以死者忧生者，不以小节伤大体，不泥经而废权，不徇名而害实，不全我而伤亲。所贵乎孝子者，心亲之心而已。

天下不可一日无君，故夷齐非汤武[①]，明臣道也。此天下之大防也。不然，则乱臣贼子接踵矣，而难为君。天下不可一日无民，故孔孟是汤武，明君道也。此天下之大惧也。不然，则暴君乱主接踵矣，而难为民。

①夷齐、汤武:夷,即伯夷;齐,即叔齐。商末孤竹君之子。他们反对武王伐纣,后不食周粟,饿死在首阳山上。事见《史记·伯夷列传》。汤,商汤,讨灭夏桀,建立商朝。武,周武王,讨灭商纣,建立周朝。

爵禄恩宠,圣人未尝不以为荣,圣人非以此为加损也。朝廷重之以示劝,而我轻之以示高,是与君忤也,是穷君鼓舞天下之权也。故圣人虽不以爵禄恩宠为荣,而未尝不荣之,以重帝王之权,以示天下帝王之权之可重,此臣道也。

人子和气、愉色、婉容,发得深时,养得定时,任父母冷面寒铁,雷霆震怒,只是这一腔温意、一面春风,则自无不回之天,自无屡变之天,谗谮何由入?嫌隙何由作?其次莫如敬慎。夔夔斋栗[①],敬慎之至也,故瞽瞍亦允若。温和示人以可爱,消融父母之恶怒;敬慎示人以可矜,激发父母之悲怜;所谓积诚意以感动之者。养和,至敬之谓也。盖格亲之功,惟和为妙、为深、为速、为难,非至性纯孝者不能。敬慎犹可勉强耳。而今人子以凉薄之色、惰慢之身、骄蹇之性,及犯父母之怒,既不肯挽回,又倨傲以甚之,此其人在孝弟之外,固不足论。即有平日温愉之子,当父母不悦而亦愠见,或生疑而迁怒者,或无意迁怒而不避嫌者,或不善避嫌,愈避而愈冒嫌者,积隙成衅,遂致不祥,岂父母之不慈?此孤臣孽子之法戒,坚志熟仁之妙道也。

①夔夔斋栗:《尚书·大禹谟》:"负罪引慝,祇载见瞽瞍,夔夔斋栗,瞽亦允若。"言能以至诚感顽父。

孝子之事亲也，上焉者先意，其次承志，其次共命。共命则亲有未言之志不得承也，承志则亲有未萌之意不得将也，至于先意而悦亲之道至矣。或曰："安得许多心思能推至此乎？"曰："事亲者，以悦亲为事者也。以悦亲为事，则孳孳皇皇无以尚之者，只是这个念头，亲有多少意志，终日体认不得。"

或问："共事一人未有不妒者，何也？"曰："人之才能、性行、容貌、辞色，种种不同，所事者必悦其能事我者，恶其不能事我者。能事者见悦，则不能事者必疏。是我之见疏，彼之能事成之也，焉得不妒？既妒，安得不相倾？相倾，安得不受祸？故见疏者妒，妒其形己也。见悦者亦妒，妒其妒己也。""然则奈何？"曰："居宠则思分而推之以均众，居尊则思和而下之以相忘，人何妒之有？缘分以安心，缘遇以安命，反己而不尤人，何妒人之有？此入宫入朝者之所当知也。"

孝子侍亲不可有沉静态，不可有庄肃态，不可有枯淡态，不可有豪雄态，不可有劳倦态，不可有病疾态，不可有愁苦态，不可有怨怒态。

子弟生富贵家，十九多骄惰淫泆，大不长进。古人谓之豢养，言甘食美服，养此血肉之躯，与犬豕等。此辈阘茸[1]，士君子见之为羞，而彼方且志得意满，以此夸人。父兄之孽莫大乎是！

①阘茸：卑贱无能。

男女远别，虽父女、母子、兄妹、姊弟亦有别嫌明微之礼，故男女八岁不同食。子妇事舅姑，礼也，本不远别，而世俗最严翁妇之礼，影响间即疾趋而藏匿之。其次夫兄弟妇相避。此外一无所避，已乱纲常，乃至叔嫂、姊夫妻妹、妻弟之妻互相嘲谑以为常，不几于夷风乎？不知古者远别，止于授受不亲[1]，非避匿之谓。而男女所包甚广，自妻妾外，皆当远授受之嫌。爱礼者不可不明辨也。

①授受不亲：授，给予；受，接受；不亲，不以手相接触。语出《孟子·离娄上》："男女授受不亲，礼也。"

子妇事人者也，未为父兄以前莫令奴婢奉事，长其骄惰之性。当日使勤劳，常令卑屈，此终身之福；不然，是杀之也。昏愚父母，骄奢子弟，不可不知。

问安，问侍者，不问病者。问病者，非所以安之也。

丧服之制，以缘人情，亦以立世教。故有引而致之者，有推而远之者，要不出恩、义两字，而不可晓亦多。观会通之君子，当制作之权，必有一番见识。泥古非达观也。

亲没而遗物在眼，与其不忍见而毁之也，不若不忍忘而存之。

示儿云：门户高一尺，气焰低一丈。华山只让天，不怕没人上。

慎言之地，惟家庭为要；应慎言之人，惟妻子、仆隶为要。此理乱之原而祸福之本也，人往往忽之，悲夫！

门户可以托父兄，而丧德辱名非父兄所能庇；生育可以由父母，而求疾蹈险非父母所得由。为人子弟者不可不知。

继母之虐，嫡妻之妒，古今以为恨者也；而前子不孝，丈夫不端，则舍然不问焉，世情之偏也久矣。怀非母之迹，而因似生嫌，借恃父之名，而无端造谤，怨讟忤逆，父亦被诬者，世岂无耶？恣淫狎之性而恩重绿丝，挟城社之威而侮及黄里[①]，《谷风》《柏舟》[②]，妻亦失所者，世岂无耶？惟子孝夫端，然后继母嫡妻无辞于姻族矣。居官不可不知。

①绿丝、黄里：《诗经·邶风·绿衣》："绿兮衣兮，绿衣黄里。心之忧矣，曷维其已。""绿兮丝兮，女所治兮。我思古人，俾无訧兮。"朱熹《诗集传》注曰："庄公惑于嬖妾，夫人庄姜贤而失位。故作此诗。"绿丝，指嬖妾；黄里，指嫡妻。　②《谷风》《柏舟》：《诗经·邶风》二篇名。题旨均为刺夫妇失道，与《绿衣》相类。

齐，以刀切物，使参差者就于一致也。家人恩胜之地，情多而义少，私易而公难，若人人遂其欲，势将无极。故古人以父母为严君，而家法要威如，盖对症之治也。

闺门之中少了个礼字，便自天翻地覆，百祸千殃、身亡家破，皆从此起。

家长，一家之君也。上焉者使人欢爱而敬重之，次则使人有所严惮，故曰严君。下则使人慢，下则使人陵，最下则使人恨。使人慢，未有不乱者；使人陵，未有不败者；使人恨，未有不亡者。呜呼！齐家岂小故哉！今之人皆以治生为急，而齐家之道不讲久矣。

儿女辈常着他拳拳曲曲，紧紧恰恰，动必有畏，言必有惊，到自专时尚不可知。若使之快意适情，是杀之也。此愚父母之所当知也。

责人到闭口卷舌、面赤背汗时，犹刺刺不已，岂不快心？然浅隘刻薄甚矣。故君子攻人，不尽其过，须含蓄以馀人之愧惧，令其自新，方有趣味，是谓以善养人。

曲木恶绳，顽石恶攻，责善之言不可不慎也。

恩礼出于人情之自然，不可强致。然礼系体面，犹可责人；恩出于根心，反以责而失之矣。故恩薄可结之使厚，恩离可结之使固，一相责望，为怨滋深。古父子、兄弟、夫妇之间，使骨肉为寇仇，皆坐责之一字耳。

宋儒云："宗法明而家道正。"岂惟家道，将天下之治乱恒必由之。宇宙内无一物不相贯属，不相统摄者。人以一身统四肢，一肢统五指；木以株统干，以干统枝，以枝统叶；百谷以茎统穗，以穗统稃，以稃统粒，盖同根一脉，联属成体。此操一举万之术，而治天下之要道也。天子统六卿①，六卿统九牧②，九牧统郡邑，郡邑统乡正，乡正统宗子[③]。事则以次责成，恩则以次流布，教则以次得传宣，法则以次绳督。夫然后上不劳下不乱而政易行。自宗法废，而人各为身，家各为政，彼此如飘絮飞沙，不相维系。是以上劳而无要领可持，下散而无脉胳相贯，奸盗易生而难知，教化易格而难达。故宗法立而百善兴，宗法废而万事弛。或曰："宗子而贱、而弱、而幼、而不肖，何以统宗?"曰："古之宗法也，如封建[④]，世世以嫡长。嫡长不得其人，则一宗受其敝，且豪强得以豚鼠视宗子，而鱼肉孤弱，其谁制之? 盖有宗子又当立家长。宗子以世世长子孙为之。家长以阖族之有德望而众所推服，能佐宗子者为之。胥重其权而互救其失。此二者，宗人一委听焉，则有司有所责成，而纪法易于修举矣。"

①六卿：《周礼》把执政大臣分为六官，亦称六卿。后代把吏、户、礼、兵、刑、工六部尚书称为六卿。 ②九牧：即九州，古代把天下分为九州，州的长官即为牧。 ③宗子：古代宗法制度，嫡长子为族人兄弟的共宗，故称宗子。 ④封建：指帝王分地以封诸侯，建立邦国。如西周、春秋时期就是这种封建制。

责善之道，不使其有我所无，不使其无我所有，此古人之所以贵友也。

"母氏圣善，我无令人"[①]，孝子不可不知；"臣罪当诛兮，天王圣明"[②]，忠臣不可不知。

①"母氏"二句：令人，即善人。孝子自责之意，谓自己不成材。语

出《诗经·邶风·凯风》。 ②“臣罪”二句:意谓只有臣子有罪,皇上永远正确。语出韩愈《琴操》之《拘幽操》。

士大夫以上,有祠堂,有正寝,有客位[①]。祠堂有斋房、神库,四世之祖考居焉,先世之遗物藏焉,子孙立拜之位在焉,牺牲鼎俎盥尊之器物陈焉,堂上堂下之乐列焉,主人之周旋升降由焉。正寝,吉礼则生忌之考妣迁焉,凶礼则尸柩停焉,柩前之食案香几衣冠设焉,朝夕哭奠之位容焉,柩旁床帐诸器之陈设、五服之丧次,男女之哭位分焉,堂外吊奠之客、祭器之罗列在焉。客位,则将葬之迁柩宿焉,冠礼之曲折、男女之醮位、宾客之宴飨行焉。此三所者,皆有两阶,皆有位次。故居室宁陋,而四礼之所断乎其不可陋。近见名公,有以旋马容膝、绳枢瓮牖为清节高品者[②],余甚慕之,而爱礼一念甚于爱名。故力可勉为,不嫌弘裕,敢为大夫以上者告焉。

①正寝:也叫路寝,宫室的正厅、正室。《公羊传·庄公三十二年》:“路寝者何?正寝也。”陆游《老学庵笔记》卷十:“古所谓路寝,犹言正厅也。” 客位:厅堂的正中位,乃是正宾的席位,故云。《礼记·郊特牲》:“醮于客位。” ②旋马容膝:旋马,掉转马头;容膝,立足。形容居室狭小局促。 绳枢瓮牖:以绳当作门户枢纽,以破瓮当作窗户,形容居家贫困。《史记·秦始皇本纪》:“陈涉,瓮牖绳枢之子。”

谈 道

大道有一条正路,进道有一定等级。圣人教人只示以一定之成法,在人自理会;理会得一步再说与一步,其第一步不理会到十分,也不说与第二步。非是苦人,等级原是如此。第一步差一寸,也到第二步不得。孔子于赐,才说与他一贯,又先难他“多学而识”一语①。至于仁者之事,又说:“赐也,非尔所及。”②今人开口便讲学脉,便说本体,以此接引后学,何似痴人前说梦?孔门无此教法。

①“孔子于赐”三句:《论语·卫灵公》:“子曰:‘赐也,女以予为多学而识之者与?’对曰:‘然,非与?’曰:‘非也,予一以贯之。’”赐,孔子弟子,姓端木,名赐,字子贡。　②“赐也”二句:语出《论语·公冶长》:“子贡曰:‘我不欲人之加诸我也,吾亦欲无加诸人。’子曰:‘赐也,非尔所及也。’”

有处常之五常,有处变之五常。处常之五常是经,人所共知;处变之五常是权,非识道者不能知也。不擒二毛不以仁称①,而血流漂杵不害其为仁②,二子乘舟不以义称③,而管、霍被戮不害其为义④。由此推之,不可胜数也。嗟夫!世无有识者,每泥于常而不通其变;世无识有识者,每责其经而不谅其权。此两人皆道之贼也,事之所以难济也。噫!非精义择中之君子,其谁能用之?其谁能识之?

①不擒二毛:语出《左传·僖公二年》:“君子不重伤,不禽二毛。”人年老头发斑白,黑白相间,故称二毛。　②血流漂杵:语出《尚书·武成》。形容杀人之多。杵,大盾。《孟子·尽心》:“以至仁伐不仁,而何其血之流杵也。”　③二子乘舟:《诗经·邶风》有《二子乘舟》诗,二子指卫宣公同父异母子伋和寿。毛传:“公令伋之齐,使贼先待于隘而杀之。寿知之以告伋,使去之。伋曰:‘君命也,不可以逃。’寿窃其节而先

往,贼杀之。仅至,曰:'君命杀我,寿有何罪?'贼又杀之。" ④管、霍被戮:管叔、霍叔均为周公之弟。成王初立年少,周公摄政,管叔、蔡叔等群弟疑周公,与武庚作乱。周公讨平叛乱,诛武庚、管叔,放蔡叔。霍叔当亦在被诛之列。事见《史记·周本纪》。

谈道者虽极精切,须向苦心人说,可使手舞足蹈,可使大叫垂泣,何者?以求通未得之心,闻了然透彻之语,如饥得珍羞,如旱得霖雨。相悦以解,妙不容言。其不然者,如麻木之肌,针灸终日尚不能觉,而以爪搔之,安知痛痒哉?吾窃为言者惜也。故大道独契,至理不言。非圣贤之忍于弃人,徒哓哓无益耳。是以圣人待问而后言,犹因人而就事。

庙堂之乐,淡之至也,淡则无欲,无欲之道与神明通;素之至也,素则无文,无文之妙与本始通。

真器不修,修者伪物也;真情不饰,饰者伪交也。家人父子之间不让而登堂,非简也,不侑而饱食,非饕也,所谓真也。惟待让而入,而后有让亦不入者矣;惟待侑而饱,而后有侑亦不饱者矣,是两修文也。废文不可为礼,文至掩真,礼之贼也,君子不尚焉。

百姓得所,是人君太平;君民安业,是人臣太平;五谷丰登,是百姓太平;大小和顺,是一家太平;父母无疾,是人子太平;胸中无累,是一腔太平。

至道之妙,不可意思,如何可言?可以言,皆道之浅也。

玄之又玄，犹龙公亦说不破[1]，盖公亦囿于玄玄之中耳。要说，说个甚？然却只在匹夫匹妇共知共行之中，外了这个，便是虚无。

①犹龙公：即老子。《史记·老子韩非列传》："孔子云：'吾今日见老子，其犹龙耶。'"

除了个"中"字，更定道统不得。旁流之至圣，不如正路之贤人。故道统宁中绝，不以旁流继嗣，何者？气脉不同也。予尝曰："宁为道统家奴婢，不为旁流家宗子。"

或问："圣人有可克之己否？"曰："惟尧、舜、文王、周、孔无己可克，其余圣人都有己。任是伊尹的己[1]，和是柳下惠的己[2]，清是伯夷的己。志向偏于那一边便是己。己者，我也，不能忘我而任意见也，狃于气质之偏而离中也。这己便是人欲，胜不得这己都不成个刚者。

①伊尹：商初大臣。名伊，尹是官名。帮助商汤攻灭夏桀。
②柳下惠：春秋时鲁国大夫，以善于讲究贵族礼节著称。

自然者，发之不可遏，禁之不能止。才说是当然，便没气力。然反之之圣[1]，都在当然上做工夫，所以说勉然。勉然做到底，知之成功，虽一分数境界，到那难题试验处，终是微有不同。此难以形迹语也。

①反之之圣：《孟子·尽心下》："孟子曰：'尧舜，性者也；汤武，反之

也。'"意谓尧舜是先天而生的圣人,汤武是后天修养的圣人。

尧、舜、周、孔之道,只是傍人情、依物理,拈出个天然自有之中行将去,不惊人,不苦人,所以难及。后来人胜他不得,却寻出甚高难行之事,玄冥隐僻之言,怪异新奇、偏曲幻妄以求胜,不知圣人妙处,只是个庸常。看六经、四书语言何等平易,不害其为圣人之笔,亦未尝有不明不备之道。嗟夫!贤智者过之,佛、老、杨、墨、庄、列、申、韩是已①。彼其意见才是圣人中万分之一,而漫衍闳肆以至偏重而贼道。后学无识,遂至弃菽粟而餐玉屑,厌布帛而慕火浣②,无补饥寒,反生奇病,悲夫!

①老、杨、墨、庄、列、申、韩:老子、杨朱、墨子、庄子、列子、申不害、韩非子,均是春秋战国时期的思想家,各有自己的代表学说。 ②火浣:火浣布,经火烧而不坏。

"中"之一字,是无天于上,无地于下,无东西南北于四方。此是南面独尊,道中的天子,仁、义、礼、智、信都是东西侍立,百行万善都是北面受成者也。不意宇宙间有此一妙字,有了这一个,别个都可勾销,五常、百行、万善但少了这个,都是一家货,更成甚么道理?

愚不肖者不能任道,亦不能贼道,贼道全是贤智。后世无识之人,不察道之本然面目,示天下以大中至正之矩,而但以贤智者为标的。世间有了贤智,便看的中道寻常,无以过人,不起名誉,遂薄中道而不为。道之坏也,不独贤智者之罪,而推崇贤智,其罪亦不小矣。《中庸》为贤智而作也。中足矣,又下个庸字,旨深哉!此难与曲局之士道。

道者,天下古今共公之理,人人都有分的。道不自私,圣人不私道,而儒者每私之曰圣人之道。言必循经,事必稽古,曰卫道。嗟夫!此千古之大防也,谁敢决之?然道无津涯,非圣人之言所能限;事有时势,非圣人之制所能尽。后世苟有明者出,发圣人所未发,而默契圣人欲言之心;为圣人所未为,而吻合圣人必为之事,此固圣人之深幸而拘儒之所大骇也。呜呼!此可与通者道,汉唐以来鲜若人矣。

易道浑身都是,满眼都是,盈六合都是。三百八十四爻,圣人特拈起三百八十四事来做题目。使千圣作《易》,人人另有三百八十四说,都外不了那阴阳道理。后之学者,求易于《易》,穿凿附会以求通。不知易是个活的,学者看做死的;易是个无方体的,学者看做有定象的。故论简要,乾坤二卦已多了;论穷尽,虽万卷书说不尽易的道理,何止三百八十四爻?

“中”之一字,不但道理当然,虽气数离了中亦成不得寒暑,灾祥失中则万物殃,饮食起居失中则一身病。故四时各顺其序,五脏各得其职,此之谓中。差分毫便有分毫验应,是以圣人执中以立天地万物之极。

学者只看得世上万事万物种种是道,此心才觉畅然。

在举世尘俗中另识一种意味,又不轻与鲜能知味者尝,才是真趣。守此便是至宝。

五色胜则相掩,然必厚益之,犹不能浑然无迹,维黑一染不可辩矣。故黑者,万事之府也,敛藏之道也。帝王之道黑,故能容保无疆;圣人之心黑,故能容会万理。盖含英采、韬精明、养元气、蓄天机,皆黑之道也,故曰"惟玄惟默"。玄,黑色也。默,黑象也。《书》称舜曰:"玄德升闻[1]。"《老子》曰:"知其白,守其黑[2]。"得黑之精者也。故外著而不可掩,皆道之浅者也。虽然,儒道内黑而外白,黑为体,白为用;老氏内白而外黑,白安身,黑善世。

①玄德升闻:语出《尚书·尧典》。　②"知其白"二句:语出《老子》二十八章。

道在天地间,不限于取数之多,心力勤者得多,心力衰者得少,昏弱者一无所得。假使天下皆圣人,道亦足以供其求;苟皆为盗跖,道之本体自在也,分毫无损。毕竟是世有圣人,道斯有主;道附圣人,道斯有用。

汉唐而下,议论驳而至理杂,吾师宋儒。宋儒求以明道而多穿凿附会之谈,失平正通达之旨,吾师先圣之言。先圣之言煨于秦火、杂于百家,莠苗朱紫,使后学尊信之而不敢异同,吾师道。苟协诸道而协,则千圣万世无不吻合,何则?道无二也。

或问:"中之道,尧舜传心[1],必有至玄至妙之理。"余叹曰:"只就我两人眼前说,这饮酒不为限量,不至过醉,这就是饮酒之中;这说话不缄默,不狂诞,这就是说话之中;这作揖跪拜,不烦不疏,不疾不徐,这就是作揖跪拜之中。一事得中,就是一事的尧舜。推之万事皆然。又到那安行处,便是十全的尧舜。"

①尧舜传心:即"人心惟危,道心惟微,惟精惟一,允执厥中"十六字心传。此本《荀子·解蔽》引道经之语,伪古文《尚书·大禹谟》取之,后为程朱理学所据。

形神一息不相离,道器一息不相无[①]。故道无精粗,言精粗者,妄也。因与一客共酌,指案上罗列者谓之曰:"这安排必有停妥处,是天然自有底道理。那僮仆见一豆上案,将满案樽俎东移西动,莫知措手。那熟底入眼便有定位,未来便有安排。新者近前,旧者退后,饮食居左,匙箸居右,重积不相掩,参错不相乱,布置得宜,楚楚齐齐,这个是粗底。若说神化性命,不在此却在何处?若说这里有神化性命,这个工夫还欠缺否?推之耕耘簸扬之夫,炊爨烹调之妇,莫不有神化性命之理,都能到神化性命之极。学者把神化性命看得太玄,把日用事物看得太粗,原不曾理会。理会得来,这案上罗列得天下古今,万事万物都在这里,横竖推行、扑头盖面、脚踏身坐底都是神化性命,乃知神化性命极粗浅底。"

①道器:指普遍原理与具体事物。《周易·系辞下》:"是故形而上者谓之道,形而下者谓之器。"

有大一贯,有小一贯。小一贯,贯万殊;大一贯,贯小一贯。大一贯一,小一贯千百。无大一贯,则小一贯终是零星;无小一贯,则大一贯终是浑沌。

静中看天地万物都无些子。

一门人向予数四穷问无极、太极及理气同异[①],性命精粗[②],性善是否。予曰:“此等语,予亦能剿先儒之成说及一己之谬见以相发明,然非汝今日急务。假若了悟性命,洞达天人,也只于性理书上添了某氏曰一段言语,讲学衙门中多了一宗卷案。后世穷理之人,信彼驳此,服此辟彼,再世后汗牛充栋都是这桩话说,不知于国家之存亡,万姓之生死,身心之邪正,见在得济否?我只有个粗法子,汝只把存心、制行、处事、接物、齐家、治国、平天下大本小节都事事心下信得过了,再讲这话不迟。”曰:“理气、性命,终身不可谈耶?”曰:“这便是理气、性命显设处,除了撒数没总数。”

①无极、太极:大概是指宇宙万物的起点。《周易·系辞传上》:“易有太极,是生两仪。”周敦颐《太极图说》:“无极而太极。” 理气:中国哲学的一对基本范畴。理,指事物的原则;气,指的是一种极细微的物质。宋以后学者于此多有争论。 ②性命:中国哲学范畴。《周易·乾卦》:“乾道变化,各正性命。”《礼记·中庸》:“天命之谓性。”

阳为客,阴为主;动为客,静为主;有为客,无为主;万为客,一为主。

理路直截，欲路多岐；理路光明，欲路微暧；理路爽畅，欲路懊烦；理路逸乐，欲路忧劳。

无万则一何处着落？无一则万谁为张主？此二字一时离不得。一只在万中走，故有正一，无邪万；有治一，无乱万；有中一，无偏万；有活一，无死万。

天下之大防五，不可一毫溃也，一溃则决裂不可收拾。宇内之大防，上下名分是已；境外之大防，夷夏出入是已；一家之大防，男女嫌微是已；一身之大防，理欲消长是已；万世之大防，道脉纯杂是已。

儒者之末流与异端之末流何异？似不可以相诮也。故明于医，可以攻病人之标本；精于儒，可以中邪说之膏肓。辟邪不得其情，则邪愈肆；攻病不对其症，则病愈剧。何者？授之以话柄而借之以反攻，自救之策也。

人皆知异端之害道，而不知儒者之言亦害道也。见理不明，似是而非，或骋浮词以乱真，或执偏见以夺正，或狃目前而昧万世之常经，或徇小道而溃天下之大防，而其闻望又足以行其学术，为天下后世人心害良亦不细。是故，有异端之异端，有吾儒之异端。异端之异端真非也，其害小；吾儒之异端似是也，其害大。有卫道之心者，如之何而不辩哉？

天下事皆实理所为，未有无实理而有事物者也。幻家者流，无实用而以形惑人。呜呼！不窥其实而眩于形以求理，愚矣。

公卿争议于朝,曰天子有命,则屏然不敢屈直矣;师儒相辩于学,曰孔子有言,则寂然不敢异同矣。故天地间惟理与势为最尊。虽然,理又尊之尊也。庙堂之上言理,则天子不得以势相夺,即相夺焉,而理则常伸于天下万世。故势者,帝王之权也;理者,圣人之权也。帝王无圣人之理,则其权有时而屈;然则理也者,又势之所恃以为存亡者也。以莫大之权,无僭窃之禁,此儒者之所不辞而敢于任斯道之南面也。

阳道生,阴道养。故向阳者先发,向阴者后枯。

正学不明,聪明才辩之士各枝叶其一隅之见,以成一家之说,而道始千岐百径矣。岂无各得?终是偏术。到孔门只如枉木着绳,一毫邪气不得。

禅家有理障之说[①]。愚谓理无障,毕竟是识障。无意识,心何障之有?

①理障:佛家称执于文字而见理不真。《圆觉经》云:"云何二障?一者理障,碍正知见;二者事障,续诸生死。"

道莫要于损己,学莫急于矫偏。

七情总是个欲,只得其正了,都是天理;五性总是个仁,只不仁了,都是人欲。

万籁之声皆自然也，自然皆真也，物各自鸣其真。何天何人？何今何古？六经籁道者也，统一圣真，而汉宋以来胥执一响以吹之，而曰是外无声矣。观俳谑者，万人粲然皆笑，声不同也而乐同。人各笑其乐，何清浊高下妍蚩之足云？故见各鸣其自得。语不诡于六经，皆吾道之众响也，不必言言同、事事同矣。

气者，形之精华；形者，气之渣滓。故形中有气，无气则形不生；气中无形，有形则气不载。故有无形之气，无无气之形。星陨为石者，先感于形也。

天地万物，只到和平处无一些不好。何等畅快！

庄、列见得道理原着不得人为①，故一向不尽人事。不知一任自然，成甚世界？圣人明知自然，却把自然阁起，只说个当然，听那个自然。

①庄、列：指庄子、列子。

私恩煦感，仁之贼也；直往轻担，义之贼也；足恭伪态，礼之贼也；苛察岐疑，智之贼也；苟约固守，信之贼也。此五贼者，破道乱正，圣门斥之，后世儒者往往称之以训世，无识也与？

道有二然，举世皆颠倒之。有个当然，是属人底，不问吉凶祸福，要向前做去；有个自然，是属天底，任你踯躅咆哮，自勉强不来。举世昏迷,专在自然上错用工夫,是谓替天忙,徒劳无益。却将当然底全不着意,是谓弃人道,成个甚人?圣贤看着自然可得底,果于当然有碍,定不肯受,况未必得乎?只把二然字看得真、守得定,有多少受用处!

气用形,形尽而气不尽;火用薪,薪尽而火不尽。故天地惟无能用有,五行惟火为气,其四者皆形也。

气盛便不见涵养。浩然之气虽充塞天地间,其实本体闲定,冉冉口鼻中不足以呼吸。

有天欲,有人欲。吟风弄月,傍花随柳,此天欲也。声色货利,此人欲也。天欲不可无,无则禅;人欲不可有,有则秽。天欲即好的人欲,人欲即不好底天欲。

朱子云:“不求人知而求天知。”[1]为初学言也。君子为善,只为性中当如此,或此心过不去。天知、地知、人知、我知,浑是不求底,有一求心,便是伪,求而不得,此念定是衰歇。

①朱子:朱熹,宋代思想家。

以吾身为内,则吾身之外皆外物也,故富贵利达,可生可荣,苟非道焉,而君子不居;以吾心为内,则吾身亦外物也,故贫贱忧戚,可辱可杀,苟道焉,而君子不辞。

或问敬之道。曰:“外面整齐严肃,内面齐庄中正,是静时涵养的敬;读书则心在于所读,治事则心在于所治,是主一无适的敬;出门如见大宾,使民如承大祭,是随事小心的敬。"或曰:"若笑谈歌咏、宴息造次之时,恐如是则矜持不泰然矣。"曰:"敬以端严为体,以虚活为用,以不离于正为主。斋日衣冠而寝,梦寐乎所祭者也。不斋之寝,则解衣脱冕矣,未有释衣冕而持敬也。然而心不流于邪僻,事不诡于道义,则不害其为敬矣。君若专去端严上求敬,则荷锄负畚、执辔御车、鄙事贱役,古圣贤皆为之矣,岂能日日手容恭、足容重耶[①]?又若孔子曲肱指掌[②],及居不容,点之浴沂[③],何害其为敬耶?大端心与正依,事与道合,虽不拘拘于端严,不害其为敬。苟心游千里,意逐百欲,而此身却兀然端严在此,这是敬否?譬如谨避深藏,秉烛鸣珮,缓步轻声,女教《内则》原是如此[④],所以养贞信也。若馌妇汲妻[⑤],及当颠沛奔走之际,自是回避不得。然而贞信之守,与深藏谨避者同,是何害其为女教哉?是故敬不择人,敬不择事,敬不择时,敬不择地,只要个心与正依,事与道合。"

①手容恭、足容重:语出《礼记·玉藻》。谓君子举手抬足要稳重恭敬。　②曲肱:曲臂以为枕。《论语·述而》:"子曰:'饭疏食,饮水,曲肱而枕之,乐亦在其中矣。'"　指掌:指其手掌。喻事理浅近而易明。《论语·八佾》:"'知其说者之于天下也,其如示诸斯乎?'指其掌。"　③点之浴沂:点,即曾点,字皙,孔子弟子;沂,沂水。孔子与弟子坐而言志,曾点说愿在暮春三月与同志者浴于沂水,歌咏而归。事见《论语·先进》。　④女教《内则》:《礼记·内则》:"女子出门,必拥蔽其面,夜行以烛,无烛则正。"　⑤馌妇:给耕田之人送饭之妇。《诗经·豳风·七月》:"馌彼南亩"。汲:打水。

先难后获,此是立德立功第一个张主。若认得先难是了,只一向持循去,任千毁万谤也莫动心,年如是,月如是,竟无效验也只如是,久则自无不获之理。故工夫循序以进之,效验从容以俟之,若欲速,便是揠苗者,自是欲速不来。

造化之精,性天之妙,惟静观者知之,惟静养者契之,难与纷扰者道。故止水见星月,才动便光芒错杂矣。悲夫!纷扰者,昏昏以终身而一无所见也。

满腔子是恻隐之心,满六合是运恻隐之心处。君子于六合飞潜动植、纤细毫末之物,见其得所则油然而喜,与自家得所一般;见其失所则闵然而戚,与自家失所一般,位育念头如何一刻放得下[①]?

①位育:位,即正;育,生长。《礼记·中庸》:“致中和,天地位焉,万物育焉。”

万物生于性,死于情。故上智去情,君子正情,众人任情,小人肆情。夫知情之能死人也,则当游心于淡泊无味之乡,而于世之所欣戚趋避漠然不以婴其虑,则身苦而心乐,感殊而应一。其所不能逃者,与天下同;其所了然独得者,与天下异。

此身要与世融液,不见有万物形迹、六合界限,此之谓化;然中间却不模糊,自有各正的道理,此之谓精。

人一生不闻道,真是可怜!

“己欲立而立人，己欲达而达人”[1]，便是肫肫其仁[2]，天下一家滋味。然须推及鸟兽，又推及草木，方充得尽。若父子兄弟间便有各自立达、争先求胜的念头，更那顾得别个？

①“己欲”二句：语出《论语·雍也》。意思是自己想要做的，就帮助别人去做。以己及人，仁者之心。　②肫肫：恳挚貌。《礼记·中庸》：“肫肫之仁。”

天德只是个无我，王道只是个爱人。

道是第一等，德是第二等，功是第三等，名是第四等。自然之谓道，与自然游谓之道士。体道之谓德，百行俱修谓之德士。济世成物谓之功。一味为天下洁身著世谓之名。一味为自家立言者亦不出此四家之言，下此不入等矣。

凡动天感物，皆纯气也。至刚至柔与中和之气皆有所感动，纯故也。十分纯里才有一毫杂，便不能感动。无论佳气戾气，只纯了，其应便捷于影响。

万事万物有分别，圣人之心无分别，因而付之耳。譬之日因万物以为影，水因万川以顺流，而日水原无两，未尝不分别，而非以我分别之也。以我分别，自是分别不得。

下学学个什么？上达达个什么[1]？下学者，学其所达也；上达者，达其所学也。

①下学上达：即下学人事，而上达天理。《论语·宪问》："子曰：'不怨天，不尤人，下学而上达，知我者，其天乎？'"

弘毅，坤道也。《易》曰"含弘光大"①，言弘也；"利永贞"②，言毅也。不毅不弘，何以载物？

①含弘光大：语出《周易·坤卦》。意谓地德深厚而能包容了万物。②利永贞：语出《周易·艮卦》。意谓始终守正，则可常保无咎。

六经言道而不辨，辨自孟子始；汉儒解经而不论，论自宋儒始；宋儒尊理而不僭，僭自世儒始。

圣贤学问是一套，行王道必本天德；后世学问是两截，不修己只管治人。

自非生知之圣，未有言而不思者。貌深沉而言安定，若蹇若疑，欲发欲留，虽有失焉者，寡矣；神奋扬而语急速，若涌若悬，半跆半晦，虽有得焉者，寡矣。夫一言之发，四面皆渊阱也。喜言之则以为骄，戚言之则以为懦，谦言之则以为谄，直言之则以为陵，微言之则以为险，明言之则以为浮。无心犯讳，则谓有心之讥；无为发端，则疑有为之说。简而当事，曲而当情，精而当理，确而当时，一言而济事，一言而服人，一言而明道，是谓修辞之善者。其要有二：曰澄心，曰定气。余多言而无当，真知病本云云，当与同志者共改之。

知彼知我，不独是兵法，处人处事一些少不得底。

静中真味至淡至冷，及应事接物时，自有一段不冷不淡天趣。只是众人习染世味十分浓艳，便看得他冷淡。然冷而难亲，淡而可厌，原不是真味，是谓拨寒灰嚼净蜡。

明体全为适用。明也者，明其所适也。不能实用，何贵明体？然未有明体而不实用者。树有根，自然千枝万叶；水有泉，自然千流万派。

天地人物原来只是一个身体、一个心肠，同了便是一家，异了便是万类。而今看着风云雷雨都是我胸中发出，虎豹蛇蝎都是我身上分来，那个是天地？那个是万物？

万事万物都有个一。千头万绪皆发于一，千言万语皆明此一，千体认万推行皆做此一。得此一，则万皆举。求诸万，则一反迷。但二氏只是守一[①]，吾儒却会用一。

①二氏：指释、道二家。下言“三氏”，则指儒、释、道。

三氏传心要法，总之不离一静字。下手处皆是制欲，归宿处都是无欲，是则同。

“予欲无言”[①]，非雅言也，言之所不能显者也。“吾无隐尔”[②]，非文辞也，性与天道也。说便说不来，藏也藏不得，然则无言即无隐也，在学者之自悟耳。天地何尝言？何尝隐？以是知不可言传者，皆日用流行于事物者也。

①予欲无言:《论语·阳货》:"子曰:'予欲无言。'子贡曰:'子如不言,则小子何述焉?'子曰:'天何言哉?四时行焉,万物生焉,天何言哉?'" ②吾无隐尔:《论语·述而》:"子曰:'二三子以我为隐乎?吾无隐尔。'"隐,隐匿。

天地间道理,如白日青天;圣贤心事,如光风霁月。若说出一段话,说千解万,解说者再不痛快,听者再不惺憁,岂举世人皆愚哉?此立言者之大病。

罕譬而喻者,至言也;譬而喻者,微言也;譬而不喻者,玄言也。玄言者,道之无以为者也。不理会玄言,不害其为圣人。

正大光明,透彻简易,如天地之为形,如日月之垂象,足以开物成务①,足以济世安民,达之天下万世而无弊,此谓天言。平易明白,切近精实,出于吾口而当于天下之心,载之典籍而裨于古人之道,是谓人言。艰深幽僻,吊诡探奇,不自句读不能通其文,通则无分毫会心之理趣;不考音韵不能识其字,识则皆常行日用之形声,是谓鬼言。鬼言者,道之贼也,木之孽也,经生学士之殃也。然而世人崇尚之者何?逃之怪异足以文凡陋之笔,见其怪异易以骇肤浅之目。此光明平易大雅君子为之汗颜泚颡②,而彼方以为得意者也。哀哉!

①开物成务:《周易·系辞上》:"夫易,开物成务,冒天下之道,如斯而已者也。"孔颖达疏云:"言易能开万物之志,成就天下之务。" ②泚颡:额上出汗。《孟子·滕文公上》:"其颡有泚。"

衰世尚同，盛世未尝不尚同。衰世尚同流合污，盛世尚同心合德。虞廷同寅协恭[①]，修政无异识，圮族者殛之[②]；孔门同道协志，修身无异术，非吾徒者攻之[③]。故曰：道德一，风俗同。二之非帝王之治，二之非圣贤之教，是谓败常乱俗，是谓邪说破道。衰世尚同则异是矣。逐波随风，共撼中流之砥柱；一颓百靡，谁容尽醉之醒人？读《桃园》、诵《板》《荡》[④]，自古然矣。乃知盛世贵同，衰世贵独。独非立异也，众人皆我之独，即盛世之同矣。

①同寅协恭：同具敬畏之心。《尚书·皋陶谟》："同寅协恭和衷哉。" ②圮：毁、绝。殛：诛戮。《尚书·尧典》："方命圮族。" ③非吾徒者攻之：语出《论语·先进》。冉求为季氏聚敛，孔子曰："非吾徒也，小子鸣鼓而攻之可也。" ④《桃园》：即《桃有园》，《诗经·魏风》篇名。《板》《荡》：《诗经·大雅》中二篇名。

世间物一无可恋，只是既生在此中，不得不相与耳。不宜着情，着情便生无限爱欲，便招无限烦恼。

安而后能虑[①]，止水能照也[②]。

①安而后能虑：语出《礼记·大学》："知止而后有定，定而后能静，静而后能安，安而后能虑，虑而后能得。" ②止水：静水。《庄子·德充符》："人莫鉴于流水，而鉴于止水。"

君子之于事也，行乎其所不得不行，止乎其所不得不止；于言也，语乎其所不得不语，默乎其所不得不默。尤悔庶几寡矣。

发不中节,过不在已发之后[1]。

①发不中节:《礼记·中庸》:"喜怒哀乐之未发,谓之中。发而皆中节,谓之和。"

才有一分自满之心,面上便带自满之色,口中便出自满之声,此有道之所耻也。见得大时,世间再无可满之事,吾分再无能满之时,何可满之有?故盛德容貌若愚。

"相在尔室,尚不愧于屋漏[1]",此是千古严师;"十目所视,十手所指[2]",此是千古严刑。

①"相在"二句:语出《诗经·大雅·抑》。不愧屋漏,指心地光明,不暗中做坏事,起坏念头。 ②"十目"二句:语出《礼记·大学》。形容一举一动,都不能离开人们的耳目。

诚与才合,毕竟是两个,原无此理。盖才自诚出,才不出于诚算不得个才,诚了自然有才。今人不患无才,只是讨一诚字不得。

断则心无累。或曰:"断用在何处?"曰:"谋后当断,行后当断。"

道尽于一,二则赘。体道者不出一,二则支。天无二气,物无二本，心无二理，世无二权。一则万，二则不万，道也，二乎哉？故执一者得万，求万者失一。水壅万川未必能塞，木滋万叶未必能荣，失一故也。

道有一真，而意见常千百也，故言多而道愈漓[1]；事有一是，而意见常千百也，故议多而事愈偾[2]。

①漓：本作“醨”，意薄。　②偾：败，毁。

吾党望人甚厚，自治甚疏，只在口吻上做工夫，如何要得长进？

宇宙内原来是一个，才说同，便不是。

周子《太极图》第二圈子是分阴分阳[1]，不是根阴根阳。世间没有这般截然气化，都是互为其根耳。

①周子：即北宋理学家周敦颐。

说自然是第一等话，无所为而为。说当然是第二等话，性分之所当尽，职分之所当为。说不可不然是第三等话，是非毁誉是已。说不敢不然是第四等话，利害祸福是已。

人欲扰害天理，众人都晓得；天理扰害天理，虽君子亦迷，况在众人？而今只说慈悲是仁，谦恭是礼，不取是廉，慷慨是义，果敢是勇，然诺是信。这个念头真实发出，难说不是天理，却是大中至正天理被他扰害,正是执一贼道。举世所谓君子者,都在这里看不破,故曰道之不明也。

“二女同居,其志不同行”①,见孤阳也。若无阳,则二女何不同行之有?二阳同居,其志同行,不见阴也。若见孤阴,则二男亦不可以同居矣。故曰:“一阴一阳之谓道②。”六爻虽具阴阳之偏,然各成一体,故无嫌。

①“二女”二句:语出《周易·睽卦》。 ②“一阴”句:语出《周易·系辞上》。孔颖达疏云:“道是虚无之称,以虚无能开通于物,故称之曰道。”

利刃斫木绵,迅炮击风帜,必无害矣。

士之于道也,始也求得,既也得得,既也养得,既也忘得。不养得则得也不固,不忘得则得也未融。学而至于忘得,是谓无得。得者,自外之名,既失之名,还我故物,如未尝失,何得之有?心放失,故言得心。从古未言得耳目口鼻四肢者,无失故也。

圣人作用皆以阴为主,以阳为客。阴所养者也,阳所用者也。天地亦主阴而客阳。二氏家全是阴。道家以阴养纯阳而啬之,释家以阴养纯阴而宝之。凡人阴多者,多寿多福;阳多者,多夭多祸。

只隔一丝,便算不得透彻之悟,须是入筋肉、沁骨髓。

异端者,本无不同,而端绪异也。千古以来,惟尧、舜、禹、汤、文、武、孔、孟一脉是正端,千古不异。无论佛、老、庄、列、申、韩、管、商[①],即伯夷、伊尹、柳下惠,都是异端。子贡、子夏之徒[②],都流而异端。盖端之初分也,如路之有岐,未分之初都是一处发脚,既出门后,一股向西南走,一股向东南走,走到极处,末路梢头,相去不知几千万里。其始何尝不一本哉?故学问要析同异于毫厘,非是好辨,惧末流之可哀也。

①申、韩、管、商:申不害、韩非、管仲、商鞅,皆为先秦法家。

②子贡、子夏:皆为孔子弟子。

天下之事,真知再没个不行,真行再没个不诚,真诚之行再没个不自然底。自然之行不至其极不止,不死不止,故曰"明则诚"矣[①]。

①明则诚:《礼记·中庸》:"自诚明,谓之性。自明诚,谓之教。诚则明矣,明则诚矣。"明,明德;诚,至诚。

千万病痛只有一个根本,治千病万痛只治一个根本。

宇宙内主张万物底,只是一块气。气即是理。理者,气之自然者也。

到至诚地位,诚固诚,伪亦诚;未到至诚地位,伪固伪,诚亦伪。

义袭取不得[①]。

①义袭:指一时的正义行为。《孟子·公孙丑上》:"其为气也,……是集义所生者,非义袭而取之也。"

信知困穷抑郁、贫贱劳苦是我应得底,安富尊荣、欢欣如意是我傥来底,胸中便无许多冰炭。

事有豫而立,亦有豫而废者。吾曾豫以有待,临事凿枘不成,竟成弃掷者。所谓权不可豫设,变不可先图,又难执一论也。

任是千变万化、千奇万异,毕竟落在平常处歇。

善是性,性未必是善;秤锤是铁,铁不是秤锤。或曰:"孟子道性善,非与?"曰:"余所言孟子之言也,孟子以耳目口鼻四肢之欲为性[①],此性善否?"或曰:"欲当乎理即是善。"曰:"如子所言,'动心忍性'[②],亦忍善性与?"或曰:"孔子系《易》,言'继善成性'[③],非与?"曰:"世儒解经,皆不善读《易》者也。孔子云:'一阴一阳之谓道。'谓一阴一阳均调而不偏,乃天地中和之气,故谓之道。人继之则为善。继者禀受之初,人成之则为性。成者,不作之谓。假若一阴则偏于柔,一阳则偏于刚,皆落气质,不可谓之道。盖纯阴纯阳之谓偏;一阴二阳,二阴一阳之谓驳;一阴三四五阳,五阴一三四阳之谓杂。故仁知之见皆落了气质一边,何况百姓?仁智两字括此以见例。礼者见之谓之礼,义者见之谓之义,皆是边见。朱注以继为天,误矣。又以仁智分阴阳,又误矣。抑尝考之,天自有两种天,有理道之天,有气数之天。故赋之于人,有义理之性,有气质之性。二天皆出于太极。理道之天是先天,未着阴阳五行以前,纯善无恶,《书》所谓'惟皇降衷,厥有恒性'④,《诗》所谓'天生烝民,有物有则'是也⑤。气数之天是后天,落阴阳五行之后,有善有恶,《书》所谓'天生烝民,有欲'⑥,孔子所谓'惟上知与下愚不移'是也⑦。孟子道性善,只言个德性。"

①"孟子"句:语本《孟子·尽心下》。　②动心忍性:语出《孟子·告子下》。　③继善成性:语本《周易·系辞上》:"一阴一阳之谓道,继之者善也,成之者性也。"　④"惟皇降衷"二句,语出《尚书·汤诰》。　⑤"天生烝民"二句:语出《诗经·大雅·烝民》。　⑥天生烝民,有欲:语出《尚书·仲虺之诰》。　⑦"惟上知"句:语出《论语·阳货》。

物欲从气质来,只变化了气质,更说甚物欲。

耳目口鼻四肢有何罪过?尧、舜、周、孔之身都是有底;声色货利、可爱可欲有何罪过?尧、舜、周、孔之世都是有底。千万罪恶都是这点心,孟子"耳目之官不思而蔽于物"①,太株连了。只是先立乎其大,有了张主,小者都是好奴婢,何小之敢夺?没了窝主,那怕盗贼?问:谁立大?曰:大立大。

①"耳目"句:语出《孟子·告子上》。

威仪养得定了,才有脱略,便害羞赧;放肆惯得久了,才入礼群,便害拘束。习不可不慎也。

絜矩是强恕事[①],圣人不絜矩。他这一副心肠原与天下打成一片,那个是矩?那个是絜?

①絜矩:《礼记·大学》:“上老老而民兴孝,上长长而民兴弟,上恒孤而民不倍,是以君子有絜矩之道。”絜,量度;矩,方形的工具。象征道德上的示范作用。

仁以为己任,死而后已,此是大担当。老者衣帛食肉,黎民不饥不寒,此是大快乐。

内外本末交相培养,此语余所未喻。只有内与本,那外与末张主得甚?

不是与诸君不谈奥妙,古今奥妙不似《易》与《中庸》,至今解说二书不似青天白日,如何又于晦夜添浓云也?望诸君哀此后学,另说一副当言语,须是十指露缝,八面开窗,你见我知,更无躲闪,方是正大光明男子。

形而上与形而下不是两般道理,下学上达不是两截工夫。

世之欲恶无穷,人之精力有限,以有限与无穷斗,则物之胜人不啻千万,奈之何不病且死也?

冷淡中有无限受用处。都恋恋炎热,抵死不悟,既悟不知回头，既回头却又羡慕，此是一种依膻附腥底人，切莫与谈真味。

处明烛幽，未能见物，而物先见之矣。处幽烛明，是谓神照。是故不言者非喑，不视者非盲，不听者非聋。

儒戒声色货利，释戒色声香味，道戒酒色财气，总归之无欲，此三氏所同也。儒衣儒冠而多欲，怎笑得释道?

敬事鬼神，圣人维持世教之大端也。其义深，其功大，但自不可凿求，不可道破耳。

天下之治乱，只在“相责各尽”四字。

世之治乱，国之存亡，民之死生，只是个我心作用，只无我了，便是天清地宁、民安物阜世界。

惟得道之深者，然后能浅言。凡深言者，得道之浅者也。

以虚养心，以德养身，以善养人，以仁养天下万物，以道养万世。养之义大矣哉!

万物皆能昏人，是人皆有所昏。有所不见为不见者所昏，有所见为见者所昏，惟一无所见者不昏，不昏然后见天下。

道非淡不入，非静不进，非冷不凝。

三千三百便是无声无臭[1]。

①三千三百：即《中庸》所谓"礼仪三百，威仪三千。"礼仪三百，指《周礼》三百六十官分掌之事；威仪三千，指《仪礼》行事之威仪。 无声无臭：《诗经·大雅·文王》："上天之载，无声无臭，仪刑文王，万邦作孚。"言上天之道，耳不闻其声，鼻不闻其臭，难以知晓。

天德王道不是两事，内圣外王不是两人[1]。

①内圣外王：意谓高度的道德修养。在内则为圣功，在外则为王政。语出《庄子·天下》："内圣外王之道，暗而不明，郁而不发。"

损之而不见其少者必赘物也，益之而不见其多者必缺处也，惟分定者加一毫不得、减一毫不得。

知是一双眼，行是一双脚。不知而行，前有渊谷而不见，旁有狼虎而不闻，如中州之人适燕而南、之粤而北也，虽乘千里之马，愈疾愈远。知而不行，如痿痹之人数路程，画山水。行更无多说，只用得一"笃"字。知的工夫千头万绪，所谓"匪知之艰，惟行之艰"；"匪苟知之，亦允蹈之"；"知至至之，知终终之"；"穷神知化"，"穷理尽性"，"几深研极"，"探赜索隐"，"多闻多见"。知也者，知所行也；行也者，行所知也。知也者，知此也；行也者，行此也。原不是两个。世俗知行不分，直与千古圣人驳难，以为行即是知。余以为能行方算得知，徒知难算得行。

有杀之为仁,生之为不仁者;有取之为义,与之为不义者;有卑之为礼,尊之为非礼者;有不知为智,知之为不智者;有违言为信,践言为非信者。

觅物者,苦求而不得,或视之而不见,他日无事于觅也,乃得之。非物有趋避,目眩于急求也。天下之事,每得于从容,而失之急遽。

山峙川流,鸟啼花落,风清月白,自是各适其天,各得其分。我亦然,彼此无干涉也。才生系恋心,便是歆羡,便有沾着。至人淡无世好,与世相忘而已。惟并育而不有情,故并育而不相害①。

①并育而不相害:语出《礼记 · 中庸》。

公生明,诚生明,从容生明。公生明者,不蔽于私也。诚生明者,清虚所通也。从容生明者,不淆于感也。舍是无明道矣。

“喜怒哀乐之未发谓之中①。”自有《中庸》来,无人看破此一语。此吾道与佛、老异处,最不可忽。

①“喜怒”句:语出《礼记 · 中庸》。

知识,心之孽也;才能,身之妖也;贵宠,家之祸也;富足,子孙之殃也。

只泰了[①]，天地万物皆志畅意得，欣喜欢爱。心、身、家、国、天下无一毫郁阏不平之气，所谓八达四通，千昌万遂，太和之至也。然泰极则肆，肆则不可收拾，而入于否。故泰之后继以大壮[②]，而圣人戒之曰："君子以非礼弗履。"用是见古人忧勤惕励之意多，豪雄旷达之心少。六十四卦，惟有泰是快乐时，又恁极中极正，且惧且危，此所以致泰保泰而无意外之患也。

①泰：《周易》六十四卦之一。象曰："泰，小往大来，吉，亨。则是天地交而万物通也，上下交而其志同也。" ②大壮：《周易》六十四卦之一。象曰："雷在天上，大壮，君子以非礼弗履。"

今古纷纷辨口，聚讼盈庭，积书充栋，皆起于世教之不明，而聪明才辨者各执意见以求胜。故争轻重者至衡而息，争短长者至度而息，争多寡者至量而息，争是非者至圣人而息。中道者，圣人之权衡度量也。圣人往矣，而中道自在，安用是哓哓强口而逞辨以自是哉？嗟夫！难言之矣。

人只认得义、命两字真，随事随时在这边体认，果得趣味，一生受用不了。

"夫焉有所倚"[①]，此至诚之胸次也。空空洞洞，一无所着，一无所有，只是不倚着，才倚一分，便是一分偏，才着一厘，便是一厘碍。

①夫焉有所倚：谓没有依靠，没有偏倚。《礼记·中庸》："夫焉有所

倚，肫肫其仁，渊渊其渊，浩浩其天。”

形用事，则神者亦形；神用事，则形者亦神。

威仪三千，礼仪三百[①]，五刑之属三千[②]，皆法也。法是死的，令人可守；道是活底，令人变通。贤者持循于法之中，圣人变易于法之外。自非圣人，而言变易，皆乱法也。

①“威仪”二句：语出《礼记·中庸》。 ②“五刑”句：《尚书·吕刑》：“墨罚之属千，劓罚之属千，剕罚之属五百，宫罚之属三百，大辟之罚其属二百。五刑之属三千。”

道不可言，才落言诠便有倚着。

礼教大明，中有犯礼者一人焉，则众以为肆而无所容；礼教不明，中有守礼者一人焉，则众以为怪而无所容。礼之于世大矣哉！

良知之说，亦是致曲扩端学问[①]，只是作用大端费力。作圣工夫当从天上做，培树工夫当从土上做。射之道，中者矢也，矢由弦，弦由手，手由心，用工当在心，不在矢；御之道，用者衔也，衔由辔，辔由手，手由心，用工当在心，不在衔。

①致曲：语出《礼记·中庸》。朱熹注云：“致，推致也。曲，一偏也。……曲无不致，则德无不实。”扩端：《孟子·公孙丑上》：“恻隐之心，仁之端也；羞恶之心，义之端也；辞让之心，礼之端也；是非之心，智

之端也。……凡有四端于我者,知皆扩而充之矣。”

圣门工夫有两途,“克己复礼”是领恶以全好也[①],四夷靖则中国安;“先立乎其大者”[②],是正己而物正也,内顺治则外威严。

①克己复礼:语出《论语·颜渊》:“一日克己复礼,天下归仁焉。”
②语出《孟子·告子上》:“先立其乎大者,则其小者弗能夺也。”

中,是千古道脉宗;敬,是圣学一字诀。

性只有一个,才说五便着情种矣。

敬肆是死生关。

瓜李将熟,浮白生焉。礼由情生,后世乃以礼为情,哀哉!

道理甚明、甚浅、甚易,只被后儒到今说底玄冥,只似真禅,如何使俗学不一切诋毁而尽叛之?

生成者,天之道心;灾害者,天之人心。道心者,人之生成;人心者,人之灾害。此语众人惊骇死,必有能理会者。

道、器非两物,理、气非两件。成象成形者器,所以然者道;生物成物者气,所以然者理。道与理,视之无迹,扪之无物。必分道、器,理、气为两项,殊为未精。《易》曰:“形而上者谓之道，形而下者谓之器。”盖形而上，无体者也，万有之父母，故曰道。形而下，有体者也，一道之凝结，故曰器。理、气亦然。生天、生地、生人、生物，皆气也。所以然者，理也。安得对待而言之？若对待为二，则费隐亦二矣[①]。

①费隐：即费而隐。用广而体微也。语出《礼记·中庸》：“君子之道费而隐。”

先天，理而已矣；后天，气而已矣；天下，势而已矣；人情，利而已矣。理一，而气、势、利三，胜负可知矣。

人事就是天命。

我盛则万物皆为我用，我衰则万物皆为我病。盛衰胜负，宇宙内只有一个消息。

天地间惟无无累，有即为累。有身则身为我累，有物则物为我累。惟至人则有我而无我，有物而忘物，此身如在太虚中，何累之有？故能物我两化，化则何有何无？何非有何非无？故二氏逃有，圣人善处有。

义，合外内之道也。外无感，则义只是浑然在中之理。见物而裁制之，则为义。义不生于物，亦缘物而后见。告子只说义外[①]，故孟子只说义内，各说一边以相驳，故穷年相辨而不服。孟子若说义虽缘外而形，实根吾心而生，物不是义，而处物乃为义也，告子再怎开口？性，合理气之道也。理不杂气，则纯粹以精，有善无恶，所谓义理之性也；理一杂气，则五行纷揉，有善有恶，所谓气质之性也。诸家所言，皆落气质之后之性；孟子所言，皆未着气质之先之性。各指一边以相驳，故穷年相辨而不服。孟子若说有善有恶者，杂于气质之性，有善无恶者，上帝降衷之性[2]，学问之道，正要变化那气质之性，完复吾降衷之性，诸家再怎开口？

①告子：战国时人，提出性无善恶论，与孟子的性善论相对立，见《孟子·告子上》。　②降衷之性：《尚书·汤诰》："惟皇上帝，降衷下民，若有恒性。"衷，即中。谓天之降命，具有仁义礼智信之理，无有偏倚。

乾与姤，坤与复[1]，对头相接，不间一发。乾坤尽头处，即姤复起头处，如呼吸之相连，无有断续，一断便是生死之界。

①乾、姤、坤、复：皆《周易》中卦名。

知费之为省，善省者也；而以省为省者愚，其费必倍。知劳之为逸者，善逸者也；而以逸为逸者昏，其劳必多。知苦之为乐者，善乐者也；而以乐为乐者痴，一苦不返。知通之为塞者，善塞者也；而以塞为塞者拙，一通必竭。

秦火之后，三代制作湮灭几尽。汉时购书之赏重，故汉儒附会之书多。其幸存者，则焚书以前之宿儒尚存而不死，如伏生口授之类[1]。好古之君子壁藏而石函，如《周礼》出于屋壁之类。后儒不考古今之文[2]，概云先王制作而不敢易。即使尽属先王制作，然而议礼制度，考文沿世道民俗而调剂之，易姓受命之天子皆可变通，故曰刑法世轻重，三王不沿礼袭乐。若一切泥古而求通，则茹毛饮血，土鼓污尊皆可行之今日矣。尧舜而当此时，其制度文为必因时顺势，岂能反后世而跻之唐虞？或曰："自秦火后，先王制作何以别之？"曰："打起一道大中至正线来，真伪分毫不错。"

①伏生：即伏胜，西汉今文《尚书》的最早传播者。 ②古今之文：古文即古文经，指秦以前用古文书写的经典；今文即今文经，是用汉代通行的字体书写的经典。由此又产生了古文、今文两个学派。

理会得"简"之一字，自家身心、天地万物、天下万事尽之矣。一粒金丹，不载多药；一分银魂，不携钱币。

耳闻底，眼见底，身触、头戴、足踏底，灿然确然，无非都是这个。拈起一端来，色色都是这个。却向古人千言万语，陈烂葛藤，钻研穷究，意乱神昏，了不可得，则多言之误后人也。噫！

鬼神无声无臭，而有声有臭者，乃无声无臭之散殊也。故先王以声息为感格鬼神之妙机。周人尚臭，商人尚声[①]。自非达幽明之故者，难以语此。

①"周人"二句：《礼记·郊特牲》："殷人尚声，臭味未成，涤荡其声，乐三阕，然后出迎牲。声音之号，所以诏告于天地之间也。周人尚臭，灌用鬯臭，郁合鬯，臭阴达于渊泉。灌以圭璋，用玉气也；既灌，然后迎

性,致阴气也。”

三千三百,茧丝牛毛,圣人之精细入渊微矣,然皆自性真流出,非由强作,此之谓天理。

事事只在道理上商量,便是真体认。

使人收敛庄重莫如礼,使人温厚和平莫如乐。德性之有资于礼乐,犹身体之有资于衣食,极重大,极急切。人君治天下,士君子治身,惟礼乐之用为急耳。自礼废,而惰慢放肆之态惯习于身体矣;自乐亡,而乖戾忿恨之气充满于一腔矣。三代以降,无论典秩之本,声气之元,即仪文器数,梦寐不及。悠悠六合,贸贸百年,岂非灵于万物,而万物且能笑之?细思先儒“不可斯须去身”六字[①],可为流涕长太息矣。

①“细思”句:《礼记·乐记》:“子曰:‘礼乐不可斯须去身。’”

惟平脉无病,七表、八里、九道皆病名也[①];惟中道无名,五常、百行、万善皆偏名也。

①七表、八里、九道:二十四种脉象,见《王叔和脉诀》。

千载而下,最可恨者,《乐》之无传[①]。士大夫视为迂阔无用之物,而不知其有切于身心性命也。

①《乐》之无传:六经里有《乐经》。后人或认为《乐》本有经,经秦火

而亡佚；或认为《乐》本无经，“乐之原在《诗》三百篇中，乐之用在《礼》十七篇中。”

一、中、平、常、白、淡、无，谓之七，无对。一不对万，万者，一之分也。太过不及对，中者，太过不及之君也。高下对，平者，高下之准也。吉凶、祸福、贫富、贵贱对，常者，不增不减之物也。青黄、碧紫、赤黑对，白者，青、黄、碧、紫、赤之质也。酸、咸、甘、苦、辛对，淡者，受和五味之主也。有不与无对，无者，万有之母也。

或问：“格物之物是何物？”曰：“至善是已。”“如何格？”曰：“知止是已。”“《中庸》不言格物，何也？”曰：“舜之执两端于问察[①]，回之择一善而服膺[②]，皆格物也。”“择善与格物同否？”曰：“博学、审问、慎思、明辨[③]，皆格物也；致知、诚正、修、齐、治、平，皆择善也。除了善，更无物。除了择善，更无格物之功。”“至善即中乎？”曰：“不中不得谓之至善。不明乎善，不得谓之格物。故不明善不能诚身，不格物不能诚意。明了善，欲不诚身不得。格了物，欲不诚意不得。”“不格物亦能致知否？”曰：“有。佛、老、庄、列皆致知也，非不格物，而非吾之所谓物。”“不致知亦能诚意否？”曰：“有。尾生、孝己皆诚意也[④]，乃气质之知，而非格物之知。”格物二字，在宇宙间乃鬼神诃护真灵至宝，要在个中人神解妙悟，不可与口耳家道也。

①“舜之执”句：语本《中庸》第六章：“舜好问而好察迩言，隐恶而扬善，执其两端，用其中于民，其斯以为舜乎！”　②“回之择”句：语本

《中庸》第八章:“回之为人也,择乎中庸,得一善,则拳拳服膺,而弗失之矣。”回,颜回。 ③“博学”句:语见《中庸》第二十章。 ④尾生:古代坚守信约之人。与女约于桥下,女未至而水涨,不去,抱柱而死。见《庄子·盗跖》。 孝己:古代有孝行之人。见《史记·陈丞相世家》。

学术要辨邪正。既正矣,又要辨真伪。既真矣,又要辨念头切不切,向往力不力。无以空言辄便许人也。

百姓冻馁,谓之国穷;妻子困乏,谓之家穷;气血虚弱,谓之身穷;学问空疏,谓之心穷。

人问:“君是道学否?”曰:“我不是道学。”“是仙学否?”曰:“我不是仙学。”“是释学否?”曰:“我不是释学。”“是老、庄、申、韩学否?”曰:“我不是老、庄、申、韩学。”“毕竟是谁家门户?”曰:“我只是我。”

与友人论天下无一物无礼乐,因指几上香曰:“此香便是礼,香烟便是乐;坐在此便是礼,一笑便是乐。”

心之好恶不可迷也,耳目口鼻四肢之好恶不可徇也。瞽者不辨苍素,聋者不辨宫商,鼽者不辨香臭,狂者不辨辛酸,逃难而追亡者不辨险夷远近。然于我无损也,于道无损也,于事无损也。而有益于世,有益于我者,无穷。乃知五者之知觉,道之贼而心之殃也,天下之祸也。

气有三散:苦散,乐散,自然散。苦散、乐散可以复聚,自然散不复聚矣。

悟有顿，修无顿。立志在尧，即一念之尧；一语近舜，即一言之舜；一行师孔，即一事之孔。而况悟乎？若成一个尧、舜、孔子，非真积力久、毙而后已不能。

呻吟语卷二·内篇·乐集

修　　身

六合是我底六合，那个是人？我是六合底我，那个是我？

世上没个分外好底，便到天地位、万物育底功用，也是性分中应尽底事业。今人才有一善，便向人有矜色，便见得世上人都有不是，余甚耻之。若说分外好，这又是贤智之过，便不是好。

率真者无心过，殊多躁言轻举之失；慎密者无口过，不免厚貌深情之累。心事如青天白日，言动如履薄临深[①]，其惟君子乎？

①履薄临深：喻身处危境。《诗经·小雅·小旻》："战战兢兢，如临深渊，如履薄冰。"

沉静最是美质，盖心存而不放者。今人独居无事，已自岑寂难堪，才应事接人，便任口恣情，即是清狂，亦非蓄德之器。

攻己恶者，顾不得攻人之恶。若哓哓尔雌黄人，定是自治疏底。

大事难事看担当，逆境顺境看襟度，临喜临怒看涵养，群行群止看识见。

身是心当，家是主人翁当，郡邑是守令当，九边是将帅当，千官是冢宰当[①]，天下是天子当，道是圣人当。故宇宙内几桩大事，学者要挺身独任，让不得人，亦与人计行止不得。

①冢宰：在《周礼》为辅佐天子之官，后世因以为宰相之称。

作人怕似渴睡汉，才唤醒时睁眼若有知，旋复沉困，竟是寐中人。须如朝兴栉盥之后，神爽气清，冷冷劲劲，方是真醒。

人生得有馀气，便有受用处。言尽口说，事尽意做，此是薄命子。

清人不借外景为襟怀，高士不以尘识染情性。

官吏不要钱，男儿不做贼，女子不失身，才有了一分人。连这个也犯了，再休说别个。

才有一段公直之气，而出言做事便露圭角，是大病痛。

讲学论道于师友之时，知其心术之所藏何如也；饬躬励行于见闻之地，知其暗室之所为何如也。然则盗跖非元憝也[①]，彼盗利而不盗名也。世之大盗,名利两得者居其最。

①元憝:首恶,元凶。

圆融者,无诡随之态;精细者,无苛察之心;方正者,无乖拂之失;沉默者,无阴险之术;诚笃者,无椎鲁之累[1];光明者,无浅露之病;劲直者,无径情之偏[2];执持者,无拘泥之迹;敏练者,无轻浮之状。此是全才。有所长而矫其长之失,此是善学。

①椎鲁:鲁钝。　②径情:任意。《鹖冠子·著希》:"故君子弗径情而行也。"

不足与有为者,自附于行所无事之名;和光同尘者[1],自附于无可无不可之名。圣人恶莠也以此[2]。

①和光同尘:语出《老子》五十六章:"和其光,同其尘。"　②圣人恶莠:《孟子·尽心下》:"孔子曰:'恶似而非者。恶莠,恐其乱苗也。'"朱熹注:"莠,似苗之草。"

古之士民,各安其业,策励精神,点检心事,昼之所为,夜而思之,又思明日之所为。君子汲汲其德,小人汲汲其业,日累月进,旦兴晏息,不敢有一息惰慢之气。夫是以士无惛德,民无怠行;夫是以家给人足,道明德积,身用康强,不即于祸。今也不然,百亩之家不亲力作,一命之士不治常业,浪谈邪议,聚笑觅欢,耽心耳目之玩,骋情游戏之乐;身衣绮縠,口厌刍豢,志溺骄佚,懵然不知日用之所为,而其室家土田百物往来之费,又足以荒志而养其淫,消耗年华,妄费日用。噫!是亦名为人也,无惑乎后艰之踵至也。

世之人,形容人过只像个盗跖,回护自家只像个尧、舜。不知这却是以尧、舜望人,而以盗跖自待也。

孟子看乡党自好,看得甚卑[①]。近来看乡党人自好底不多。爱名惜节,自好之谓也。

①“孟子”句:孟子以为乡党自为者还不如贤者,语见《孟子·万章上》。自好,朱熹注云:“自爱其身之人也。”

少年之情,欲收敛不欲豪畅,可以谨德;老人之情,欲豪畅不欲郁阏,可以养生。

广所依不如择所依,择所依不如无所依。无所依者,依天也。依天者,有独知之契,虽独立宇宙之内而不谓孤,众倾之、众毁之而不为动,此之谓男子。

坐间皆谈笑而我色庄,坐间皆悲感而我色怡,此之谓乖戾,处己处人两失之。

精明也要十分,只须藏在浑厚里作用。古今得祸,精明人十居其九,未有浑厚而得祸者。今之人惟恐精明不至,乃所以为愚也。

分明认得自家是，只管担当直前做去。却因毁言辄便消沮，这是极无定力底，不可以任天下之重。

小屈以求大伸，圣贤不为。吾道必大行之日然后见，便是抱关击柝[1]，自有不可枉之道。松柏生来便直，士君子穷居便正。若曰在下位遇难事，姑韬光忍耻以图他日贵达之时，然后直躬行道，此不但出处为两截人，即既仕之后，又为两截人矣。又安知大任到手不放过耶？

①抱关击柝：比喻地位低微。抱关，守关。击柝，巡夜。

才能技艺让他占个高名，莫与角胜。至于纲常大节，则定要自家努力，不可退居人后。

处众人中孤另另的别作一色人，亦吾道之所不取也。子曰："群而不党。"[1]群占了八九分，不党，只到那不可处方用。其用之也，不害其群，才见把持，才见涵养。

①群而不党：合群而不偏袒。《论语·卫灵公》："子曰：'君子矜而不争，群而不党。'"

今之人只是将"好名"二字坐君子罪，不知名是自好不将去。分人以财者，实费财；教人以善者，实劳心；臣死忠，子死孝，妇死节者，实杀身；一介不取者，实无所得。试著渠将这好名儿好一好，肯不肯？即使真正好名，所为却是道理。彼不好名者，舜乎？跖乎？果舜耶，真加于好名一等矣；果跖耶，是不好美名而好恶名也。愚悲世之人以好名沮君子，而君子亦畏好名之讥而自沮，吾道之大害也，故不得不辨。凡我君子，其尚独复自持，毋为哓哓者所撼哉。

大其心，容天下之物；虚其心，受天下之善；平其心，论天下之事；潜其心，观天下之理；定其心，应天下之变。

古之居民上者，治一邑则任一邑之重，治一郡则任一郡之重，治天下则任天下之重。朝夕思虑其事，日夜经纪其务，一物失所不遑安席，一事失理不遑安食。限于才者求尽吾心，限于势者求满吾分。不愧于君之付托、民之仰望，然后食君之禄，享民之奉，泰然无所歉，反焉无所愧。否则是食浮于功也，君子耻之。

盗嫂之诬直不疑[①]，挝妇翁之诬第五伦[②]，皆二子之幸也。何者？诬其所无，无近似之迹也，虽不辨而久则自明矣。或曰："使二子有嫂有妇翁，亦当辨否？"曰："嫌疑之迹，君子安得不辨？予所否者，天厌之，天厌之[③]。若付之无言，是与马偿金之类也，君子之所恶也。故君子不洁己以病人，亦不自污以徇世。"

①直不疑：西汉文帝时人。有人诋毁不疑盗嫂。不疑说："我乃无兄。"事见《汉书》本传。　②第五伦：东汉人。光武帝尝戏之曰："闻卿为吏篣妇公，不过从兄饭，宁有之邪？"伦对曰："臣三娶妻皆无父。"事见《后汉书》本传。　③"予所否者"三句：语出《论语·雍也》。孔子见南子，弟子不悦，孔子就说了这样的话。

听言不爽，非圣人不能。根以有成之心，蜚以近似之语，加之以不避嫌之事，当仓卒无及之际，怀隔阂难辨之恨，父子可以相贼，死亡可以不顾，怒室阋墙①，稽唇反目，何足道哉！古今国家之败亡，此居强半。圣人忘于无言，智者照以先觉，贤者熄于未著，刚者绝其口语，忍者断于不行。非此五者，无良术矣。

①阋墙：指内部相争。《诗经·小雅·常棣》："兄弟阋于墙，外御其侮。"

荣辱系乎所立。所立者固，则荣随之，虽有可辱，人不忍加也；所立者废，则辱随之，虽有可荣，人不屑及也。是故君子爱其所自立，惧其所自废。

掩护勿攻，屈服勿怒，此用威者之所当知也；无功勿赏，盛宠勿加，此用爱者之所当知也。反是皆败道也。

称人之善，我有一善，又何妒焉？称人之恶，我有一恶，又何毁焉？

善居功者，让大美而不居；善居名者，避大名而不受。

善者不必福，恶者不必祸，君子稔知之也，宁祸而不肯为恶；忠直者穷，谀佞者通，君子稔知之也，宁穷而不肯为佞。非但知理有当然，亦其心有所不容已耳。

居尊大之位,而使贤者忘其贵重,卑者乐于亲炙[1],则其人可知矣。

①亲炙:谓亲承教化。《孟子·尽心下》:“奋乎百世之上,百世之下,闻者莫不兴起也;非圣人而能若是乎?而况于亲炙之者乎?”

人不难于违众,而难于违己。能违己矣,违众何难?

攻我之过者,未必皆无过之人也。苟求无过之人攻我,则终身不得闻过矣。我当感其攻我之益而已,彼有过无过何暇计哉?

恬淡老成人,又不能俯仰一世,便觉干燥;圆和甘润人,又不能把持一身,便觉脂韦[1]。

①脂韦:喻圆滑。脂,油脂;韦,软皮。

做人要做个万全。至于名利地步,休要十分占尽,常要分与大家,就带些缺绽不妨。何者?天下无人己俱遂之事,我得人必失,我利人必害,我荣人必辱,我有美名人必有愧色。是以君子贪德而让名,辞完而处缺,使人我一般,不哓哓露头角、立标臬[1],而胸中自有无限之乐。孔子谦己,尝自附于寻常人,此中极有意趋。

①哓哓:争辩声。　标臬:靶子。

"明理省事"甚难,此四字终身理会不尽;得了时,无往而不裕如。

胸中有一个见识,则不惑于纷杂之说;有一段道理,则不挠于鄙俗之见。《诗》云:"匪先民是程,匪大猷是经,惟迩言是争。"[1]平生读圣贤书,某事与之合,某事与之背,即知所适从,知所去取。否则口诗书而心众人也,身儒衣冠而行鄙夫也。此士之稂莠也。

①"匪先民"三句:语出《诗经·小雅·小旻》。

世人喜言无好人,此孟浪语也。今且不须择人,只于市井稠人中聚百人而各取其所长。人必有一善,集百人之善,可以为贤人;人必有一见,集百人之见可以决大计。恐我于百人中未必人人高出之也,而安可忽匹夫匹妇哉?

学欲博,技欲工,难说不是一长,总较作人只是够了便止。学如班、马[1],字如钟、王[2],文如曹、刘[3],诗如李、杜[4],铮铮千古知名,只是个小艺习,所贵在作人好。

①班、马:指班固、司马迁。 ②钟、王:指钟繇、王羲之。 ③曹、刘:指曹植、刘桢。 ④李、杜:指李白、杜甫。

到当说处,一句便有千钧之力,却又不激不疏,此是言之上乘。除外虽十缄也不妨。

循弊规若时王之制,守时套若先圣之经,侈己自得,恶闻正论,是人也亦大可怜矣,世教奚赖焉?

心要常操,身要常劳。心愈操愈精明,身愈劳愈强健,但自不可过耳。

未适可,必止可;既适可,不过可,务求适可而止。此吾人日用持循,须臾粗心不得。

士君子之偶聚也,不言身心性命,则言天下国家;不言物理人情,则言风俗世道;不规目前过失,则问平生德业。傍花随柳之间,吟风弄月之际,都无鄙俗媟慢之谈,谓此心不可一时流于邪僻,此身不可一日令之偷惰也。若一相逢,不是亵狎,便是乱讲,此与仆隶下人何异?只多了这衣冠耳。

作人要如神龙,屈伸变化,自得自如,不可为势利术数所拘缚。若羁绊随人,不能自决,只是个牛羊。然亦不可哓哓悻悻。故大智上哲看得几事分明,外面要无迹无言,胸中要独往独来,怎被机械人驾驭得?

"财色名位"此四字,考人品之大节目也。这里打不过,小善不足录矣。自古砥砺名节者,兢兢在这里做工夫,最不可容易放过。

古之人非曰位居贵要、分为尊长而遂无可言之人,无可指之过也;非曰卑幼贫贱之人一无所知识,即有知识而亦不当言也。盖体统名分确然不可易者，在道义之外；以道相成，以心相与，在体统名分之外。哀哉！后世之贵要尊长而遂无过也。

只尽日点检自家，发出念头来，果是人心？果是道心？出言行事果是公正？果是私曲？自家人品自家定了几分，何暇非笑人？又何敢喜人之誉己耶？

往见“泰山乔岳以立身”四语，甚爱之，疑有未尽，因推广为男儿八景云：“泰山乔岳之身，海阔天空之腹，和风甘雨之色，日照月临之目，旋乾转坤之手，磐石砥柱之足，临深履薄之心，玉洁冰清之骨。”此八景予甚愧之，当与同志者竭力从事焉。

求人已不可，又求人之转求；徇人之求已不可，又转求人之徇人；患难求人已不可，又以富贵利达求人：此丈夫之耻也。

文名、才名、艺名、勇名，人尽让得过，惟是道德之名则妒者众矣。无文、无才、无艺、无勇，人尽谦得起，惟是无道德之名则愧者众矣。君子以道德之实潜修，以道德之名自掩。

“有诸己而后求诸人，无诸己而后非诸人”①，固是藏身之恕；有诸己而不求诸人，无诸己而不非诸人，自是无言之感。《大学》为居上者言，若士君子守身之常法，则余言亦蓄德之道也。

①"有诸己"二句:语出《大学》第九章。朱熹注云:"有善于己,然后可以责人之善;无恶于己,然后可以正人之恶。皆推己以及人,所谓恕也。"

乾坤尽大,何处容我不得?而到处不为人所容,则我之难容也。眇然一身,而为世上难容之人,乃号于人曰:"人之不能容我也。"吁!亦愚矣哉!

名分者,天下之所共守者也。名分不立,则朝廷之纪纲不尊,而法令不行。圣人以名分行道,曲士恃道以压名分,不知孔子之道视鲁侯奚啻天壤,而《乡党》一篇何等尽君臣之礼[①]!乃知尊名分与谄时势不同。名分所在,一毫不敢傲惰;时势所在,一毫不敢阿谀。固哉!世之腐儒以尊名分为谄时势也。卑哉!世之鄙夫以谄时势为尊名分也。

①《乡党》:《论语》篇名。

圣人之道,太和而已[①],故万物皆育。便是秋冬,不害其为太和,况太和又未尝不在秋冬宇宙间哉!余性褊,无弘度、平心、温容、巽语,愿从事于太和之道以自广焉。

①太和:指阴阳二气既矛盾又统一的状态。张载《正蒙 · 太和》:"太和所谓道,中涵沉浮、升降,动静相感之性,是生絪缊相荡、胜负、屈伸之始。"

只竟夕点检,今日说得几句话关系身心,行得几件事有益世道，自慊自愧，恍然独觉矣。若醉酒饱肉，恣谈浪笑，却不错过了一日？乱言妄动、昧理从欲，却不作孽了一日？

只一个俗念头，错做了一生人；只一双俗眼目，错认了一生人。

少年只要想我见在干些甚么事，到头成个甚么人，这便有多少恨心！多少愧汗！如何放得自家过？

明镜虽足以照秋毫之末，然持以照面不照手者何？面不自见，借镜以见。若手则吾自见之矣。镜虽明，不明于目也，故君子贵自知自信。以人言为进止，是照手之识也。若耳目识见所不及，则匪天下之见闻不济矣。

义、命、法，此三者，君子之所以定身，而众人之所妄念者也。从妄念而巧邪图以幸其私，君子耻之。夫义不当为，命不能为，法不敢为，虽欲强之，岂惟无获？所丧多矣。即获亦非福也。

避嫌者，寻嫌者也；自辨者，自诬者也。心事重门洞达，略不回邪，行事八窗玲珑，毫无遮障，则见者服，闻者信。稍有不白之诬，将家家为吾称冤，人人为吾置喙矣。此之谓洁品，不自洁而人洁之。

善之当为，如饮食衣服然，乃吾人日用常行事也。人未闻有以祸福废衣食者，而为善则以祸福为行止；未闻有以毁誉废衣食者，而为善则以毁誉为行止。惟为善心不真诚之故耳。果真果诚，尚有甘死饥寒而乐于趋善者。

有象而无体者，画人也，欲为而不能为；有体而无用者，塑人也，清净尊严，享牺牲香火，而一无所为；有运动而无知觉者，偶人也，待提掇指使而后为。此三人者，身无血气，心无灵明，吾无责矣。

我身原无贫富贵贱得失荣辱字，我只是个我，故富贵贫贱得失荣辱如春风秋月，自去自来，与心全不牵挂，我到底只是个我。夫如是，故可贫可富可贵可贱可得可失可荣可辱。今人惟富贵是贪，其得之也必喜，其失之也如何不悲？其得之也为荣，其失之也如何不辱？全是靠著假景作真身，外物为分内，此二氏之所笑也，况吾儒乎？吾辈做工夫，这个是第一。吾愧不能以告同志者。

“本分”二字，妙不容言。君子持身不可不知本分，知本分则千态万状一毫加损不得。圣王为治，当使民得其本分，得本分则荣辱死生一毫怨望不得。子弑父，臣弑君，皆由不知本分始。

两柔无声，合也；一柔无声，受也。两刚必碎，激也；一刚必损，积也。故《易》取一刚一柔。是谓平中，以成天下之务，以和一身之德，君子尚之。

毋以人誉而遂谓无过。世道尚浑厚，人人有心史也。人之心史真,惟我有心史而后无畏人之心史矣。

淫怒是大恶,里面御不住气,外面顾不得人,成甚涵养?或曰:"涵养独无怒乎?"曰:"圣贤之怒自别。"

凡智愚无他,在读书与不读书;祸福无他,在为善与不为善;贫富无他,在勤俭与不勤俭;毁誉无他,在仁恕与不仁恕。

古人之宽大,非直为道理当如此,然煞有受用处。弘器度以养德也,省怨怒以养气也,绝仇雠以远祸也。

平日读书,惟有做官是展布时。将穷居所见闻及生平所欲为者一一试尝之,须是所理之政事各得其宜,所治之人物各得其所,才是满了本然底分量。

只见得眼前都不可意,便是个碍世之人。人不可我意,我必不可人意。不可人意者我一人,不可我意者千万人。呜呼!未有不可千万人意而不危者也。是故智者能与世宜,至人不与世碍。

性分、职分、名分、势分,此四者,宇内之大物。性分、职分在己,在己者不可不尽;名分、势分在上,在上者不可不守。

初看得我污了世界,便是个盗跖;后看得世界污了我,便是个伯夷;最后看得世界也不污我,我也不污世界,便是个老子。

心要有城池,口要有门户。有城池则不出,有门户则不纵。

士君子作人不长进,只是不用心,不著力。其所以不用心、不著力者,只是不愧不奋。能愧能奋,圣人可至。

有道之言,得之心悟;有德之言,得之躬行。有道之言弘畅,有德之言亲切。有道之言如游万货之肆,有德之言如发万货之商。有道者不容不言,有德者无俟于言,虽然,未尝不言也。故曰:"有德者必有言[①]。"

①有德者必有言:语出《论语·宪问》。

学者说话要简重从容,循物傍事,这便是说话中涵养。

或问:"不怨不尤了,恐于事天处人上更要留心不?"曰:"这天人两项,千头万绪,如何照管得来?有个简便之法,只在自家身上做,一念、一言、一事都点检得,没我分毫不是,那祸福毁誉都不须理会。我无求祸之道而祸来,自有天耽错;我无致毁之道而毁来,自有人耽错,与我全不干涉。若福与誉是我应得底,我不加喜;是我幸得底,我且惶惧愧赧。况天也有力量不能底,人也有知识不到底,也要体悉他,却有一件紧要,生怕我不能格天动物。这个稍有欠缺,自怨自尤且不暇,又那顾得别个。孔子说个上不怨、下不尤[①],是不愿乎其外道理;孟子说个仰不愧、俯不怍[②],是素位而行道理。此二意常相须。"

①上不怨、下不尤:《礼记·中庸》:"上不怨天,下不尤人。"
②仰不愧、俯不怍:《孟子·尽心上》:"孟子曰:'君子有三乐,而王天下不与存焉。父母俱存,兄弟无故,一乐也。仰不愧于天,俯不怍于人,二乐也。得天下英才而教育之,三乐也。'"

天理本自廉退,而吾又处之以疏;人欲本善夤缘,而吾又狎之以亲;小人满方寸,而君子在千里之外矣,欲身之修,得乎?故学者与天理处,始则敬之如师保[①],既而亲之如骨肉,久则浑化为一体。人欲虽欲乘间而入也,无从矣。

①师保:古代担任教导贵族子弟的官,有师有保,统称师保。

气忌盛,心忌满,才忌露。

外勍敌五:声色、货利、名位、患难,晏安。内勍敌五:恶怒、喜好、牵缠、褊急、积惯。士君子终日被这个昏惑凌驾,此小勇者之所纳款,而大勇者之所务克也。

玄奇之疾,医以平易;英发之疾,医以深沉;阔大之疾,医以充实。不远之复,不若未行之审也。

奋始怠终,修业之贼也;缓前急后,应事之贼也;躁心浮气,畜德之贼也;疾言厉色,处众之贼也。

名心盛者必作伪。

做大官底是一样家数，做好人底是一样家数。

见义不为，又托之违众，此力行者之大戒也。若肯务实，又自逃名，不患于无术。吾窃以自恨焉。

“恭敬谦谨”，此四字有心之善也；“狎侮傲凌”，此四字有心之恶也，人所易知也。至于“怠忽惰慢”，此四字乃无心之失耳，而丹书之戒[①]，怠胜敬者凶，论治忽者至分存亡。《大学》以傲惰同论[②]，曾子以暴慢连语者[③]，何哉？盖天下之祸患皆起于四字，一身之罪过皆生于四字。怠则一切苟且，忽则一切昏忘，惰则一切疏懒，慢则一切延迟，以之应事则万事皆废，以之接人则众心皆离。古人临民如驭朽索，使人如承大祭，况接平交以上者乎？古人处事不泄迩，不忘远，况目前之亲切重大者乎？故曰无众寡，无大小，无敢慢[④]，此九字即毋不敬[⑤]。毋不敬三字，非但圣狂之分，存亡、治乱、死生、祸福之关也，必然不易之理也。沉心精应者，始真知之。

①丹书之戒：《大戴礼记·武王践阼》：“武王召师尚父而问焉，曰：‘昔黄帝、颛顼之道存乎？’尚父曰：‘在丹书，王欲闻之，则斋矣。’其书曰：‘敬胜怠者吉，怠胜敬者灭，义胜欲者从，欲胜义者凶。’王闻书之言，惕若恐惧，退而为戒书。” ②傲惰同论：《大学》第八章：“之其所傲惰而辟焉。” ③暴慢连语：《论语·泰伯》记曾子曰：“动容貌，斯远暴慢矣。” ④“无众寡”三句：出《论语·尧曰》：“君子无众寡，无大小，无敢曼，斯不亦泰而不骄乎？” ⑤毋不敬：语出《礼记·曲礼上》：“毋不敬，俨若思，安定辞。”

人一生大罪过,只在自是自私四字。

古人慎言,每云“有馀不敢尽”①。今人只尽其馀,还不成大过,只是附会支吾,心知其非而取辨于口,不至屈人不止,则又尽有馀者之罪人也。

①有馀不敢尽:《礼记·中庸》:“有所不足,不敢不勉,有馀不敢尽。”

真正受用处,十分用不得一分,那九分都无些干系,而拚死忘生、忍辱动气以求之者,皆九分也。何术悟得他醒?可笑可叹!

贫不足羞,可羞是贫而无志;贱不足恶,可恶是贱而无能;老不足叹,可叹是老而虚生;死不足悲,可悲是死而无闻。

圣人之闻善言也,欣欣然惟恐尼之,故和之以同言,以开其乐告之诚;圣人之闻过言也,引引然惟恐拂之,故内之以温色,以诱其忠告之实。何也?进德改过为其有益于我也。此之谓至知。

古者招隐逸,今也奖恬退,吾党可以愧矣;古者隐逸养道,不得已而后出,今者恬退养望,邀虚名以干进,吾党可以戒矣。

喜来时一点检,怒来时一点检,怠惰时一点检,放肆时一点检,此是省察大条款。人到此,多想不起,顾不得,一错了,便悔不及。

治乱系所用事。天下国家君子用事则治,小人用事则乱;一身德性用事则治,气习用事则乱。

难管底是任意,难防底是惯病。此处着力,便是穴上着针、痒处着手。

试点检终日说话有几句恰好底,便见所养。

业,刻木如巨齿,古无文字,用以记日行之事数也。一事毕,则去一刻;事俱毕,则尽去之,谓之修业。更事则再刻如前,大事则大刻,谓之大业;多事则多刻,谓之广业;士农工商所业不同,谓之常业;农为士则改刻,谓之易业。古人未有一生无所业者,未有一日不修业者,故古人身修事理,而无怠惰荒宁之时,常有忧勤惕励之志。一日无事,则一日不安,惧业之不修而旷日之不可也。今也昏昏荡荡,四肢不可收拾,穷年终日无一猷为,放逸而入于禽兽者,无业之故也。人生两间,无一事可见,无一善可称,资衣藉食于人,而偷安惰行以死,可羞也已。

古之谤人也忠厚诚笃。《株林》之语[①],何等浑涵;舆人之谣[②],犹道实事。后世则不然,所怨在此,所谤在彼。彼固知其所怨者未必上之非,而其谤不足以行也,乃别生一项议论,其才辨附会足以泯吾怨之之实,启人信之之心,能使被谤者不能免谤之之祸,而我逃谤人之罪。呜呼!今之谤,虽古之君子且避忌之矣。圣贤处谤无别法,只是自修,其祸福则听之耳。

①《株林》:《诗经·陈风》篇名,内容为讽刺夏姬淫乱。 ②舆人之谣:舆人,即众人。《左传·僖公二十八年》:"晋侯听舆人之诵。"又《国语·晋语三》:"惠公入,而背外内之赂,舆人诵之。"

处利则要人做君子,我做小人;处名则要人做小人,我做君子,斯惑之甚也。圣贤处利让利,处名让名,故淡然恬然,不与世忤。

任教万分矜持,千分点检,里面无自然根本,仓卒之际、忽突之顷,本态自然露出。是以君子慎独。独中只有这个,发出来只是这个,何劳回护?何用支吾?

力有所不能,圣人不以无可奈何者责人;心有所当尽,圣人不以无可奈何者自诿。

或问:"孔子缁衣羔裘,素衣麑裘,黄衣狐裘[①],无乃非俭素之义与?"曰:"公此问甚好。慎修君子,宁失之俭素不妨。若论大中至正之道,得之为有财,却俭不中礼,与无财不得为而侈然自奉者相去虽远,而失中则均。圣贤不讳奢之名,不贪俭之美,只要道理上恰好耳。"

①"孔子"三句:见于《论语·乡党》。

寡恩曰薄,伤恩曰刻,尽事曰切,过事曰激。此四者,宽厚之所深戒也。

《易》称“道济天下”,而吾儒事业,动称行道济时,济世安民。圣人未尝不贵济也。舟覆矣,而保得舟在,谓之济可乎?故为天下者,患知有其身,有其身不可以为天下。

万物安于知足,死于无厌。

足恭过厚,多文密节,皆名教之罪人也。圣人之道自有中正。彼乡原者[①],徼名惧讥,希进求荣,辱身降志,皆所不恤,遂成举世通套。虽直道清节之君子,稍无砥柱之力,不免逐波随流,其砥柱者,旋以得罪。嗟夫!佞风谀俗,不有持衡当路者一极力挽回之,世道何时复古耶?

①乡原:指言行不符,伪善欺世的人。《论语·阳货》:“乡原,德之贼也。”

时时体悉人情,念念持循天理。

愈进修,愈觉不长;愈点检,愈觉有非。何者?不留意作人,自家尽看得过;只日日留意向上,看得自家都是病痛,那有些好处?初头只见得人欲中过失,到久久又见得天理中过失,到无天理过失,则中行矣。又有不自然,不浑化,着色吃力过失,走出这个边境才是。圣人能立无过之地。故学者以有一善自多,以寡一过自幸,皆无志者也。急行者,只见道远而足不前;急耘者,只见草多而锄不利。

礼义之大防,坏于众人一念之苟。譬如由径之人,只为一时倦行几步,便平地踏破一条蹊径,后来人跟寻旧迹,踵成不可塞之大道。是以君子当众人所惊之事,略不动容;才干碍礼义上些须,便愕然变色,若触大刑宪然,惧大防之不可溃,而微端之不可开也。嗟夫!此众人之所谓迂,而不以为重轻者也。此开天下不可塞之衅者,自苟且之人始也。

大行之美,以孝为第一;细行之美,以廉为第一。此二者,君子之所务敦也。然而不辨之申生,不如不告之舜[①];井上之李,不如受馈之鹅[②]。此二者,孝廉之所务辨也。

①申生:晋献公世子。献公听信骊姬谗言,欲杀害申生。申生不申辩,不出走,临终还要别人帮助其父治理国家。事见《左传·僖公四年》、《礼记·檀弓上》。　不告之舜:指舜不告其父而娶尧之二女事。见《孟子·离娄上》。　②"井上"二句:战国时齐人陈仲子不吃他人馈赠其兄长的鹅。饿极了,竟爬到井边吃被虫吃过的李子。事见《孟子·滕文公下》。

吉凶祸福是天主张,毁誉予夺是人主张,立身行己是我主张。此三者,不相夺也。

不得罪于法易,不得罪于理难。君子只是不得罪于理耳。

凡在我者,都是分内底;在天在人者,都是分外底。学者要明于内外之分,则在内缺一分,便是不成人处;在外得一分,便是该知足处。

听言观行，是取人之道；乐其言而不问其人，是取善之道。今人恶闻善言，便訑訑曰："彼能言而行不逮言，何足取？"是弗思也。吾之听言也，为其言之有益于我耳。苟益于我，人之贤否奚问焉？衣敝枲者市文绣，食糟糠者市粱肉，将以人弃之乎？

取善而不用，依旧是寻常人，何贵于取？譬之八珍方丈而不下箸[①]，依然饿死耳。

①八珍方丈：比喻食物丰盛。方丈，一丈见方。《孟子·尽心下》："食前方丈。"

有德之容深沉凝重，内充然有馀，外阒然无迹。若面目都是精神，即不出诸口，而漏泄已多矣，毕竟是养得浮浅。譬之无量人，一杯酒便达于面目。

人人各有一句终身用之不尽者，但在存心着力耳。或问之，曰："只是对症之药便是。如子张只消得'存诚'二字，宰我只消得'警惰'二字，子路只消得'择善'二字，子夏只消得'见大'二字。"[①]

①子张、宰我、子路、子夏：均为孔子弟子，事见《论语》。

言一也，出由之口[①]，则信且从；出跖之口，则三令五申而人且疑之矣。故有言者，有所以重其言者。素行孚人，是所以重其言者也。不然，且为言累矣。

①由:仲由,字子路。

世人皆知笑人,笑人不妨,笑到是处便难,到可以笑人时则更难。

毁我之言可闻,毁我之人不必问也。使我有此事也,彼虽不言,必有言之者。我闻而改之,是又得一不受业之师也。使我无此事耶,我虽不辨,必有辨之者。若闻而怒之,是又多一不受言之过也。

精明世所畏也,而暴之;才能世所妒也,而市之,不没也夫!

只一个贪爱心,第一可贱可耻。羊马之于水草,蝇蚁之于腥膻,蜣螂之于积粪,都是这个念头。是以君子制欲。

清议酷于律令,清议之人酷于治狱之吏。律令所冤,赖清议以明之,虽死犹生也;清议所冤,万古无反案矣。是以君子不轻议人,惧冤之也。惟此事得罪于天甚重,报必及之。

权贵之门,虽系通家知己,也须见面稀、行踪少就好。尝爱唐诗有"终日帝城里,不识五侯门"之句[①],可为新进之法。

①"终日"二句:语出唐张继《感怀》诗。

闻世上有不平事,便满腹愤懑,出激切之语,此最浅夫薄子,士君子之大戒。

仁厚刻薄,是修短关;行止语默,是祸福关;勤惰俭奢,是成败关;饮食男女,是死生关。

言出诸口,身何与焉?而身亡。五味宜于口,腹何知焉?而腹病。小害大,昭昭也,而人每纵之徇之,恣其所出,供其所入。

浑身都遮盖得,惟有面目不可掩。面目者,心之证也。即有厚貌者,卒然难做预备,不觉心中事都发在面目上。故君子无愧心则无怍容。中心之达,达以此也,肺肝之视,视以此也。此修己者之所畏也。

韦弁布衣,是我生初服,不愧此生,尽可以还大造。轩冕是甚物事?将个丈夫来做坏了,有甚面目对那青天白日?是宇宙中一腐臭物也。乃扬眉吐气,以此夸人,而世人共荣慕之,亦大异事。

多少英雄豪杰,可与为善而卒无成,只为拔此身于习俗中不出。若不恤群谤,断以必行,以古人为契友,以天地为知己,任他千诬万毁何妨?

为人无复扬善者之心,无实称恶者之口,亦可以语真修矣。

身者，道之舆也。身载道以行，道非载身以行也。故君子道行，则身从之以进；道不行，则身从之以退。道不行而求进不已，譬之大贾百货山积不售，不载以归，而又以空舆雇钱也，贩夫笑之，贪鄙孰甚焉？故出处之分，只有二语：道行则仕，道不行则卷而怀之。舍是皆非也。

世间至贵，莫如人品，与天地参，与古人友，帝王且为之屈，天下不易其守。而乃以声色、财货、富贵、利达，轻轻将个人品卖了，此之谓自贱。商贾得奇货亦须待价，况士君子之身乎？

修身以不护短为第一长进。人能不护短，则长进至矣。

世有十态，君子免焉：无武人之态（粗豪），无妇人之态（柔懦），无儿女之态（娇稚），无市井之态（贪鄙），无俗子之态（庸陋），无荡子之态（儇佻），无伶优之态（滑稽），无闾阎之态（村野），无堂下人之态（局迫），无婢子之态（卑谄），无侦谍之态（诡暗），无商贾之态（衒售）。

作本色人，说根心话，干近情事。

君子有过不辞谤，无过不反谤，共过不推谤。谤无所损于君子也。

惟圣贤终日说话无一字差失。其馀都要拟之而后言，有馀不敢尽，不然未有无过者。故惟寡言者寡过。

心无留言,言无择人,虽露肺肝,君子不取也。彼固自以为光明矣,君子何尝不光明? 自不轻言,言则心口如一耳。

保身底是德义,害身底是才能。德义中之才能,呜呼! 免矣。

恒言“疏懒勤谨”,此四字每相因。懒生疏,谨自勤。圣贤之身岂生而恶逸好劳哉? 知天下皆惰慢则百务废弛,而乱亡随之矣。先正云:古之圣贤未尝不以怠惰荒宁为惧,勤励不息自强。曰惧曰强而圣贤之情见矣,所谓“忧勤惕励”者也。惟忧故勤,惟惕故励。

谑非有道之言也。孔子岂不戏? 竟是道理上脱洒。今之戏者,媟矣,即有滑稽之巧,亦近俳优之流,凝静者耻之。

无责人,自修之第一要道;能体人,养量之第一要法。

予不好走贵公之门,虽情义所关,每以无谓而止。或让之,予曰:“奔走贵公,得不谓其喜乎?”或曰:“惧彼以不奔走为罪也。”予叹曰:“不然。贵公之门奔走如市,彼固厌苦之甚者见于颜面,但浑厚忍不发于声耳。徒输自己一勤劳,徒增贵公一厌恶。且入门一揖之后,宾主各无可言,此面愧赧已无发付处矣。”予恐初入仕者狃于众套而不敢独异,故发明之。

亡我者,我也。人不自亡,谁能亡之?

沾沾煦煦，柔润可人，丈夫之大耻也。君子岂欲与人乖戾？但自有正情真味。故柔嘉不是软美，自爱者不可不辨。

士大夫一身，斯世之奉弘矣。不蚕织而文绣，不耕畜而膏粱，不雇贷而车马，不商贩而积蓄，此何以故也？乃于世分毫无补，惭负两间。人又以大官诧市井儿，盖棺有馀愧矣。

且莫论身体力行，只听随在聚谈间，曾几个说天下、国家、身心、性命正经道理？终日哓哓刺刺，满口都是闲谈乱谈。吾辈试一猛省，士君子在天地间可否如此度日？

君子慎求人。讲道问德，虽屈己折节，自是好学者事。若富贵利达向人开口，最伤士气，宁困顿没齿也。

言语之恶，莫大于造诬；行事之恶，莫大于苛刻；心术之恶，莫大于深险。

自家才德，自家明白的。才短德微，即卑官薄禄，已为难称。若已逾涘分而觖望无穷[①]，却是难为了造物。孔孟终身不遇，又当如何？

①涘：水边，引申为边限。　觖望：因不满而怨恨。

不善之名，每成于一事，后有诸长，不能掩也，而惟一不善传。君子之动，可不慎与？

一日与友人论身修道理，友人曰："吾老矣。"某曰："公无自弃。平日为恶，即属纩时干一好事，不失为改过之鬼，况一息尚存乎？"

既做人在世间，便要劲爽爽、立铮铮的。若如春蚓秋蛇，风花雨絮，一生靠人作骨，恰似世上多了这个人。

有人于此，精密者病其疏，靡绮者病其陋，繁缛者病其简，谦恭者病其倨，委曲者病其直，无能可于一世之人，奈何？曰：一身怎可得一世之人，只自点检吾身，果如所病否。若以一身就众口，孔子不能，即能之，成个甚么人品？故君子以中道为从违，不以众言为忧喜。

夫礼非徒亲人，乃君子之所以自爱也；非徒尊人，乃君子之所以敬身也。

君子之出言也，如啬夫之用财；其见义也，如贪夫之趋利。

古之人勤励，今之人惰慢。勤励故精明，而德日修；惰慢故昏蔽，而欲日肆。是以圣人贵"忧勤惕励"。

先王之礼文用以饰情，后世之礼文用以饰伪。饰情则三千三百，虽至繁也，不害其为率真；饰伪则虽一揖一拜，已自多矣。后之恶饰伪者，乃一切苟简决裂，以溃天下之防，而自谓之率真，将流于伯子之简而不可行[①]，又礼之贼也。

①伯子之简:《论语·雍也》:"仲弓问子桑伯子。子曰:'可也简。'仲弓曰:'居敬而行简,以临其民,不亦可乎?居简而行简,无乃太简乎?'子曰:'雍之言然。'"意谓伯子居身宽略,而行又宽略,不可行也。

清者,浊所妒也,而又激之,浅之乎其为量矣。是故君子于己讳美,于人藏疾。若有激浊之任者,不害其为分晓。

处世以讥讪为第一病痛。不善在彼,我何与焉?

余待小人不能假辞色,小人或不能堪。年友王道源危之曰:"今世居官切宜戒此。法度是朝廷底,财货是百姓底,真借不得人情。至于辞色,却是我底,假借些儿何害?"余深感之,因识而改焉。

刚、明,世之碍也。刚而婉,明而晦,免祸也夫!

君子之所持循,只有两条路,非先圣之成规,则时王之定制。此外悉邪也、俗也,君子不由。

非直之难,而善用其直之难;非用直之难,而善养其直之难。

处身不妨于薄,待人不妨于厚;责己不妨于厚,责人不妨于薄。

坐于广众之中,四顾而后语,不先声,不扬声,不独声。

苦处是正容谨节，乐处是手舞足蹈。这个乐又从那苦处来。

滑稽诙谐，言毕而左右顾，惟恐人无笑容，此所谓“巧言令色”者也[①]。小人侧媚皆此态耳。小子戒之。

①巧言令色:《尚书·冏命》:“无以巧言令色，便辟侧媚。”

人之视小过也，愧怍悔恨如犯大恶，夫然后能改。“无伤”二字，修己者之大戒也。

有过是一过，不肯认过又是一过。一认则两过都无，一不认则两过不免。彼强辩以饰非者，果何为也?

一友与人争，而历指其短。予曰:“于十分中，君有一分不是否?”友曰:“我难说没一二分。”予曰:“且将这一二分都没了，才好责人。”

余二十年前曾有心迹双清之志，十年来有四语云:“行欲清，名欲浊。道欲进，身欲退。利欲后，害欲前。人欲丰，己欲约。”近看来太执着，太矫激。只以无心任自然，求当其可耳。名迹一任去来，不须照管。

君子之为善也，以为理所当为，非要福，非干禄;其不为不善也，以为理所不当为，非惧祸，非远罪。至于垂世教，则谆谆以祸福刑赏为言。此天地圣王劝惩之大权，君子不敢不奉若而与众共守也。

茂林芳树，好鸟之媒也；污池浊渠，秽虫之母也：气类之自然也。善不与福期，恶不与祸招。君子见正人而合，邪人见憸夫而密。

吾观于射，而知言行矣。夫射审而后发，有定见也；满而后发，有定力也。夫言能审满，则言无不中；行能审满，则行无不得。今之言行皆乱放矢也，即中，幸耳。

蜗以涎见觅，蝉以身见粘，萤以光见获。故爱身者，不贵赫赫之名。

大相反者大相似，此理势之自然也。故怒极则笑，喜极则悲。

敬者，不苟之谓也，故反苟为敬。

多门之室生风，多口之人生祸。

磨砖砌壁不涂以垩，恶掩其真也。一垩则人谓粪土之墙矣。凡外饰者，皆内不足者。至道无言，至言无文，至文无法。

苦毒易避，甘毒难避。晋人之璧马[①]，齐人之女乐[②]，越人之子女玉帛[③]，其毒甚矣，而愚者如饴，即知之亦不复顾也。由是推之，人皆有甘毒，不必自外馈，而眈眈求之者且众焉。

岂独虞人、鲁人、吴人愚哉？知味者可以惧矣。

①晋人之璧马：晋人欲亡虞，先以璧、马为诱饵假道于虞而伐虢，随后把虞也给灭掉了。事见《战国策·魏策三》。 ②齐人之女乐：孔子为鲁大司寇行摄相事，极有政绩。齐人惧，于是选美女、文马以遗鲁君，使怠于政事。孔子遂离开了鲁国。事见《史记·孔子世家》。 ③越人之子女玉帛：越王勾践兵败后发奋图强，并送美女玉帛消磨吴国的士气，最终灭了吴国。事见《史记·越王勾践世家》。

好逸恶劳，甘食悦色，适己害群，择便逞忿，虽鸟兽亦能之。灵于万物者，当求有别，不然，类之矣。且凤德麟仁，鹤清豸直，乌孝雁贞，苟择鸟兽之有知者而效法之，且不失为君子矣，可以人而不如乎？

万事都要个本意。宫室之设，只为安居；衣之设，只为蔽体；食之设，只为充饥；器之设，只为利用；妻之设，只为有后。推此类不可尽穷。苟知其本意，只在本意上求，分外的都是多了。

士大夫殃及子孙者有十：一曰优免太侈，二曰侵夺太多，三曰请托灭公，四曰恃势凌人，五曰困累乡党，六曰要结权贵损国病人，七曰盗上剥下以实私橐，八曰簧鼓邪说摇乱国是，九曰树党报复阴中善人，十曰引用邪昵虐民病国。

儿辈问立身之道。曰："本分之内，不欠纤微；本分之外，不加毫末。今也舍本分弗图，而加于本分之外者，不啻千万矣。内外之分何处别白？况敢问纤微毫末间耶?”

智者不与命斗,不与法斗,不与理斗,不与势斗。

学者事事要自责,慎无责人。人不可我意,自是我无量;我不可人意,自是我无能。时时自反,才德无不进之理。

气质之病小,心术之病大。

童心、俗态,此二者士人之大耻也。二耻不脱,终不可以入君子之路。

习威仪容止,甚不打紧,必须是瑟僩中发出来①,才是盛德光辉。那个不严厉？不放肆？庄重不为矜持,戏谑不为媟慢。惟有道者能之,惟有德者识之。

①瑟僩:《诗经·卫风·淇奥》:“瑟兮僩兮,赫兮咺兮。”朱熹《诗集传》注云:“瑟,矜庄貌;僩,威严貌。”

容貌要沉雅自然,只有一些浮浅之色,作为之状,便是屋漏少工夫。

德不怕难积,只怕易累。千日之积不禁一日之累,是故君子防所以累者。

枕席之言,房闼之行,通乎四海。墙卑室浅者无论,即宫禁之深严，无有言而不知，动而不闻者。士君子不爱名节则已，如有一毫自好之心，幽独言动可不慎与？

富以能施为德，贫以无求为德，贵以下人为德，贱以忘势为德。

入庙不期敬而自敬，入朝不期肃而自肃，是以君子慎所入也。见严师则收敛，见狎友则放恣，是以君子慎所接也。

《氓》之诗[1]，悔恨之极也，可为士君子殷鉴，当三复之。唐诗有云："雨落不上天，水覆难再收[2]。"又近世有名言一偶云："一失脚为千古恨，再回头是百年身。"此语足道《氓》诗心事，其曰"亦已焉哉"[3]。所谓"何嗟及矣"[4]，无可奈何之辞也。

①《氓》：《诗经·卫风》中的一篇，写弃妇悔恨之意。 ②"雨落"二句：语出李白《妾薄命》。 ③亦已焉哉：语出《氓》。 ④何嗟及矣：语出《诗经·王风·中谷有蓷》。

平生所为，使怨我者得以指摘，爱我者不能掩护，此省身之大惧也。士君子慎之。故我无过，而谤语滔天不足惊也，可谈笑而受之；我有过，而幸不及闻，当寝不贴席、食不下咽矣。是以君子贵"无恶于志"。[1]

①无恶于志：无愧于心。语出《中庸》。

谨言慎动，省事清心，与世无碍，与人无求，此谓小跳脱。

身要严重,意要安定,色要温雅,气要和平,语要简切,心要慈祥,志要果毅,机要缜密。

善养身者,饥渴、寒暑、劳役,外感屡变,而气体若一,未尝变也;善养德者,死生、荣辱、夷险,外感屡变,而意念若一,未尝变也。夫藏令之身,至发扬时而解体;长令之身,至收敛时而郁阏,不得谓之定气。宿称镇静,至仓卒而色变;宿称淡泊,至纷华而心动,不得谓之定力。斯二者皆无养之过也。

里面要活泼,于规矩之中无令怠忽;外面要摆脱,于礼法之中无令矫强。

四十以前养得定,则老而愈坚;养不定,则老而愈坏。百年实难,是以君子进德修业贵及时也。

涵养如培脆萌,省察如搜田蠹,克治如去盘根。涵养如女子坐幽闺,省察如逻卒缉奸细,克治如将军战勍敌。涵养用勿忘勿助工夫,省察用无怠无荒工夫,克治用是绝是忽工夫[①]。

①是绝是忽:语出《诗经·大雅·皇矣》。忽,灭绝。

世上只有个道理是可贪可欲的,初不限于取数之多,何者?所性分定原是无限量的,终身行之不尽。此外都是人欲,最不可萌一毫歆羡心。天之生人各有一定的分涯,圣人制人各有一定的品节,譬之担夫欲肩舆,丐人欲鼎食,徒尔劳心,竟亦何益?嗟夫!篡夺之所由生,而大乱之所由起,皆耻其分内之不足安,而惟见分外者之可贪可欲故也。故学者养心先要个知分。知分者,心常宁,欲常得,所欲得自足以安身利用。

心术以光明笃实为第一,容貌以正大老成为第一,言语以简重真切为第一。

学者只把性分之所固有,职分之所当为,时时留心,件件努力,便骎骎乎圣贤之域。非此二者,皆是对外物,皆是妄为。

进德莫如不苟,不苟先要个耐烦。今人只为有躁心而不耐烦,故一切苟且,卒至破大防而不顾,弃大义而不为。其始皆起于一念之苟也。

不能长进,只为"昏弱"两字所苦。昏宜静以澄神,神定则渐精明;弱宜奋以养气,气壮则渐强健。

一切言行,只是平心易气就好。

恣纵既成,不惟礼法所不能制,虽自家悔恨,亦制自家不得。善爱人者,无使恣纵;善自爱者,亦无使恣纵。

天理与人欲交战时,要如百战健儿,九死不移,百折不回,其奈我何?如何堂堂天君,却为人欲臣仆?内款受降,腔子中成甚世界?

有问密语者,嘱曰:"望以实心相告。"余笑曰:"吾内有不可瞒之本心,上有不可欺之天日,在本人有不可掩之是非,在通国有不容泯之公论,一有不实,自负四愆矣。何暇以貌言诳门下哉?”

士君子澡心浴德,要使咳唾为玉,便溺皆香,才见工夫圆满。若灵台中有一点污浊,便如瓜蒂藜芦入胃,不呕吐尽不止,岂可使一刻容留此中耶? 夫如是,然后溷厕可沉,缁泥可入。

与其抑暴戾之气,不若养和平之心;与其裁既溢之恩,不若绝分外之望;与其为后事之厚,不若施先事之薄;与其服延年之药,不若守保身之方。

猥繁拂逆,生厌恶心,奋宁耐之力;柔艳芳浓,生沾惹心,奋跳脱之力;推挽冲突,生随逐心,奋执持之力;长途末路,生衰歇心,奋鼓舞之力;急遽疲劳,生苟且心,奋敬慎之力。

进道入德,莫要于有恒。有恒则不必欲速,不必助长,优优渐渐自到神圣地位。故天道只是个恒,每日定准是三百六十五度四分度之一,分毫不损不加,流行不缓不急,而万古常存,万物得所。只无恒了,万事都成不得。余最坐此病。古人云:“有勤心,无远道。”只有人胜道,无道胜人之理。

士君子只求四真:真心、真口、真耳、真眼。真心,无妄念;真口,无杂语;真耳,无邪闻;真眼,无错识。

愚者人笑之，聪明者人疑之。聪明而愚，其大智也。夫《诗》云“靡哲不愚”[①]，则知不愚非哲也。

①靡哲不愚：语出《诗经·大雅·抑》。靡，无。哲，智者。

以精到之识，用坚持之心，运精进之力，便是金石可穿，豚鱼可格，更有甚么难做之事功？难造之圣神？士君子碌碌一生，百事无成，只是无志。

其有善而彰者，必其有恶而掩者也。君子不彰善以损德，不掩恶以长慝。

余日日有过，然自信过发吾心，如清水之鱼，才发即见，小发即觉，所以卒不得遂其豪悍，至流浪不可收拾者。胸中是非，原先有以照之也。所以常发者何也？只是心不存，养不定。

才为不善，怕污了名儿，此是徇外心，苟可瞒人，还是要做；才为不善，怕污了身子，此是为己心，即人不知，或为人疑谤，都不照管。是故欺大庭易，欺屋漏难；欺屋漏易，欺方寸难。

吾辈终日不长进处，只是个怨尤两字，全不反己。圣贤学问，只是个自责自尽。自责自尽之道原无边界，亦无尽头。若完了自家分数，还要听其在天在人，不敢怨尤。况自家举动又多鬼责人非底罪过，却敢怨尤耶？以是知自责自尽底人，决不怨尤;怨尤底人,决不肯自责自尽。吾辈不可不自家一照看,才照看,便知天人待我原不薄,恶只是我多惭负处。

果是瑚琏[①],人不忍以盛腐殠;果是荼蓼[②],人不肯以荐宗祊[③];履也,人不肯以加诸首;冠也,人不忍以籍其足。物犹然,而况于人乎?荣辱在所自树,无以致之,何由及之?此自修者所当知也。

①瑚琏:古代祭祀时用的器皿。　②荼蓼:野草。荼生陆上,味苦;蓼生水中,味辛辣。　③宗祊:宗庙。

无以小事动声色,亵大人之体。

立身行己,服人甚难,也要看甚么人不服。若中道君子不服,当蚤夜省惕。其意见不同、性术各别、志向相反者,只要求我一个是,也不须与他别白理会。

其恶恶不严者,必有恶于己者也;其好善不亟者,必无善于己者也。仁人之好善也,不啻口出;其恶恶也,迸诸四夷不与同中国。孟子曰:"无羞恶之心,非人也。"则恶恶亦君子所不免者,但恐为己私作恶,在他人非可恶耳。若民之所恶而不恶,谓为民之父母,可乎?

世人糊涂,只是抵死没自家不是,却不自想,我是尧、舜乎?果是尧、舜,真是没一毫不是。我若是汤、武,未反之前也有分毫错误,如何盛气拒人,巧言饰己,再不认一分过差耶?

“懒散”二字，立身之贼也。千德万业，日怠废而无成；千罪万恶，日横恣而无制，皆此二字为之。西晋仇礼法而乐豪放，病本正在此。安肆日偷，安肆，懒散之谓也。此圣贤之大戒也。甚么降伏得此二字，曰“勤慎”。勤慎者，敬之谓也。

不难天下相忘，只怕一人窃笑。夫举世之不闻道也久矣，而闻道者未必无人。苟为闻道者所知，虽一世非之可也；苟为闻道者所笑，虽天下是之，终非纯正之学。故曰：众皆悦之，其为士者笑之。有识之君子必不以众悦博一笑也。

以圣贤之道教人易，以圣贤之道治人难；以圣贤之道出口易，以圣贤之道躬行难；以圣贤之道奋始易，以圣贤之道克终难；以圣贤之道当人易，以圣贤之道慎独难；以圣贤之道口耳易，以圣贤之道心得难；以圣贤之道处常易，以圣贤之道处变难。过此六难，真到圣贤地步。区区六易，岂不君子路上人？终不得谓笃实之士也。

山西臬司书斋，余新置一榻，铭于其上左曰：“尔酣馀梦，得无有宵征露宿者乎？尔炙重衾，得无有抱肩裂肤者乎？古之人卧八埏于襁褓[①]，置万姓于衽席，而后爽然得一夕之安。呜呼！古之人亦人也夫？古之民亦民也夫？”右曰：“独室不触欲，君子所以养精；独处不交言，君子所以养气；独魂不着碍，君子所以养神；独寝不愧衾，君子所以养德。”

①八埏：犹言八方。埏，地的边际。

慎者之有馀，足以及人；不慎者之所积，不能保身。

近世料度人意，常向不好边说去，固是衰世人心无忠厚之意。然士君子不可不自责。若是素行孚人，便是别念头，人亦向好边料度，何者？所以自立者，足信也。是故君子慎所以立。

人不自爱，则无所不为；过于自爱，则一无可为。自爱者先占名，实利于天下国家，而迹不足以白其心则不为；自爱者先占利，有利于天下国家，而有损于富贵利达则不为。上之者即不为富贵利达，而有累于身家妻子则不为。天下事待其名利两全而后为之，则所为者无几矣。

与其喜闻人之过，不若喜闻己之过；与其乐道己之善，不若乐道人之善。

要非人，先要认的自家是个甚么人；要认的自家，先看古人是个甚么人。

口之罪大于百体，一进去百川灌不满，一出来万马追不回。

家长不能令人敬，则教令不行；不能令人爱，则心志不孚。

自心得者，尚不能必其身体力行，自耳目入者，欲其勉从而强改焉，万万其难矣。故三达德不恃知也[1]，而又欲其仁；

不恃仁也,而又欲其勇。

①三达德:三种常行的美德。《礼记·中庸》:“智、仁、勇三者,天下三达德也。”

合下作人自有作人道理,不为别个。

认得真了,便要不俟终日,坐以待旦,成功而后止。

人生惟有说话是第一难事。

或问修己之道。曰:“无鲜克有终[①]。”问治人之道。曰:“无忿疾于顽[②]。”

①鲜克有终:谓有始无终。《诗经·大雅·荡》:“靡不有初,鲜克有终。”　②忿疾于顽:对顽嚣不喻的人忿怒憎恶。《尚书·君陈》:“尔无忿疾于顽,无求备于一夫。”

人生天地间,要做有益于世底人。纵没这心肠、这本事,也休作有损于世底人。

说话如作文,字字在心头打点过,是心为草稿而口誊真也,犹不能无过,而况由易之言,真是病狂丧心者。

心不坚确,志不奋扬,力不勇猛,而欲徙义改过,虽千悔万悔,竟无补于分毫。

人到自家没奈自家何时,便可恸哭。

福莫美于安常,祸莫危于盛满。天地间万物万事未有盛满而不衰者也。而盛满各有分量,惟智者能知之。是故卮以一勺为盛满,瓮以数石为盛满。有瓮之容而怀勺之惧,则庆有馀矣。

祸福是气运,善恶是人事。理常相应,类亦相求。若执福善祸淫之说,而使之不爽,则为善之心衰矣。大段气运只是偶然,故善获福、淫获祸者半,善获祸、淫获福者亦半,不善不淫而获祸获福者亦半。人事只是个当然,善者获福,吾非为福而修善;淫者获祸,吾非为祸而改淫。善获祸而淫获福,吾宁善而处祸,不肯淫而要福。是故君子论天道不言祸福,论人事不言利害。自吾性分当为之外,皆不庸心,其言祸福利害,为世教发也。

自天子以至于庶人,未有无所畏而不亡者也。天子者,上畏天,下畏民,畏言官于一时,畏史官于后世。百官畏君,群吏畏长吏,百姓畏上,君子畏公议,小人畏刑,子弟畏父兄,卑幼畏家长。畏则不敢肆而德以成,无畏则从其所欲而及于祸。非生知安行之圣人①,未有无所畏而能成其德者也。

①生知安行:即“生而知之”、“安而行之”。语出《礼记·中庸》:“或生而知之,或安而行之,或利而行之,或勉强而行之,及其成功一也。”

物忌全盛,事忌全美,人忌全名。是故天地有欠缺之体,圣贤无快足之心。而况琐屑群氓，不安浅薄之分，而欲满其难厌之欲，岂不妄哉？是以君子见益而思损，持满而思溢，不敢恣无涯之望。

静定后看自家是甚么一个人。

少年大病，第一怕是气高。

余参政东藩日[1]，与年友张督粮临碧在座。余以朱判封，笔浓字大，临碧曰："可惜！可惜！"余擎笔举手曰："年兄此一念，天下受其福矣。判笔一字所费丝毫硃耳，积日积岁，省费不知几万倍。充用朱之心，万事皆然。天下各衙门积日积岁省费又不知几万倍。且心不侈然自放，足以养德；财不侈然浪费，足以养福。不但天物不宜暴殄，民膏不宜慢弃而已。夫事有重于费者，过费不为奢；省有不废事者，过省不为吝。"余在抚院日，不俭于纸，而戒示吏书片纸皆使有用。比见富贵家子弟，用财货如泥沙，长馀之惠既不及人，有用之物皆弃于地，胸中无不忍一念，口中无可惜两字。人或劝之，则曰："所值几何？"余尝号为沟壑之鬼，而彼方侈然自快，以为大手段，不小家势。痛哉！儿曹志之。

①参政东藩：吕坤曾任山东参政，见《明史》本传。

言语不到千该万该，再休开口。

今人苦不肯谦，只要拿得架子，定以为存体。夫子告子张从政,以无小大、无众寡、无敢慢为不骄[①]。而周公为相,吐握下白屋[②],甚者父师有道之君子。不知损了甚体?若名分所在,自是贬损不得。

①"夫子"二句:《论语·尧曰》记子张问孔子:"何如斯可以从政矣?"孔子曰:"君子无众寡,无小大,无敢慢,斯不亦泰而不骄乎?"
②吐握:即吐哺握发。相传周公为相,接待来客,甚至一沐三握发,一饭三吐哺。待士甚是殷勤。 白屋:古代平民的住房不施彩,故称白屋,常借指平民。

过宽杀人,过美杀身。是以君子不纵民情以全之也,不盈己欲以生之也。

闺门之事可传,而后知君子之家法矣;近习之人起敬,而后知君子之身法矣。其作用处只是无不敬。

宋儒纷纷聚讼语且莫理会,只理会自家,何等简径。

各自责,则天清地宁;各相责,则天翻地覆。

不逐物是大雄力量[①],学者第一工夫全在这里做。

①大雄力量:大雄,古代印度佛教徒用为教主释迦牟尼的尊称,意谓像大勇士一样,无所畏惧。

手容恭,足容重,头容直,口容止,坐如尸,立如斋,俨若思[①],目无狂视,耳无倾听,此外景也。外景是整齐严肃,内景是斋庄中正,未有不整齐严肃而能斋庄中正者。故检束五官百体,只为收摄此心。此心若从容和顺于礼法之中,则曲肱指掌[②]、浴沂行歌[③]、吟风弄月、随柳傍花,何适不可?所谓登彼岸无所事筏也。

①"手容恭"七句:前五句见《礼记・玉藻》,后二句见《礼记・曲礼上》,意谓君子之容应庄重敬慎。　②曲肱指掌:《论语・述而》:"子曰:'饭疏食,饮水,曲肱而枕之,乐亦在其中矣。'"　③浴沂行歌:典出《论语・先进》,孔子弟子曾点言其志曰:"莫(暮)春者,春服既成,冠者五六人,童子六七人,浴乎沂,风乎舞雩,咏而归。"

天地位,万物育,几千年有一会,几百年有一会,几十年有一会。故天地之中和甚难。

敬对肆而言。敬是一步一步收敛向内,收敛至无内处,发出来自然畅四肢,发事业,弥漫六合;肆是一步一步放纵外面去,肆之流祸不言可知。所以千古圣人只一敬字为允执的关捩子。尧钦明允恭,舜温恭允塞,禹之安汝止[①],汤之圣敬日跻[②],文之懿恭,武之敬胜,孔子之恭而安。讲学家不讲这个,不知怎么做工夫。

①以上三句:分见《尚书》中《尧典》、《舜典》、《益稷》。　②圣敬日跻:见《诗经・商颂・长发》。

窃叹近来世道,在上者积宽成柔,积柔成怯,积怯成畏,积畏成废;在下者积慢成骄,积骄成怨,积怨成横,积横成敢。吾不知此时治体当何如反也。“体面”二字,法度之贼也。体面重,法度轻;法度弛,纪纲坏。昔也病在法度,今也病在纪纲。名分者,纪纲之大物也。今也在朝小臣藐大臣,在边军士轻主帅,在家子妇蔑父母,在学校弟子慢师,后进凌先进,在乡里卑幼轧尊长,惟贪肆是恣,不知礼法为何物。渐不可长,今已长矣,极之必乱必亡。势已重矣,反已难矣。无识者犹然甚之,奈何?

祸福者,天司之;荣辱者,君司之;毁誉者,人司之;善恶者,我司之。我只理会我司,别个都莫照管。

吾人终日最不可悠悠荡荡,作空躯壳。

业有不得不废时。至于德,则自有知以至无知时,不可一息断进修之功也。

清无事澄,浊降则自清;礼无事复,己克则自复。去了病,便是好人;去了云,便是晴天。

七尺之躯,戴天履地,抵死不屈于人。乃自落草,以至盖棺,降志辱身,奉承物欲,不啻奴隶,到那魂升于天之上,见那维皇上帝,有何颜面?愧死!愧死!

受不得诬谤,只是无识度。除是当罪临刑,不得含冤而死,须是辨明。若污蔑名行,闲言长语,愈辨则愈加,徒自愤懑耳。不若付之忘言,久则明也得,不明也得,自有天在耳。

作一节之士也要成章,不成章便是"苗而不秀"[①]。

①苗而不秀:语出《论语·子罕》。

不患无人所共知之显名,而患有人所不知之隐恶。显名虽著远迩,而隐恶获罪神明,省躬者惧之。

蹈邪僻,则肆志抗颜,略无所顾忌;由义礼,则羞头愧面,若无以自容。此愚不肖之恒态,而士君子之大耻也。

物欲生于气质。

问　学

学必相讲而后明,讲必相直而后尽。孔门师友不厌穷问极言,不相然诺承顺,所谓审问明辨也[①]。故当其时,道学大明,如拨云披雾,白日青天,无纤毫障蔽。讲学须要如此,无坚自是之心,恶人相直也。

①审问明辨:语本《礼记·中庸》。

"熟思审处",此四字德业之首务;"锐意极力",此四字德业之要务;“有渐无已”,此四字德业之成务;“深忧过计”,此四字德业之终务。

静是个见道的妙诀,只在静处潜观,六合中动的机括都解破。若见了,还有个妙诀以守之,只是一。一是大根本,运这一却要因时通变。

学者只该说下学,更不消说上达。其未达也,空劳你说;其既达也,不须你说。故“一贯”惟参、赐可与[①],又到可语地位才语。又一个直语之,一个启语之,便见孔子诲人妙处。

①一贯:即孔子在《论语·里仁》中所说的“吾道一以贯之”。意思是用一种道理贯穿于事物之中。　参、赐:参,曾参;赐,端木赐。二人皆是孔子弟子。

读书人最怕诵底是古人语,做底是自家人。这等读书虽闭户十年,破卷五车,成甚么用?

能辨真假是一种大学问。世之所抵死奔走者,皆假也。万古惟有真之一字磨灭不了,盖藏不了。此鬼神之所把握,风雷之所呵护;天地无此不能发育,圣人无此不能参赞;朽腐得此可为神奇,鸟兽得此可为精怪。道也者,道此也;学也者,学此也。

或问:“孔子素位而行[①],非政不谋,而儒者著书立言,便谈帝王之略,何也?”曰:“古者十五而入大学,修齐治平[②],此时便要理会。故陋巷而问为邦[③]，布衣而许南面[④]。由、求之志富强[⑤]，孔子之志三代[⑥]，孟子乐'中天下而立定四海之民'[⑦]，何曾便到手，但所志不得不然。所谓'如或知尔，则何以哉'[⑧]，要知以个甚么；'苟有用我者，执此以往'[⑨]，要知此是甚么；'大人之事备矣'[⑩]，要知备个甚么。若是平日如醉梦一不讲求，到手如痴呆胡乱了事。如此作人，只是一块顽肉，成甚学者。即有聪明材辨之士，不过学眼前见识，作口头话说，妆点支吾亦足塞责。如此作人，只是一场傀儡，有甚实用。修业尽职之人，到手未尝不学，待汝学成，而事先受其敝，民已受其病，寻又迁官矣。譬之饥始种粟，寒始纺绵，怎得奏功？此凡事所以贵豫也。"

①素位：儒家的一种立身处世的态度，谓安于其平素所处的地位。《礼记·中庸》："君子素其位而行，不愿乎其外。" ②修齐治平：修身、齐家、治国、平天下。 ③陋巷而问为邦：指颜渊事。《论语·雍也》："在陋巷，人不堪其忧，回也不改其乐。"又《卫灵公》篇："颜渊问为邦。"为邦，治理国家。 ④布衣而许南面：南面，指诸侯。《论语·雍也》："子曰：'雍也可使南面。'"雍，即冉雍，孔子弟子。 ⑤由、求：由，即子路；求，即冉求。均为孔子弟子。他们的志向都是使国家富强。 ⑥三代：指夏、商、周三代。《论语·八佾》："子曰：'周监乎二代，郁郁乎文哉，吾从周。'" ⑦"孟子"二句：《孟子·尽心上》："中天下而立，定四海之民，君子乐之，所性不存焉。" ⑧"如或"二句：语出《论语·先进》。 ⑨"苟有"句：语出《论语·子路》。 ⑩大人之事：《孟子·尽心上》："居仁由义，大人之事备矣。"

不由心上做出，此是喷叶学问；不在独中慎起，此是洗面工夫，成得甚事。

"尧、舜事功,孔、孟学术",此八字是君子终身急务。或问:"尧、舜事功,孔、孟学术,何处下手?"曰:"以天地万物为一体,此是孔、孟学术;使天下万物各得其所,此是尧、舜事功。总来是一个念头。"

上吐下泻之疾,虽日进饮食,无补于憔悴;入耳出口之学,虽日事讲究,无益于身心。

天地万物只是个"渐",理气原是如此,虽欲不渐不得。而世儒好讲一"顿"字,便是无根学问。

只人人去了我心,便是天清地宁世界。

塞乎天地之间,尽是浩然了。愚谓根荄须栽入九地之下,枝梢须插入九天之上,横拓须透过八荒之外,才是个圆满工夫,无量学问。

我信得过我,人未必信得过我,故君子避嫌。若以正大光明之心如青天白日,又以至诚恻怛之意如火热水寒,何嫌之可避。故君子学问第一要体信,只信了,天下无些子事。

要体认,不须读尽古今书,只一部《千字文》[1],终身受用不尽。要不体认,即三坟以来卷卷精熟[2],也只是个博学之士,资谈口、侈文笔、长盛气、助骄心耳。故君子贵体认。

①《千字文》:南朝梁周兴嗣编写的儿童启蒙读物。　②三坟:传

说中的古书。《左传·昭公十二年》:“是能读三坟、五典、八索、九丘。”

悟者,吾心也。能见吾心,便是真悟。

明理省事,此四字学者之要务。

今人不如古人,只是无学无识。学识须从三代以上来,才正大,才中平。今只将秦汉以来见识抵死与人争是非,已自可笑;况将眼前闻见、自己聪明,翘然不肯下人,尤可笑也。

学者大病痛,只是器度小。

识见议论,最怕小家子势。

默契之妙,越过六经千圣,直与天地谈,又不须与天交一语,只对越仰观,两心一个耳。

学者只是气盈,便不长进。含六合如一粒,觅之不见;吐一粒于六合,出之不穷,可谓大人矣。而自处如庸人,初不自表异;退让如空夫,初不自满足,抵掌攘臂而视世无人,谓之以善服人则可。

心术、学术、政术,此三者不可不辨也。心术要辨个诚伪,学术要辨个邪正,政术要辨个王伯①。总是心术诚了,别个再不差。

①王伯:即王霸,谓王业与霸业。儒家以德行仁政者为王,以力假仁者为霸。

圣门学问心诀,只是不做贼就好。或问之。曰:“做贼是个自欺心,自利心。学者于此二心,一毫摆脱不尽,与做贼何异?”

脱尽“气习”二字,便是英雄。

理以心得为精,故当沉潜。不然,耳边口头也。事以典故为据,故当博洽。不然,臆说杜撰也。

天是我底天,物是我底物。至诚所通,无不感格,而乃与之扞隔抵牾,只是自修之功未至。自修到格天动物处,方是学问,方是工夫。未至于此者,自愧自责不暇,岂可又萌出个怨尤底意思?

世间事无巨细,都有古人留下底法程。才行一事,便思古人处这般事如何;才处一人,便思古人处这般人如何。至于起居、言动、语默,无不如此,久则古人与稽,而动与道合矣。其要在存心,其工夫又只在诵诗读书时便想曰:“此可以为我某事之法,可以药我某事之病。”如此则临事时触之即应,不待思索矣。

扶持资质,全在学问,任是天资近圣,少此二字不得。三代而下无全才,都是负了在天的,欠了在我的,纵做出掀天揭地事业来，仔细看他，多少病痛！

劝学者歆之以名利，劝善者歆之以福祥。哀哉！

道理书尽读，事务书多读，文章书少读，闲杂书休读，邪妄书焚之可也。

君子知其可知，不知其不可知。不知其可知则愚，知其不可知则凿。

余有责善之友，既别两月矣，见而问之曰："近不闻仆有过？"友曰："子无过。"余曰："此吾之大过也。有过之过小，无过之过大，何者？拒谏自矜而人不敢言，饰非掩恶而人不能知，过有大于此者乎？使余即圣人也，则可。余非圣人，而人谓无过，余其大过哉！"

工夫全在冷清时，力量全在浓艳时。

万仞崚嶒而呼人以登，登者必少。故圣人之道平，贤者之道峻。穴隙迫窄而招人以入，入者必少。故圣人之道博，贤者之道狭。

以是非决行止，而以利害生悔心，见道不明甚矣。

自天子以至于庶人，自尧、舜以至于途之人，必有所以汲汲皇皇者，而后其德进，其业成。故曰鸡鸣而起，舜、跖之徒皆有所孳孳也[①]。无所用心，孔子忧之曰："不有博弈者乎？"[②]惧无所孳孳者，不舜则跖也。今之君子纵无所用心，而不至于为跖，然饱食终日，惰慢弥年，既不作山林散客，又不问庙堂急务，如醉如痴，以了日月。《易》所谓"君子进德修业，欲及时也"，果是之谓乎？如是而自附于清品高贤，吾不信也。孟子论历圣道统心传，不出忧勤惕励四字。其最亲切者，曰："仰而思之，夜以继日，幸而得之，坐以待旦。"[③]此四语不独作相，士农工商皆可作座右铭也。

①"故曰"二句：《孟子·尽心上》："孟子曰：'鸡鸣而起，孳孳为善者，舜之徒也。鸡鸣而起，孳孳为利者，跖之徒也。'" ②"无所用心"三句：语出《论语·阳货》。 ③"仰而思之"四句：语出《孟子·离娄下》。

怠惰时看工夫，脱略时看点检，喜怒时看涵养，患难时看力量。

今之为举子文者，遇为学题目，每以知行作比。试思知个甚么？行个甚么？遇为政题目，每以教养作比。试问做官养了那个？教了那个？若资口舌浮谈，以自致其身，以要国家宠利，此与诓骗何异？吾辈宜惕然省矣。

圣人以见义不为属无勇[①]，世儒以知而不行属无知[②]。圣人体道有三达德，曰智、仁、勇。世儒曰知行只是一个。不知谁说得是？愚谓自道统初开，工夫就是两项，曰惟精，察之也；曰惟一，守之也。千圣授受，惟此一道。盖不精则为孟浪之守，不一则为想象之知。曰思，曰学，曰致知，曰力行，曰至明，曰至健，曰问察，曰用中，曰择乎中庸、服膺勿失，曰非知之艰、惟行之艰，曰非苟知之、亦允蹈之，曰知及之、仁守之，曰不明乎善、不诚乎身。

①“圣人”句：《论语·为政》：“子曰：‘见义不为，无勇也。’”
②“世儒”句：王阳明创“知行合一”说，认为“未有行而不知者，知而不行，只是未知。”

自德性中来，生死不变；自识见中来，则有时而变矣。故君子以识见养德性。德性坚定则可生可死。

“昏弱”二字是立身大业障，去此二字不得，做不出一分好人。

学问之功，生知圣人亦不敢废。不从学问中来，任从有掀天揭地事业，都是气质作用。气象岂不炫赫可观，一入圣贤秤尺，坐定不妥贴。学问之要如何？随事用中而已。

学者，穷经博古，涉事筹今，只见日之不足，惟恐一登荐举，不能有所建树。仕者，修政立事，淑世安民，只见日之不足，惟恐一旦升迁，不获竟其施为。此是确实心肠，真正学问，为学为政之得真味也。

进德修业在少年，道明德立在中年，义精仁熟在晚年。若五十以前德性不能坚定，五十以后愈懒散，愈昏弱，再休说那中兴之力矣。

世间无一件可骄人之事。才艺不足骄人,德行是我性分事,不到尧、舜、周、孔,便是欠缺,欠缺便自可耻,如何骄得人?

有希天之学,有达天之学,有合天之学,有为天之学。

圣学下手处,是无不敬;住脚处,是恭而安。

小家学问不可以语广大,溷障学问不可以语易简。

天下至精之理,至难之事,若以潜玩沉思求之,无厌无躁,虽中人以下,未有不得者。

为学第一工夫,要降得浮躁之气定。

学者万病,只一个"静"字治得。

学问以澄心为大根本,以慎口为大节目。

读书能使人寡过,不独明理。此心日与道俱,邪念自不得而乘之。

"无所为而为",这五字是圣学根源。学者入门念头就要在这上做。今人说话第二三句便落在有所为上来,只为毁誉利害心脱不去,开口便是如此。

己所独知，尽是方便；人所不见，尽得自由。君子必兢兢然细行，必谨小物不遗者，惧工夫之间断也，惧善念之停息也，惧私欲之乘间也，惧自欺之萌蘖也，惧一事苟而其馀皆苟也，俱闲居忽而大庭亦忽也。故广众者，幽独之证佐；言动者，意念之枝叶。意中过，独处疏，而十目十手能指视之者，枝叶、证佐上得之也。君子奈何其慢独？不然，苟且于人不见之时，而矜持于视尔友之际[①]，岂得自然？岂能周悉？徒尔劳心，而慎独君子已见其肺肝矣。

①视尔友：《诗经·大雅·抑》："视尔友君子，辑柔尔颜，不遐有愆。"

古之学者在心上做工夫，故发之外面者为盛德之符；今之学者在外面做工夫，故反之于心则为实德之病。

事事有实际，言言有妙境，物物有至理，人人有处法，所贵乎学者，学此而已。无地而不学，无时而不学，无念而不学，不会其全、不诣其极不止，此之谓学者。今之学者果如是乎？留心于浩瀚博杂之书，役志于靡丽刻削之辞，耽心于凿真乱俗之技，争胜于烦劳苛琐之仪，可哀矣！而醉梦者又贸贸昏昏，若痴若病，华衣甘食而一无所用心，不尤可哀哉？是故学者贵好学，尤贵知学。

天地万物，其情无一毫不与吾身相干涉，其理无一毫不与吾身相发明。

凡字不见经传,语不根义理,君子不出诸口。

古之君子病其无能也,学之;今之君子耻其无能也,讳之。

无才无学,士之羞也;有才有学,士之忧也。夫才学非有之为难,而降伏之难。君子贵才学以成身也,非以矜己也;以济世也,非以夸人也。故才学如剑,当可试之时一试,不则藏诸室,无以衒弄,不然,鲜不为身祸者。自古十人而十,百人而百,无一幸免,可不忧哉?

人生气质都有个好处,都有个不好处。学问之道无他,只是培养那自家好处,救正那自家不好处便了。

道学不行,只为自家根脚站立不住。或倡而不和,则势孤;或守而众挠,则志惑;或为而不成,则气沮;或夺于风俗,则念杂。要挺身自拔,须是有万夫莫当之勇,死而后已之心。不然,终日三五聚谈,焦唇敝舌,成得甚事?

役一己之聪明,虽圣人不能智;用天下之耳目,虽众人不能愚。

涵养不定底,自初生至盖棺时凡几变,即知识已到,尚保不定毕竟作何种人,所以学者要德性坚定。到坚定时,随常变、穷达、生死只一般;即有难料理处,亦自无难。若平日不遇事时,尽算好人,一遇个小小题目,便考出本态,假遇着难者、大者,知成个甚么人?所以古人不可轻易笑,恐我当此,未便在渠上也。

屋漏之地可服鬼神，室家之中不厌妻子，然后谓之真学、真养。勉强于大庭广众之中，幸一时一事不露本象，遂称之曰贤人君子，恐未必然。

这一口呼吸去，万古再无复返之理。呼吸暗积，不觉白头，静观君子所以抚髀而爱时也。然而爱时不同，富贵之士叹荣显之未极，功名之士叹事业之未成，放达之士恣情于酒以乐馀年，贪鄙之士苦心于家以遗后嗣。然犹可取者，功名之士耳。彼三人者，何贵于爱时哉？惟知道君子忧年数之日促，叹义理之无穷，天生此身无以称塞，诚恐性分有缺，不能全归，错过一生也。此之谓真爱时。所谓此日不再得，此日足可惜者，皆救火追亡之念，践形尽性之心也[①]。呜呼！不患无时，而患弃时。苟不弃时，而此心快足，虽夕死何恨？不然，即百岁，幸生也。

①践形：《孟子·尽心上》："形色，天性，惟圣人然后可以践形。"

身不修而惴惴焉，毁誉之是恤；学不进而汲汲焉，荣辱之是忧，此学者之通病也。

冰见烈火，吾知其易易也，然而以炽炭铄坚冰，必舒徐而后尽；尽为寒水，又必待舒徐而后温；温为沸汤，又必待舒徐而后竭。夫学岂有速化之理哉？是故善学者无躁心，有事勿忘从容以俟之而已。

学问大要，须把天道、人情、物理、世故识得透彻，却以胸中独得中正底道理消息之。

与人为善，真是好念头。不知心无理路者，淡而不觉；道不相同者，拂而不入。强聒杂施，吾儒之戒也。孔子启愤发悱，复三隅[①]，中人以下不语上[②]，岂是倦于诲人？谓两无益耳。故大声不烦奏，至教不苟传。

①“孔子”二句：《论语·述而》：“子曰：‘不愤不启，不悱不发，举一隅不以三隅反，则不复也。’”这是孔子的诲人之法。 ②“中人”句：《论语·雍也》：“子曰：‘中人以上可以语上也，中人以下不可以语上也。’”这是孔子的授学之法。

罗百家者，多浩瀚之词；工一家者，有独诣之语。学者欲以有限之目力，而欲竟其津涯；以卤莽之心思，而欲探其蕴奥，岂不难哉？故学贵有择。

讲学人不必另寻题目，只将四书六经发明，得圣贤之道，精尽有心得。此心默契千古，便是真正学问。

善学者如闹市求前，摩肩重足，得一步便紧一步。

有志之士要百行兼修，万善俱足。若只作一种人，硁硁自守[①]，沾沾自多，这便不长进。

①硁硁：浅薄固执。《论语·子路》：“言必信，行必果，硁硁然小

人哉!"

《大学》一部书,统于"明德"两字[①];《中庸》一部书,统于"修道"两字[②]。

①明德:《大学》开首就说:"大学之道,在明明德,在亲民,在止于至善。" ②修道:《中庸》开首就说:"天命之谓性,率性之谓道,修道之谓教。"

学识一分不到,便有一分遮障。譬之掘河分隔,一界土不通,便是一段流不去,须是冲开,要一点碍不得。涵养一分不到,便有一分气质。譬之烧炭成熟,一分木未透,便是一分烟不止,须待灼透,要一点烟也不得。

除了"中"字,再没道理;除了"敬"字,再没学问。

心得之学,难与口耳者道;口耳之学,到心得者前,如权度之于轻重短长,一毫掩护不得。

学者只能使心平气和,便有几分工夫。心平气和人遇事却执持担当,毅然不挠,便有几分人品。

学莫大于明分。进德要知是性分,修业要知是职分,所遇之穷通,要知是定分。

一率作,则觉有意味,日浓日艳,虽难事,不至成功不休;

一间断，则渐觉疏离，日畏日怯，虽易事，再使继续甚难。是以圣学在无息，圣心曰不已。一息一已，难接难起，此学者之大惧也。余平生德业无成，正坐此病。《诗》曰：“日就月将，学有缉熙于光明①。”吾党日宜三复之。

①“日就月将”二句：语出《诗经·周颂·敬之》。

尧、舜、禹、汤、文、武全从“不自满假”四字做出①，至于孔子，平生谦退冲虚，引过自责，只看着世间有无穷之道理，自家有未尽之分量。圣人之心盖如此。孟子自任太勇，自视太高，而孜孜向学，歉歉自歉之意，似不见有。宋儒口中谈论都是道理，身所持循亦不著世俗，岂不圣贤路上人哉？但人非尧、舜，谁无气质稍偏，造诣未至，识见未融，体验未到，物欲未忘底过失？只是自家平生之所不足者，再不肯口中说出，以自勉自责，亦不肯向别人招认，以求相劝相规。所以自孟子以来，学问都似登坛说法，直下承当，终日说短道长，谈天论性，看着自家便是圣人，更无分毫可增益处。只这见识，便与圣人作用已自不同，如何到得圣人地位？

①不自满假：《尚书·大禹谟》：“帝曰：‘来禹，降水儆予，成允成功，惟汝贤。克勤于邦，克俭于家，不自满假，惟汝贤。’”满，盈实；假，大。

性躁急人，常令之理纷解结；性迟缓人，常令之逐猎追奔。推此类，则气质之性无不渐反。

恒言“平稳”二字极可玩。盖天下之事，惟平则稳，行险亦有得的，终是不稳。故君子居易。

二分[①]，寒暑之中也，昼夜分停，多不过七八日。二至[②]，寒暑之偏也，昼夜偏长，每每二十三日。始知中道难持，偏气易胜，天且然也。故尧、舜毅然曰允执[③]，盖以人事胜耳。

①二分：指春分、秋分两个节气。　②二至：指夏至、冬至两个节气。　③允执：即《尚书·大禹谟》所谓“允执厥中”。允，信。

里面五分，外面只发得五分，多一厘不得；里面十分，外面自发得十分，少一厘不得。诚之不可掩如此夫，故曰不诚无物。

休蹑着人家脚跟走，此是自得学问。

正门学脉切近精实，旁门学脉奇特玄远；正门工夫戒慎恐惧，旁门工夫旷大逍遥；正门宗指渐次，旁门宗指径顿；正门造诣俟其自然，旁门造诣矫揉造作。

或问：“仁、义、礼、智发而为恻隐、羞恶、辞让、是非，便是天则否？”曰：“圣人发出来便是天则，众人发出来都落气质，不免有太过不及之病。只如好生一念，岂非恻隐？至以面为牺牲，便非天则。”

学问博识强记易，会通解悟难。会通到天地万物□□□，解悟到幽明古今无间为尤难。

强恕是最拙底学问，“三近”人皆可行[①]，下此无工夫矣。

①三近：《礼记·中庸》：“好学近乎知，力行近乎仁，知耻近乎勇。”

王心斋每以乐为学[①]，此等学问是不曾苦的甜瓜。入门就学乐，其乐也，逍遥自在耳，不自深造真积、忧勤惕励中得来。孔子之乐以忘忧，由于发愤忘食；颜子之不改其乐，由于博约克复[②]。其乐也，优游自得，无意于欢欣，而自不忧，无心于旷达，而自不闷。若觉有可乐，还是乍得心；着意学乐，便是助长心，几何而不为猖狂自恣也乎？

①王心斋：即王艮，明泰州人。字汝止，称心斋先生，为王阳明门生，泰州学派创始人。著有《王心斋全集》。　②博约克复：博之以文，约之以礼，克己复礼。见《论语》中《子罕》、《颜渊》篇。

余讲学只主六字，曰天地万物一体。或曰：“公亦另立门户耶?”曰：“否。只是孔门一个仁字。”

无慎独工夫，不是真学问；无大庭效验，不是真慎独。终日哓哓，只是口头禅耳。

体认要尝出悦心真味，工夫更要进到百尺竿头，始为真儒。向与二三子暑月饮池上，因指水中莲房以谈学问曰：“山中人不识莲，于药铺买得干莲肉，食之称美。后入市买得久摘鲜莲，食之更称美也。余叹曰：‘渠食池上新摘，美当何如？一摘出池，真味犹漓，若卧莲舟挽碧筒就房而裂食之，美更何如?

今之体认皆食干莲肉者也。又如这树上胡桃,连皮吞之,不可谓之不吃,不知此果须去厚肉皮,不则麻口;再去硬骨皮,不则损牙;再去瓤上粗皮,不则涩舌;再去薄皮内萌皮,不则欠细腻。如是而渍以蜜,煎以糖,始为尽美。今之工夫,皆囫囵吞胡桃者也。如此体认,始为精义入神;如此工夫,始为义精仁熟。'”

上达无一顿底。一事有一事之上达,如洒扫应对,食息起居,皆有精义入神处。一步有一步上达,到有恒处达君子,到君子处达圣人,到汤、武圣人达尧、舜。尧、舜自视亦有上达,自叹不如无怀葛天之世矣[①]。

①无怀葛天:传说中我国远古时期部落名。

学者不长进,病根只在护短。闻一善言,不知不肯问;理有所疑,对人不肯问,恐人笑己之不知也。孔文子不耻下问[①],今也耻上问;颜子以能问不能,今也以不能不问能。若怕人笑,比德山棒,临济喝[②],法坛对众,如何承受?这般护短,到底成个人笑之人。一笑之耻,而终身之笑顾不耻乎?儿曹戒之。

①孔文子不耻下问:见《论语·公冶长》。　②德山棒、临济喝:或省称棒喝。佛教禅宗用语。某些禅宗师家对于初学者所问,不用语言答复,或以棒打,或以口喝,以验其根机之利钝。相传棒的施用始于德山(宣鉴),喝的施用始于临济(义玄)。

呻吟语卷三·内篇·射集

应　务

闲暇时留心不成,仓卒时措手不得。胡乱支吾,任其成败,或悔或不悔,事过后依然如昨。世之人如此者,百人而百也。“凡事豫则立”[①],此五字极当理会。

①凡事豫则立:语出《礼记·中庸》。

道眼在是非上见,情眼在爱憎上见,物眼无别白,浑沌而已。

实见得是时,便要斩钉截铁,脱然爽洁,做成一件事,不可拖泥带水,靠壁倚墙。

人定真足胜天。今人但委于天,而不知人事之未定耳。夫冬气闭藏不能生物,而老圃能开冬花,结春实;物性蠢愚不解人事,而鸟师能使雀弈棋,蛙教书,况于能为之人事,而可委之天乎?

责善要看其人何如,其人可责以善,又当自尽长善救失之道。无指摘其所忌,无尽数其所失,无对人,无峭直,无长言,无累言。犯此六戒,虽忠告,非善道矣。其不见听,我亦且有过焉,何以责人?

余行年五十,悟得五不争之味。人问之。曰:“不与居积人争富,不与进取人争贵,不与矜饰人争名,不与简傲人争礼节,不与盛气人争是非。”

众人之所混同,贤者执之;贤者之所束缚,圣人融之。

做天下好事,既度德量力,又审势择人。“专欲难成,众怒难犯”[1]。此八字者,不独妄动人宜慎,虽以至公无私之心,行正大光明之事,亦须调剂人情,发明事理,俾大家信从,然后动有成,事可久。盘庚迁殷,武王伐纣,三令五申犹恐弗从。盖恒情多暗于远识,小人不便于己私,群起而坏之,虽有良法,胡成胡久?自古皆然,故君子慎之。

①“专欲”二句:语出《左传 · 襄公十年》。

辨学术,谈治理,直须穷到至处,让人不得,所谓宗庙朝廷便便言者[1]。盖道理,古今之道理;政事,国家之政事,务须求是乃已。我两人皆置之度外,非求伸我也,非求胜人也,何让人之有?只是平心易气,为辨家第一法。才声高色厉,便是没涵养。

①便便言:即明辨,虽辩而敬谨。语出《论语·乡党》。

五月缫丝，正为寒时用；八月绩麻，正为暑时用；平日涵养，正为临时用。若临时不能驾御气质、张主物欲，平日而曰"我涵养"，吾不信也。夫涵养工夫岂为涵养时用哉？故马蹶而后求辔，不如操持之有常；辐拆而后为轮，不如约束之有素。其备之也若迂，正为有时而用也。

肤浅之见，偏执之说，傍经据传，也近一种道理，究竟到精处，都是浮说诐辞[①]。所以知言必须胸中有一副极准秤尺，又须在堂上，而后人始从。不然，穷年聚讼，其谁主持耶？

①诐辞：偏颇的话。

纤芥，众人能见，置纤芥于百里外，非骊龙不能见[①]；疑似，贤人能辨，精义而至入神，非圣人不能辨。夫以圣人之辨语贤人，且滋其惑，况众人乎？是故微言不入世人之耳。

①骊龙：黑色的龙。

理直而出之以婉，善言也，善道也。

因之一字妙不可言。因利者无一钱之费，因害者无一力之劳，因情者无一念之拂，因言者无一语之争。或曰："不几于徇乎？"曰："此转人而徇我者也。"或曰："不几于术乎？"曰："此因势而利导者也。"故惟圣人善用因，智者善用因。

处世常过厚无害，惟为公持法则不可。

天下之物，纡徐柔和者多长，迫切躁急者多短。故烈风骤雨无崇朝之威[①]，暴涨狂澜无三日之势，催拍促调非百板之声，疾策紧衔非千里之辔。人生寿夭祸福无一不然，褊急者可以思矣。

①崇朝：指从黎明到早饭这一时段。喻时间短暂。《诗经·卫风·河广》："谁谓宋远，曾不崇朝。"

干天下事无以期限自宽。事有不测，时有不给，常有馀于期限之内，有多少受用处！

将事而能弭，当事而能救，既事而能挽，此之谓达权，此之谓才；未事而知其来，始事而要其终，定事而知其变，此之谓长虑，此之谓识。

凡祸患，以安乐生，以忧勤免；以奢肆生，以谨约免；以觖望生，以知足免；以多事生，以慎动免。

任难任之事，要有力而无气；处难处之人，要有知而无言。

撼大摧坚，要徐徐下手，久久见功，默默留意。攘臂极力，一犯手自家先败。

昏暗难谕之识，优柔不断之性，刚愎自是之心，皆不可与谋天下之事。智者一见即透，练者触类而通，困者熟思而得。三者之所长，谋事之资也，奈之何其自用也？

事必要其所终，虑必防其所至。若见眼前快意便了，此最无识。故事有当怒而君子不怒，当喜而君子不喜，当为而君子不为，当已而君子不已者。众人知其一，君子知其他也。

柔而从人于恶，不若直而挽人于善；直而挽人于善，不若柔而挽人于善之为妙也。

激之以理法，则未至于恶也，而奋然为恶；愧之以情好，则本不徙义也，而奋然向义。此游说者所当知也。

善处世者，要得人自然之情。得人自然之情，则何所不得？失人自然之情，则何所不失？不惟帝王为然，虽二人同行，亦离此道不得。

“察言观色，度德量力”，此八字处世处人一时少不得底。

人有言不能达意者，有其状非其本心者，有其言貌诬其本心者。君子观人，与其过察而诬人之心，宁过恕以逃人之情。

人情，天下古今所同，圣人防其肆，特为之立中以的之。故立法不可太极，制礼不可太严，责人不可太尽，然后可以同归于道。不然，是驱之使畔也。

天下之事，有速而迫之者，有迟而耐之者，有勇而劫之者，有柔而折之者，有愤而激之者，有喻而悟之者，有奖而歆之者，有甚而淡之者，有顺而缓之者，有积诚而感之者，要在相机因时，舛施未有不败者也。

论眼前事，就要说眼前处置，无追既往，无道远图，此等语虽精，无裨见在也。

我益智，人益愚；我益巧，人益拙。何者？相去之远而相责之深也。惟有道者，智能谅人之愚，巧能容人之拙，知分量不相及，而人各有能不能也。

天下之事，只定了便无事。物无定主而争，言无定见而争，事无定体而争。

至人无好恶，圣人公好恶，众人随好恶，小人作好恶。

仆隶下人昏愚者多，而理会人意，动必有合，又千万人不一二也。居上者往往以我责之，不合则艴然怒，甚者继以鞭笞，则彼愈惶惑而错乱愈甚。是我之过大于彼也，彼不明而我当明也，彼无能事上而我无量容下也，彼无心之失而我有心之恶也。若忍性平气，指使而面命之，是两益也。彼我无苦而事有济，不亦可乎？《诗》曰："匪怒伊教[①]。"《书》曰："无忿疾于顽[②]。"此学者涵养气质第一要务也。

①匪怒伊教：语出《诗经·鲁颂·泮水》。　②无忿疾于顽：语出《尚书·君陈》。

或问："士大夫交际，礼与？"曰："礼也。古者，睦邻国有享礼，有私觌[①]。士大夫相见各有所贽[②]，乡党亦然，妇人亦然，何可废也？”曰：“近者严禁之，何也？”曰：“非禁交际，禁以交际行贿赂者也。夫无缘而交，无处而馈，其馈也过情，谓之贿可也。岂惟严禁，即不禁，君子不受焉。乃若宿在交知，情犹骨肉，数年不见，一饭不相留，人情乎？数千里来，一揖而告别，人情乎？则彼有馈遗，我有赠送，皆天理人情之不可已者也。士君子立身行己，自有法度，绝人逃世，情所不安。余谓秉大政者贵持平，不贵一切。持平则有节，一切则愈溃，何者？势不能也。”

①私觌：以私人身份相见。　②贽：初次见面时所送的礼品。

古人爱人之意多，今日恶人之意多。爱人，故人易于改过，而视我也常亲，我之教常易行；恶人，故人甘于自弃，而视我也常仇，我之言益不入。

观一叶而知树之死生，观一面而知人之病否，观一言而知识之是非，观一事而知心之邪正。

论理要精详，论事要剀切，论人须带二三分浑厚。若切中人情，人必难堪。故君子不尽人之情，不尽人之过，非直远祸，亦以留人掩饰之路，触人悔悟之机，养人体面之馀，亦天地涵蓄之气也。

“父母在难，盗能为我救之，感乎？”曰：“此不世之恩也，何可以弗感？”“设当用人之权，此人求用，可荐之乎？”曰：“何可荐也？天命有德，帝王之公典也，我何敢以私恩奸之？”“设当理刑之职，此人在狱，可纵之乎？”曰：“何可纵也？天讨有罪，天下之公法也，我何敢以私恩骩之？[①]”曰：“何以报之？”曰：“用吾身时，为之死可也；用吾家时，为之破可也。其他患难与之共可也。”

①骩：枉曲。

凡有横逆来侵，先思所以取之之故，即思所以处之之法，不可便动气。两个动气，一对小人，一般受祸。

喜奉承是个愚障。彼之甘言卑辞、隆礼过情，冀得其所欲，而免其可罪也。而我喜之感之，遂其不当得之欲，而免其不可已之罪，以自蹈于废公党恶之大咎，以自犯于难事易悦之小人。是奉承人者智巧，而喜奉承者愚也。乃以为相沿旧规，责望于贤者，遂以不奉承恨之，甚者罗织而害之，其获罪国法圣训深矣。此居要路者之大戒也。虽然，奉承人者未尝不愚也。使其所奉承而小人也则可，果君子也，彼未尝不以此观人品也。

疑心最害事。二则疑，不二则不疑。然则圣人无疑乎？曰：“圣人只认得一个理，因理以思，顺理以行，何疑之有？贤人有疑，惑于理也；众人多疑，惑于情也。”或曰：“不疑而为人所欺，奈何？”曰：“学到不疑时自然能先觉。况不疑之学，至诚之学也，狡伪亦不忍欺矣。”

以时势低昂理者，众人也；以理低昂时势者，贤人也；惟理是视，无所低昂者，圣人也。

贫贱以傲为德，富贵以谦为德，皆贤人之见耳。圣人只看理当何如，富贵贫贱除外算。

成心者，见成之心也。圣人胸中洞然清虚，无个见成念头，故曰绝四①。今人应事宰物都是成心，纵使聪明照得破，毕竟是意见障。

①绝四：谓去意、必、固、我四者也。《论语·子罕》："子绝四：毋意、毋必、毋固、毋我。"

凡听言，先要知言者人品，又要知言者意向，又要知言者识见，又要知言者气质，则听不爽矣。

不须犯一口说，不须着一意念，只恁真真诚诚行将去，久则自有不言之信，默成之孚。薰之善良，遍为尔德者矣。碱蓬生于碱地，燃之可碱；盐蓬生于盐地，燃之可盐。

世人相与，非面上则口中也。人之心固不能掩于面与口，而不可测者则不尽于面与口也。故惟人心最可畏，人心最不可知。此天下之陷阱，而古今生死之衢也。余有一拙法，推之以至诚，施之以至厚，持之以至慎，远是非，让利名，处后下，则夷狄鸟兽可骨肉而腹心矣。将令深者且倾心，险者且化德，而何陷阱之予及哉？不然，必予道之未尽也。

处世只一“恕”字①,可谓以己及人,视人犹己矣。然有不足以尽者。天下之事,有己所不欲而人欲者,有己所欲而人不欲者。这里还须理会,有无限妙处。

①“处世”句:《论语·卫灵公》:“子贡问曰:‘有一言而可以终身行之者乎?’子曰‘其恕乎?己所不欲,勿施于人。’”

宁开怨府,无开恩窦。怨府难充,而恩窦易扩也;怨府易闭,而恩窦难塞也。闭怨府为福,而塞恩窦为祸也。怨府一仁者能闭之,恩窦非仁、义、礼、智、信备不能塞也。仁者布大德,不干小誉;义者能果断,不为姑息;礼者有等差节文,不一切以苦人情;智者有权宜运用,不张皇以骇闻听;信者素孚人,举措不生众疑,缺一必无全计矣。

君子与小人共事必败,君子与君子共事亦未必无败,何者?意见不同也。今有仁者、义者、礼者、智者、信者五人焉,而共一事,五相济则事无不成,五有主则事无不败。仁者欲宽,义者欲严,智者欲巧,信者欲实,礼者欲文,事胡以成?此无他,自是之心胜,而相持之势均也。历观往事,每有以意见相争至亡人国家,酿成祸变而不顾。君子之罪大矣哉!然则何如?曰:势不可均。势均则不相下,势均则无忌惮而行其胸臆。三军之事,卒伍献计,偏裨谋事,主将断一,何意见之敢争?然则善天下之事,亦在乎通者当权而已。

万弊都有个由来,只救枝叶,成得甚事?

与小人处,一分计较不得,须要放宽一步。

处天下事,只消得“安详”二字。虽兵贵神速,也须从此二字做出。然安详非迟缓之谓也,从容详审,养奋发于凝定之中耳。是故不闲则不忙,不逸则不劳。若先怠缓,则后必急躁,是事之殃也。十行九悔,岂得谓之安详?

果决人似忙,心中常有馀闲;因循人似闲,心中常有馀累。君子应事接物,常赢得心中有从容闲暇时便好。若应酬时劳扰,不应酬时牵挂,极是吃累的。

为善而偏于所向,亦是病。圣人之为善,度德量力,审势顺时,且如发棠不劝①,非忍万民之死也,时势不可也。若认煞民穷可悲,而枉己徇人,便是欲矣。

①发棠:棠,齐邑。孟子曾劝齐王发棠邑之仓以赈贫穷。事见《孟子·尽心下》。

分明不动声色,济之有馀,却露许多痕迹,费许大张皇,最是拙工。

天下有两可之事,非义精者不能择。若到精处,毕竟止有一可耳。

圣人处事,有变易无方底,有执极不变底,有一事而所处不同底,有殊事而所处一致底,惟其可而已。自古圣人,适当其可者,尧、舜、禹、文、周、孔数圣人而已。当可而又无迹,此之谓至圣。

圣人处事,如日月之四照,随物为影;如水之四流,随地成形,己不与也。

使气最害事,使心最害理,君子临事平心易气。

昧者知其一不知其二,见其所见而不见其所不见,故于事鲜克有济[①]。惟智者能柔能刚,能圆能方,能存能亡,能显能藏,举世惧且疑,而彼确然为之,卒如所料者,见先定也。

①鲜克有济:意为很少有帮助。鲜,少。克,能。济,益。

字到不择笔处,文到不修句处,话到不检口处,事到不苦心处,皆谓之自得。自得者,与天遇。

无用之朴,君子不贵。虽不事机械变诈,至于德慧术知,亦不可无。

神清人无忽语,机活人无痴事。

非谋之难,而断之难也。谋者尽事物之理,达时势之宜,意见所到,不患其不精也。然众精集而两可,断斯难矣。故谋者较尺寸,断者较毫厘;谋者见一方至尽,断者会八方取中。故贤者皆可与谋,而断非圣人不能也。

人情不便处,便要回避。彼虽难于言,而心厌苦之,此慧者之所必觉也。是以君子体悉人情。悉者,委曲周至之谓也。恤其私,济其愿,成其名,泯其迹,体悉之至也,感人沦于心骨矣。故察言观色者,学之粗也;达情会意者,学之精也。

天下事只怕认不真,故依违观望,看人言为行止。认得真时,则有不敢从之君亲,更那管一国非之,天下非之。若作事先怕人议论,做到中间一被谤诽,消然中止,这不止无定力,且是无定见。民各有心,岂得人人识见与我相同?民心至愚,岂得人人意思与我相信?是以作事君子要见事后功业,休恤事前议论,事成后众论自息。即万一不成,而我所为者,合下便是当为也,论不得成败。

审势量力,固智者事,然理所当为,而值可为之地,圣人必做一番,计不得成败。如围成不克[①],何损于举动,竟是成当堕耳。孔子为政于卫,定要下手正名[②]。便正不来,去卫也得,只事这个事,定姑息不过。今人做事只计成败,都是利害心害了是非之公。

①围成不克:事见《左传·定公十二年》。成,成城,地名。是年,孔子使仲由为季氏宰,将攻占三都,郈、费已被攻下。公敛处父对孟孙说,如攻成,齐人必至于北门;且成是孟氏的屏障,无成即无孟氏。劝他不要攻成。故围成而不克。 ②"孔子"二句:《论语·子路》记子路问孔子:"卫君待子而为政,子将奚先?"孔子答曰:"必也正名乎!"

或问:"虑以下人,是应得下他不?"曰:"若应得下他,如子弟之下父兄，这何足道？然亦不是卑谄而徇人以非礼之恭，只是无分毫上人之心，把上一著，前一步，尽着别人占。天地间惟有下面底最宽，后面底最长。”

士君子在朝则论政，在野则论俗，在庙则论祭礼，在丧则论丧礼，在边圉则论战守。非其地也，谓之羡谈。

处天下事，前面常长出一分，此之谓豫；后面常馀出一分，此之谓裕。如此则事无不济，而心有馀乐。若扣杀分数做去，必有后悔处。人亦然，施在我，有馀之恩则可以广德；留在人，不尽之情则可以全好。

非首任，非独任，不可为祸福先。福始祸端，皆危道也。士君子当大事时，先人而任，当知“慎果”二字[①]；从人而行，当知“明哲”二字[②]。明哲非避难也，无裨于事而只自没耳。

①慎果：慎重，果毅。　②明哲：指明智，洞察事理。《尚书·说命上》：“知之曰明哲，明哲实作则。”

养态，士大夫之陋习也。古之君子养德，德成而见诸外者有德容。见可怒，则有刚正之德容；见可行，则有果毅之德容。当言，则终日不虚口，不害其为默；当刑，则不宥小故，不害其为量。今之人，士大夫以宽厚浑涵为盛德，以任事敢言为性气，销磨忧国济时者之志，使之就文法，走俗状，而一无所展布。嗟夫！治平之世宜尔，万一多故，不知张眉吐胆、奋身前步者谁也？此前代之覆辙也。

处事先求大体,居官先厚民风。

临义莫计利害,论人莫计成败。

一人覆屋以瓦,一人覆屋以茅,谓覆瓦者曰:“子之费十倍予,然而蔽风雨一也。”覆瓦者曰:“茅十年腐,而瓦百年不碎,子百年十更,而多以工力之费、屡变之劳也。”嗟夫!天下之患莫大于有坚久之费,贻屡变之劳,是之谓工无用、害有益。天下之愚,亦莫大于狃朝夕之近,忘久远之安,是之谓欲速成、见小利。是故朴素浑坚,圣人制物利用之道也。彼好文者,惟朴素之耻而靡丽夫易败之物,不智甚矣。或曰:“靡丽其浑坚者可乎?”曰:“既浑坚矣,靡丽奚为?苟以靡丽之费而为浑坚之资,岂不尤浑坚哉?是故君子作有益,则轻千金;作无益,则惜一介。假令无一介之费,君子亦不作无益,何也?不敢以耳目之玩,启天下民穷财尽之祸也。”

遇事不妨详问、广问,但不可有偏主心。

轻言骤发,听言之大戒也。

君子处事,主之以镇静有主之心,运之以圆活不拘之用,养之以从容敦大之度,循之以推行有渐之序,待之以序尽必至之效,又未尝有心勤效远之悔。今人临事,才去安排,又不耐踌躅,草率含糊,与事拂乱,岂无幸成?竟不成个处事之道。

君子与人共事,当公人己而不私。苟事之成,不必功之出自我也;不幸而败,不必咎之归诸人也。

有当然,有自然,有偶然。君子尽其当然,听其自然,而不惑于偶然;小人泥于偶然,拂其自然,而弃其当然。噫!偶然不可得,并其当然者失之,可哀也。

不为外撼,不以物移,而后可以任天下之大事。彼悦之则悦,怒之则怒,浅衷狭量,粗心浮气,妇人孺子能笑之,而欲有所树立,难矣。何也?其所以待用者无具也。

“明白简易”,此四字可行之终身。役心机,扰事端,是自投剧网也。

水之流行也,碍于刚,则求通于柔;智者之于事也,碍于此,则求通于彼。执碍以求通,则愚之甚也,徒劳而事不济。

计天下大事,只在紧要处一着留心用力,别个都顾不得。譬之弈棋,只在输赢上留心,一马一卒之失浑不放在心下。若观者以此预计其高低,弈者以此预乱其心目,便不济事。况善筹者以与为取,以丧为得;善弈者饵之使吞,诱之使进,此岂寻常识见所能策哉?乃见其小失而遽沮挠之,摈斥之,英雄豪杰可为窃笑矣,可为恸惋矣。

夫势,智者之所藉以成功,愚者之所逆以取败者也。夫势之盛也,天地圣人不能裁;势之衰也,天地圣人不能振,亦因之而已。因之中寓处之权,此善用势者也,乃所以裁之振之也。

士君子抱经世之具，必先知五用。五用之道未得，而漫尝试之，此小丈夫技痒、童心之所为也，事必不济。是故贵择人。不择可与共事之人，则不既厥心，不堪其任。或以虚文相欺，或以意见相倾，譬以玉杯付小儿，而奔走于崎岖之峰也。是故贵达时。时者，成事之期也。机有可乘，会有可际，不先不后，则其道易行。不达于时，譬投种于坚冻之候也。是故贵审势。势者，成事之藉也。登高而招，顺风而呼，不劳不费，而其功易就。不审于势，譬行舟于平陆之地也。是故贵慎发。左盼右望，长虑却顾，实见得利矣，又思其害，实见得成矣，又虑其败，万无可虞则执极而不变。不慎所发，譬夜射仪的也。是故贵宜物。夫事有当蹈常袭故者，有当改弦易辙者，有当兴废举坠者，有当救偏补敝者，有以小弃大而卒以成其大者，有理屈于势而不害其为理者，有当三令五申者，有当不动声色者。不宜于物，譬苗莠兼存，而玉石俱焚也。嗟夫！非有其具之难，而用其具者之难也。

腐儒之迂说，曲士之拘谈，俗子之庸识，躁人之浅见，谲者之异言，憸夫之邪语，皆事之贼也，谋断家之所忌也。

智者之于事，有言之而不行者，有所言非所行者，有先言而后行者，有先行而后言者，有行之既成而始终不言其故者。要亦为国家深远之虑，而求以必济而已。

善用力者就力，善用势者就势，善用智者就智，善用财者就财，夫是之谓乘。乘者，知几之谓也。失其所乘，则倍劳而功不就；得其所乘，则与物无忤，于我无困，而天下享其利。

凡酌量天下大事，全要个融通周密，忧深虑远。营室者之正方面也，远视近视，曰有近视正而远视不正者；较长较短，曰有准于短而不准于长者；应上应下，曰有合于上而不合于下者；顾左顾右，曰有协于左而不协于右者。既而远近长短上下左右之皆宜也，然后执绳墨、运木石、鸠器用，以定万世不拔之基。今之处天下事者，粗心浮气，浅见薄识，得其一方而固执以求胜。以此图久大之业，为治安之计，难矣。

字经三书，未可遽真也；言传三口，未可遽信也。

巧者，气化之贼也，万物之祸也，心术之蠹也，财用之灾也，君子不贵焉。

君子之处事有真见矣，不遽行也，又验众见，察众情，协诸理而协，协诸众情、众见而协，则断以必行；果理当然，而众情、众见之不协也，又委曲以行吾理。既不贬理，又不骇人，此之谓理术。噫！惟圣人者能之，猎较之类是也[1]。

①猎较：古代风俗，打猎时争夺猎物，所得用以祭祀。《孟子·万章下》："鲁人猎较，孔子亦猎较。"

干天下大事非气不济。然气欲藏，不欲露；欲抑，不欲扬。掀天揭地事业不动声色，不惊耳目，做得停停妥妥，此为第一妙手，便是入神。譬之天地当春夏之时，发育万物，何等盛大流行之气！然视之不见，听之不闻，岂无风雨雷霆，亦只时发间出，不显匠作万物之迹，这才是化工。

疏于料事而拙于谋身,明哲者之所惧也。

实处着脚,稳处下手。

姑息依恋,是处人大病痛,当义处,虽处骨肉亦要果断;卤莽径直,是处事大病痛,当紧要处,虽细微亦要检点。

正直之人能任天下之事。其才、其守,小事自可见。若说小事且放过,大事到手才见担当,这便是饰说,到大事定然也放过了。松柏生,小便直,未有始曲而终直者也。若用权变时另有较量,又是一副当说话。

无损损,无益益,无通通,无塞塞,此调天地之道,理人物之宜也。然人君自奉无嫌于损损,于百姓无嫌于益益;君子扩理路无嫌于通通,杜欲窦无嫌于塞塞。

事物之理有定,而人情意见千岐万径,吾得其定者而行之,即形迹可疑,心事难白,亦付之无可奈何。若惴惴畏讥,琐琐自明,岂能家置一喙哉?且人不我信,辩之何益?人若我信,何事于辩?若事有关涉,则不当以缄默妨大计。

处人、处己、处事都要有馀,无馀便无救性,此里甚难言。

悔前莫如慎始,悔后莫如改图,徒悔无益也。

居乡而囿于数十里之见,硁硁然守之也[①],百攻不破,及游大都,见千里之事,茫然自失矣。居今而囿于千万人之见,硁硁然守之也,百攻不破,及观坟、典,见千万年之事,茫然自失矣。是故囿见不可狃,狃则狭,狭则不足以善天下之事。

①硁硁然:固执貌。

事出于意外,虽智者亦穷,不可以苛责也。

天下之祸多隐成而卒至,或偶激而遂成。隐成者贵预防,偶激者贵坚忍。

当事有四要:际畔要果决,怕是绵;执持要坚耐,怕是脆;机括要深沉,怕是浅;应变要机警,怕是迟。

君子动大事,十利而无一害,其举之也,必矣。然天下无十利之事,不得已而权其分数之多寡,利七而害三,则吾全其利而防其害。又较其事势之轻重,亦有九害而一利者为之,所利重而所害轻也,所利急而所害缓也,所利难得而所害可救也,所利久远而所害一时也。此不可与浅见薄识者道。

当需莫厌久,久时与得时相邻。若愤其久也而决绝之,是不能忍于斯须,而甘弃前劳,坐失后得也。此从事者之大戒也。若看得事体审,便不必需,即需之久,亦当速去。

朝三暮四[①],用术者诚诈矣。人情之极致,有以朝三暮四为便者,有以朝四暮三为便者,要在当其所急。猿非愚,其中必有所当也。

①朝三暮四:典出《庄子·齐物论》:“狙公赋芧,曰:‘朝三而暮四。’众狙皆怒。曰:‘然则朝四而暮三。’众狙皆悦。”赋,给与;芧,橡子。

天下之祸非偶然而成也,有辏合,有搏激,有积渐。辏合者,杂而不可解,在天为风雨雷电,在身为多过,在人为朋奸,在事为众恶遭会,在病为风寒暑湿,合而成痹。搏激者,勇而不可御,在天为迅雷大雹,在身为忿狠,在人为横逆卒加,在事为骤感成凶,在病为中寒暴厥。积渐者,极重而不可反,在天为寒暑之序,在身为罪恶贯盈,在人为包藏待逞,在事为大敝极坏,在病为血气衰羸、痰火蕴郁,奄奄不可支。此三成者,理势之自然,天地万物皆不能外,祸福之来,恒必由之。故君子为善,则藉众美而防错履之多,奋志节而戒一朝之怒,体道以终身,孜孜不倦,而绝不可长之欲。

再之略,不如一之详也;一之详,不如再之详也,再详无后忧矣。

有馀,当事之妙道也。故万无可虑之事备十一,难事备百一,大事备千一,不测之事备万一。

在我有馀,则足以当天下之感,以不足当感,未有不困者。识有馀,理感而即透;才有馀,事感而即办;力有馀,任感而即胜;气有馀,变感而不震;身有馀,内外感而不病。

语之不从，争之愈勍[①]，名之乃惊。不语不争，无所事名，忽忽冥冥，吾事已成，彼亦懵懵。昔人谓不动声色而措天下于泰山[②]，予以为动声色则不能措天下于泰山矣。故曰："默而成之，不言而信，存乎德行"[③]。

①勍：强。　②"不动声色"句：语出欧阳修《相州昼锦堂记》。　③"默而成之"三句：见《周易·系辞上》。

天下之事，在意外者常多。众人见得眼前无事都放下心，明哲之士只在意外做工夫，故每万全而无后忧。

不以外至者为荣辱，极有受用处，然须是里面分数足始得。今人见人敬慢，辄有喜愠，心皆外重者也。此迷不破，胸中冰炭一生。

有一介必吝者，有千金可轻者，而世之论取与，动曰所直几何？此乱语耳。

才犹兵也，用之伐罪吊民，则为仁义之师；用之暴寡凌弱，则为劫夺之盗。是故君子非无才之患，患不善用才耳。故惟有德者能用才。

藏莫大之害，而以小利中其意；藏莫大之利，而以小害疑其心。此愚者之所必堕，而智者之所独觉也。

今人见前辈先达作事不自振拔，辄生叹恨，不知渠当我时也会叹恨人否？我当渠时能免后人叹恨否？事不到手，责人尽易，待君到手时，事事努力，不轻放过便好。只任哓哓责人，他日纵无可叹恨，今日亦浮薄子也。

区区与人较是非，其量与所较之人相去几何？

无识见底人，难与说话；偏识见底人，更难与说话。

两君子无争，相让故也；一君子一小人无争，有容故也；争者，两小人也。有识者奈何自处于小人？即得之未必荣，而况无益于得以博小人之名，又小人而愚者。

方严是处人大病痛。圣贤处世离一温厚不得，故曰泛爱众①，曰和而不同②，曰和而不流③，曰群而不党④，曰周而不比⑤，曰爱人⑥，曰慈祥⑦，曰岂弟⑧，曰乐只⑨，曰亲民⑩，曰容众，曰万物一体，曰天下一家，中国一人。只乖踽踽凉凉冷落难亲，便是世上一个碍物。即使持正守方，独立不苟，亦非用世之才，只是一节狷介之士耳。

①泛爱众：博爱群众。《论语·学而》："子曰：'弟子入则孝，出则弟，谨而信，泛爱众而亲仁，行有余力，则以学文。'" ②和而不同：和谐而不相同。《论语·子路》："君子和而不同，小人同而不和。" ③和而不流：《礼记·中庸》："故君子和而不流，强哉矫。"意谓性行和合而不流移。 ④群而不党：意谓和群而无偏袒。《论语·卫灵公》："子曰：'君子矜而不争，群而不党。'" ⑤周而不比：意谓君子普遍厚待人们，而不偏袒阿私。《论语·为政》："子曰：'君子周而不比，小人比而不

周。'"　⑥爱人:《论语·颜渊》:"樊迟问仁。子曰:'爱人。'"　⑦慈祥:《仪礼·士相见礼》:"与众言忠信慈祥。"　⑧岂弟:岂,和乐;弟,平易。《诗经·小雅·蓼萧》:"既见君子,孔燕岂弟。"　⑨乐只:《诗经·周南·樛木》:"乐只君子,福履绥之。"乐只君子,犹言"乐其君子"。⑩亲民:《礼记·大学》:"大学之道,在明明德,在亲民,在止于至善。"

谋天下后世事,最不可草草,当深思远虑。众人之识,天下所同也,浅昧而狃于目前。其次有众人看得一半者,其次豪杰之士与练达之人得其大概者,其次精识之人有旷世独得之见者,其次经纶措置当时不动声色,后世不能变易者。至此则精矣,尽矣,无以复加矣,此之谓大智,此之谓真才。若偶得之见,借听之言,翘能自喜而攘臂直言天下事,此老成者之所哀,而深沉者之所惧也。

而今只一个"苟"字支吾世界,万事安得不废弛?

天下事要乘势待时,譬之决痈,待其将溃,则病者不苦而痈自愈。若虺蝮毒人,虽即砭手断臂,犹迟也。

饭休不嚼就咽,路休不看就走,人休不择就交,话休不想就说,事休不思就做。

参苓归芪,本益人也,而与身无当,反以益病;亲厚恳切,本爱人也,而与人无当,反以速祸。故君子慎焉。

两相磨荡,有皆损无俱全,特大小久近耳。利刃终日断割,必有缺折之时;砥石终日磨砻,亦有亏消之渐。故君子不欲敌人以自全也。

见前面之千里,不若见背后之一寸。故达观非难,而反观为难;见见非难,而见不见为难。此举世之所迷,而智者之独觉也。

誉既汝归,毁将安辞?利既汝归,害将安辞?巧既汝归,罪将安辞?

上士会意,故体人也以意,观人也亦以意。意之感人也深于骨肉,意之杀人也毒于斧钺。鸥鸟知渔父之机[①],会意也,可以人而不如鸥乎?至于征色发声而不观察,则又在色斯举矣之下[②]。

①"鸥鸟"句:《列子·黄帝》:"海上之人有好沤鸟者,每旦之海上,从沤鸟游。沤鸟之至者,百住而不止。其父曰:'吾闻沤鸟皆从汝游,汝取来,吾玩之。'明日之海上,沤鸟舞而不下也。" ②色斯举矣:言鸟见人颜色不善,则飞去。《论语·乡党》:"色斯举矣,翔而后集。"

士君子要任天下国家事,先把本身除外。所以说策名委质[①],言自策名之后身已非我有矣,况富贵乎?若营营于富贵身家,却是社稷苍生委质于我也,君之贼臣乎?天之僇民乎[②]?

①策名委质:语出《左传·僖公二十三年》。言出仕为人臣,身已非

我所有。孔颖达云:“策,简策也。质,形体也。古之仕者,于所臣之人书己名于策,以明系属之也。拜则屈膝委身体于地,以明敬奉之也。”
②僇民:罪人。

圣贤之量空阔,事到胸中如一叶之泛沧海。

圣贤处天下事,委曲纡徐,不轻徇一己之情,以违天下之欲,以破天下之防。是故道有不当直,事有不必果者,此类是也。譬之行道然,循曲从远,顺其成迹,而不敢以欲速适己之便者,势不可也。若必欲简捷直遂,则两京程途正以绳墨,破城除邑,塞河夷山,终有数百里之近矣,而人情事势不可也。是以处事要逊以出之,而学者接物怕径情直行。

热闹中空老了多少豪杰,闲淡滋味惟圣贤尝得出,及当热闹时也只以这闲淡心应之。天下万事万物之理都是闲淡中求来,热闹处使用。是故静者动之母。

胸中无一毫欠缺,身上无一些点染,便是羲皇以上人①。即在夷狄患难中,何异玉烛春台上②?

①羲皇以上人:谓远古之人。 ②玉烛春台:指登眺游玩的胜地。玉烛,《尔雅·释天》:“四气和谓之玉烛。” 春台,《老子》:“众人熙熙,如享太平,如登春台。”

圣人掀天揭地事业只管做,只是不费力;除害去恶只管做,只是不动气;蹈险投艰只管做,只是不动心。

圣贤用刚，只够济那一件事便了；用明，只够得那件情便了，分外不剩分毫。所以作事无痕迹，甚浑厚，事既有成而亦无议。

圣人只有一种才，千通万贯，随事合宜。譬如富贵只积一种钱，贸易百货都得。众人之材如货，轻縠虽美，不可御寒；轻裘虽温，不可当暑。又养才要有根本，则随遇不穷；运才要有机括，故随感不滞；持才要有涵蓄，故随事不败。

坐疑似之迹者，百口不能自辨；狃一见之真者，百口难夺其执。此世之通患也。唯圣虚明通变，吻合人情，如人之肝肺在其腹中，既无遁情，亦无诬执。故人有感泣者，有愧服者，有欢悦者。故曰“惟圣人为能通天下之志”①。不能如圣人，先要个虚心。

①“惟圣人”句：《易·系辞上》：“是故圣人以通天下之志。”

圣人处小人不露形迹，中间自有得已处。高崖陡堑，直气壮颀，皆偏也。即不论取祸，近小丈夫矣。孟子见乐正子从王驩，何等深恶①！及处王驩，与行而不与比②，虽然，犹形迹矣。孔子处阳货只是个绐法③，处向魋只是个躲法④。

①“孟子”二句：《孟子·离娄上》：“孟子谓乐正子曰：‘子之从于子敖来，徒铺啜也。我不意子学古之道而以铺啜也。’”乐正子，鲁人，孟子弟子。子敖，即王驩，齐国大臣。铺啜，即饮食。　②“及处”二句：《孟子·公孙丑下》：言孟子与王驩同出吊于滕，朝暮相见，往返途中“未尝与

之言行事也”。表示出孟子对王的鄙夷。　③“孔子”句：《论语·阳货》记阳货劝孔子出仕，孔子虚以委蛇。　④“处向魋”句：《论语·述而》：“子曰：‘天生德于予，桓魋其如予何？’”《正义》引《史记·孔子世家》云宋司马桓魋(即向魋)欲杀孔子，弟子们请他躲避。

君子所得不同，故其所行亦异。有小人于此，仁者怜之，义者恶之，礼者处之不失体，智者处之不取祸，信者推诚以御之而不计利害，惟圣人处小人得当可之宜。

被发于乡邻之斗，岂是恶念头？但类于从井救人矣。圣贤不为善于性分之外。

仕途上只应酬，无益人事，工夫占了八分，更有甚精力时候修正经职业？我尝自喜行三种方便，甚于彼我有益：不面谒人，省其疲于应接；不轻寄书，省其困于裁答；不乞求人看顾，省其难于区处。

士君子终身应酬不止一事，全要将一个静定心，酌量缓急轻重为后先。若应轇轕情处纷杂事[①]，都是一味热忙，颠倒乱应，只此便不见存心定性之功，当事处物之法。

①轇轕：同“纠葛”。

儒者先要个不俗，才不俗又怕乖俗。圣人只是和人一般，中间自有妙处。

处天下事,先把“我”字阁起;千军万马中,先把“人”字阁起。

处毁誉,要有识有量。今之学者,尽有向上底,见世所誉而趋之,见世所毁而避之,只是识不定;闻誉我而喜,闻毁我而怒,只是量不广。真善恶在我,毁誉于我无分毫相干。

某平生只欲开口见心,不解作吞吐语。或曰:“恐非‘其难其慎’之义①。”予矍然惊谢曰:“公言甚是。但其难其慎在未言之前,心中择个是字才脱口,更不复疑,何吞吐之有?吞吐者,半明半暗,似于‘开诚心’三字碍。”

①其难其慎:《尚书·咸有一德》:“任言惟贤才,左右惟其人。臣为上为德,为下为民,其难其慎,惟和惟一。”难,难于任用;慎,慎于听察。所以防小人也。

接人要和中有介,处事要精中有果,认理要正中有通。

天下之事常鼓舞不见疲劳,一衰歇便难振举。是以君子提醒精神,不令昏眊;役使筋骨,不令怠惰,惧振举之难也。

实言、实行、实心,无不孚人之理。

当大事,要心神定,心气足。

世间无一处无拂意事,无一日无拂意事,惟度量宽弘有受用处，彼局量褊浅者空自懊恨耳。

听言之道，徐审为先，执不信之心与执必信之心，其失一也。惟圣人能先觉，其次莫如徐审。

君子之处事也，要我就事，不令事就我；其长民也，要我就民，不令民就我。

上智不悔，详于事先也；下愚不悔，迷于事后也。惟君子多悔。虽然，悔人事不悔天命，悔我不悔人。我无可悔，则天也、人也，听之矣。

某应酬时，有一大病痛，每于事前疏忽，事后点检，点检后辄悔吝；闲时慵懒，忙时迫急，迫急后辄差错。或曰："此失先后着耳。"肯把点检心放在事前，省得点检，又省得悔吝。肯把急迫心放在闲时，省得差错，又省得牵挂。大率我辈不是事累心，乃是心累心。一谨之不能，而谨无益之谨；一勤之不能，而勤无及之勤。于此心倍苦，而于事反不详焉，昏懦甚矣！书此以自让。

无谓人唯唯，遂以为是我也；无谓人默默，遂以为服我也，无谓人煦煦，遂以为爱我也；无谓人卑卑，遂以为恭我也。

事到手且莫急，便要缓缓想；想得时切莫缓，便要急急行。

我不能宁耐事，而令事如吾意，不则躁烦；我不能涵容人，而令人如吾意,不则谴怒。如是则终日无自在时矣,而事卒以偾,人卒以怨,我卒以损,此谓至愚。

有由衷之言,有由口之言;有根心之色,有浮面之色。各不同也,应之者贵审。

富贵,家之灾也;才能,身之殃也;声名,谤之媒也;欢乐,悲之藉也。故惟处顺境为难。只是常有惧心,退一步做,则免于祸。

语云:一错二误,最好理会。凡一错者必二误,盖错必悔怍,悔怍则心凝于所悔,不暇他思,又错一事。是以无心成一错,有心成二误也。礼节应对间最多此失。苟有错处,更宜镇定,不可忙乱,一忙乱则相因而错者无穷矣。

冲繁地,顽钝人,纷杂事,迟滞期,拂逆时,此中最好养火。若决裂愤激,悔不可言;耐得过时,有无限受用。

当繁迫事,使聋瞽人;值追逐时,骑瘦病马;对昏残烛,理烂乱丝,而能意念不躁,声色不动,亦不后事者,其才器吾诚服之矣。

义所当为,力所能为,心欲有为,而亲友挽得回,妻孥劝得止,只是无志。

妙处先定不得,口传不得,临事临时,相幾度势,或只须色意，或只须片言，或用疾雷，或用积阴，务在当可，不必彼觉，不必人惊，却要善持善发，一错便是死生关。

意主于爱，则诟骂扑击，皆所以亲之也；意主于恶，则奖誉绸缪，皆所以仇之也。

养定者，上交则恭而不迫，下交则泰而不忽，处亲则爱而不狎，处疏则真而不厌。

有进用，有退用，有虚用，有实用，有缓用，有骤用，有默用，有不用之用，此八用者，宰事之权也。而要之归于济义，不义，虽济，君子不贵也。

责人要含蓄，忌太尽；要委婉，忌太直；要疑似，忌太真。今子弟受父兄之责也，尚有所不堪，而况他人乎？孔子曰："忠告而善道之，不可则止"①。此语不止全交，亦可养气。

①"忠告"二句：语出《论语·颜渊》。指对待朋友，要忠心劝告和善意引导，如果不听从，也不可勉强。

祸莫大于不仇人而有仇人之辞色，耻莫大于不恩人而诈恩人之状态。

柔胜刚，讷止辩，让愧争，谦伏傲。是故退者得常倍，进者失常倍。

余少时曾泄当密之语,先君责之,对曰:“已戒闻者,使勿泄矣。”先君曰:“子不能必子之口,而能必人之口乎?且戒人与戒己孰难?小子慎之!”

中孚,妙之至也。格天动物不在形迹言语。事为之末,苟无诚以孚之,诸皆糟粕耳,徒勤无益于义。鸟抱卵曰孚,从爪从子,血气潜入,而子随母化,岂在声色?岂事造作?学者悟此,自不怨天尤人。

应万变,索万理,惟沉静者得之。是故水止则能照,衡定则能称。世亦有昏昏应酬而亦济事,梦梦谈道而亦有发明者,非资质高,则偶然合也,所不合者何限?

祸莫大于不体人之私而又苦之,仇莫深于不讳人之短而又讦之。

肯替别人想,是第一等学问。

不怕千日密,只愁一事疏。诚了再无疏处,小人掩著,徒劳尔心矣。譬之于物,一毫欠缺,久则自有欠缺承当时;譬之于身,一毫虚弱,久则自有虚弱承当时。

置其身于是非之外,而后可以折是非之中;置其身于利害之外,而后可以观利害之变。

余观察晋中,每升堂,首领官凡四人,先揖堂官,次分班对揖,将退,则余揖手,四人又一躬而行。一日,三人者以公出,一人在堂,偶忘对班之无人,又忽揖下,起,愧不可言,群吏忍口而笑。余揖手谓之曰:“有事不妨先退。”揖者退,其色顿平。昔余令大同日,县丞到任,余让笔揖手,丞他顾而失瞻,余面责簿吏曰:“奈何不以礼告新官?”丞愧谢,终公宴不解容,余甚悔之。偶此举能掩人过,可补前失矣。因识之以充忠厚之端云。

善用人底,是个人都用得;不善用人底,是个人用不得。

以多恶弃人,而以小失发端,是藉弃者以口实,而自取不韪之讥也。曾有一隶,怒挞人,余杖而恕之;又窃同舍钱,又杖而恕之,且戒之曰:“汝慎,三犯不汝容矣。”一日在燕,醉而寝。余既行矣,而呼之不至,既至,托疾,实醉也。余逐之出。语人曰:“余病不能从,遂逐我。”人曰:“某公有德器,乃以疾逐人耶?”不知余恶之也以积愆,而逐之也以小失,则余之拙也。虽然,彼藉口以自白,可为他日更主之先容,余拙何悔?

手段不可太阔,太阔则填塞难完;头绪不可太繁,太繁则照管不到。

得了真是非,才论公是非。而今是非不但捉风捕影,且无风无影,不知何处生来,妄听者遽信是实以定是非。曰:“我无私也。”噫!固无私矣,采苓止棘[①],暴公巷伯[②],孰为辩之?

①采苓:《诗经·唐风》篇名,《诗序》认为是刺晋献公听信谗言事。　止棘:《诗经·秦风·黄鸟》:“交交黄鸟,止于棘。”《诗序》以为秦人

哀三良殉葬而作。 ②暴公:《诗经·小雅·何人斯》,《诗序》以为:“苏公刺暴公也。暴公为卿士,而谮苏公焉。故苏公作是诗以绝之。” 巷伯:《诗经·小雅》篇名,寺人孟被谗受害而作。《诗序》认为刺幽王。

固可使之愧也,乃使之怨;固可使之悔也,乃使之怒;固可使之感也,乃使之恨,晓人当如是耶?

不要使人有过。

谦忍皆居尊之道,俭朴皆居富之道。故曰:卑不学恭,贫不学俭。

豪雄之气虽正多粗,只用他一分,便足济事,那九分都多了,反以偾事矣。

君子不受人不得已之情,不苦人不敢不从之事。

教人十六字:诱掖,奖劝,提撕,警觉,涵育,薰陶,鼓舞,兴作。

水激逆流,火激横发,人激乱作,君子慎其所以激者。愧之,则小人可使为君子;激之,则君子可使为小人。

事前忍易,正事忍难;正事悔易,事后悔难。

说尽有千说,是却无两是。故谈道者必要诸一是而后精,谋事者必定于一是而后济。

世间事各有恰好处，慎一分者得一分，忽一分者失一分，全慎全得，全忽全失。小事多忽，忽小则失大；易事多忽，忽易则失难。存心君子自得之体验中耳。

到一处问一处风俗，果不大害，相与循之，无与相忤。果于义有妨，或不言而默默转移，或婉言而徐徐感动，彼将不觉而同归于我矣。若疾言厉色，是己非人，是激也，自家取祸不惜，可惜好事做不成。

事有可以义起者，不必泥守旧例；有可以独断者，不必观望众人。若旧例当，众人是，莫非胸中道理而彼先得之者也，方喜旧例免吾劳，方喜众见印吾是，何可别生意见以作聪明哉？此继人之后者之所当知也。

善用明者，用之于暗；善用密者，用之于疏。

你说底是我便从，我不是从你，我自从是，何私之有？你说底不是我便不从，不是不从你，我自不从不是，何嫌之有？

日用酬酢，事事物物要合天理人情。所谓合者，如物之有底盖然，方者不与圆者合，大者不与小者合，欹者不与正者合。覆诸其上而不广不狭，旁视其隙而若有若无。一物有一物之合，不相苦窳；万物各有其合，不相假借。此之谓天则，此之谓大中，此之谓天下万事万物各得其所，而圣人之所以从容中，贤者之所以精一求，众人之所以醉心梦意、错行乱施者也。

事有不当为而为者，固不是；有不当悔而悔者，亦不是。圣贤终始无二心，只是见得定了。做时原不错，做后如何悔？即有凶咎，亦是做时便大拚如此。

心实不然，而迹实然，人执其然之迹，我辨其不然之心，虽百口，不相信也。故君子不示人以可疑之迹，不自诬其难辨之心。何者？正大之心，孚人有素，光明之行，无所掩覆也。倘有疑我者，任之而已，哓哓何为？

大丈夫看得生死最轻，所以不肯死者，将以求死所也。死得其所，则为善用死矣。成仁取义，死之所也，虽死贤于生也。

将祭而齐[①]，其思虑之不齐者，不惟恶念，就是善念也是不该动的。这三日里，时时刻刻只在那所祭者身上，更无别个想头，故曰精白一心。才一毫杂，便不是精白；才二，便不是一心。故君子平日无邪梦，齐日无杂梦。

①齐：通“斋”，即斋戒。

彰死友之过，此是第一不仁。生而告之也，望其能改，彼及闻之也，尚能自白；死而彰之，夫何为者？虽实过也，吾为掩之。

争利起于人各有欲，争言起于人各有见。惟君子以淡泊自处,以知能让人,胸中有无限快活处。

吃这一箸饭,是何人种获底?穿这一匹帛,是何人织染底?大厦高堂,如何该我住居?安车驷马,如何该我乘坐?获饱暖之休,思作者之劳;享尊荣之乐,思供者之苦,此士大夫日夜不可忘情者也。不然,其负斯世斯民多矣。

只大公了,便是包涵天下气象。

“定、静、安、虑、得”[1],此五字时时有,事事有,离了此五字便是孟浪做。

①定、静、安、虑、得:语出《大学》第一章:“知止而后有定,定而后能静,静而后能安,安而后能虑,虑而后能得。”

公人易,公己难;公己易,公己于人难;公己于人易,忘人己之界而不知我之为谁难。公人处人,能公者也;公己处己,亦公者也。至于公己于人,则不以我为嫌,时当贵我富我,泰然处之而不嫌于尊己;事当逸我利我,公然行之而不嫌于厉民。非富贵我,逸利我也。我者,天下之我也。天下名分纪纲于我乎寄,则我者,名分纪纲之具也,何嫌之有?此之谓公己于人,虽然,犹未能忘,其道未化也。圣人处富贵逸利之地,而忘其身;为天下劳苦卑困,而亦忘其身。非曰我分当然也,非曰我志欲然也。譬痛者之必呻吟,乐者之必谈笑,痒者之必爬搔,自然而已。譬蝉之鸣秋,鸡之啼晓,草木之荣枯,自然而已。夫如是,虽负之使灰其心,怒之使薄其意,不能也。况此分不尽，而此心少息乎？况人情未孚，而惟人是责乎？夫是之谓忘人己之界，而不知我之为谁。不知我之为谁，则亦不知人之为谁矣。不知人我之为谁，则六合混一，而太和元气塞于天地之间矣。必如是而后谓之仁。

才下手便想到究竟处。

理、势、数皆有自然。圣人不与自然斗，先之不敢干之，从之不敢迎之，待之不敢奈之，养之不敢强之。功在凝精，不撄其锋，妙在默成，不揭其名。夫是以理、势、数皆为我用，而相忘于不争。噫！非善济天下之事者，不足以语此。

心一气纯，可以格天动物，天下无不成之务矣。

握其机使自息，开其窍使自嗷，发其萌使自峥，提其纲使自张，此老氏之术乎？曰：非也。二帝三王御世之大法不过是也。解其所不得不动，投其所不得不好，示其所不得不避。天下固有抵死而惟吾意指者，操之有要而战掇其心故也[①]。化工无他术，亦只是如此。

①战掇：估量轻重。

对忧人勿乐，对哭人勿笑，对失意人勿矜。

“与禽兽奚择哉？于禽兽又何难焉[①]？”此是孟子大排遣。初爱敬人时，就安排这念头，再不生气。余因扩充排遣横逆之法，此外有十：一曰与小人处，进德之资也。彼侮愈甚，我忍愈坚，于我奚损哉？《诗》曰："他山之石，可以攻玉②。"二曰不遇小人，不足以验我之量。《书》曰："有容德乃大③。"三曰彼横逆者至于自反而忠，犹不得免焉，其人之顽悖甚矣，一与之校，必起祸端。兵法云："求而不得者，挑也无应。"四曰始爱敬矣，又自反而仁礼矣，又自反而忠矣。我理益直，我过益寡。其卒也乃不忍于一逞以掩旧善，而与彼分恶，智者不为。太史公曰："无弃前修而崇新过。"五曰是非之心，人皆有之。彼固自昧其天，而责我无已，公论自明，吾亦付之不辩。古人云："桃李不言，下自成蹊。"六曰自反无阙。彼欲难盈，安心以待之，缄口以听之，彼计必穷。兵志曰："不应不动，敌将自静。"七曰可避则避之，如太王之去邠④；可下则下之，如韩信之胯下⑤。古人云："身愈诎，道愈尊。"又曰："终身让畔，不失一段。"八曰付之天。天道有知，知我者其天乎？《诗》曰："投畀有昊⑥。"九曰委之命。人生相与，或顺或忤，或合或离，或疏之而亲，或厚之而疑，或偶遭而解，或久构而危。鲁平公将出而遇臧仓⑦，司马牛为弟子而有桓魋⑧，岂非命耶？十曰外宁必有内忧。小人侵陵则惧患防危，长虑却顾，而不敢侈然有肆心，则百祸潜消。孟子曰："出则无敌国外患者，国恒亡⑨。"三自反后，君子存心犹如此。彼爱人不亲、礼人不答而遽怒，与夫不爱人、不敬人而望人之爱敬己也，其去横逆能几何哉？

①"与禽兽"二句：语出《孟子·离娄下》。意谓无知者与禽兽没有什么不同，又何必跟他斤斤计较。　②"他山"二句：语出《诗经·小雅·鹤鸣》。　③有容德乃大：语出《尚书·君陈》。　④太王之去邠：太王，即古公亶父，周文王的祖父。因戎、狄族的威逼，遂率部落由邠（豳）

迁到岐山下的周,以后逐渐兴盛起来。　⑤韩信之胯下:韩信年少时不得志,曾受到市井无赖胯下之辱。事见《史记·淮阴侯列传》。　⑥投畀有昊:语出《诗经·小雅·巷伯》。　⑦"鲁平公"句:言平公将出见孟子,被嬖人臧仓以谗言阻止。事见《孟子·梁惠王下》。　⑧司马牛:孔子弟子,桓魋之弟。桓魋曾欲杀孔子。　⑨"出则"二句:语出《孟子·告子下》。

过责望人,亡身之念也。君子相与,要两有退心,不可两有进心。自反者,退心也。故刚两进则碎,柔两进则屈,万福皆生于退反。

施者不知,受者不知,诚动于天之南,而心通于海之北,是谓神应;我意才萌,彼意即觉,不俟出言,可以默会,是谓念应;我以目授之,彼以目受之,人皆不知,两人独觉,是谓不言之应;我固强之,彼固拂之,阳异而阴同,是谓不应之应。明乎此者,可以谈兵矣。

卑幼有过,慎其所以责让之者:对众不责,愧悔不责,暮夜不责,正饮食不责,正欢庆不责,正悲忧不责,疾病不责。

举世之议论有五:求之天理而顺,即之人情而安,可揆圣贤,可质神明,而不必于天下所同,曰公论。情有所便,意有所拂,逞辩博以济其一偏之说,曰私论。心无私曲,气甚豪雄,不察事之虚实、势之难易、理之可否,执一隅之见,狃时俗之习,既不正大,又不精明,蝇哄蛙嗷,通国成一家之说,而不可与圣贤平正通达之识,曰妄论。造伪投奸,譊訾诡秘,为不根之言,播众人之耳，千口成公，久传成实，卒使夷由为跻跖[①]，曰诬论。称人之善，胸无秤尺，惑于小廉曲谨，感其煦意象恭[②]，喜一激之义气，悦一霎之道言，不观大节，不较生平，不举全体，不要永终，而遽许之，曰无识之论。呜呼！议论之难也久矣，听之者可弗察与？

①夷由跻跖：即伯夷、许由和庄跻、盗跖。前二人是古代著名的隐士、贤人；后二人是古代出名的大盗。　②象恭：貌似恭敬。语出《尚书·尧典》："象恭滔天。"

简静沉默之人，发用出来不可当。故停蓄之水一决不可御也，蛰处之物其毒不可当也，潜伏之兽一猛不可禁也。轻泄骤举，暴雨疾风耳，智者不惧焉。

平居无事之时，则丈夫不可绳以妇人之守也；及其临难守死，则当与贞女烈妇比节。接人处众之际，则君子未尝示人以廉隅之迹也；及其任道徙义，则当与壮士健卒争勇。

祸之成也必有渐，其激也奋于积。智者于其渐也绝之，于其积也消之，甚则决之。决之必须妙手，譬之疡然，郁而内溃，不如外决；成而后决，不如早散。

涵养不定的，恶言到耳先思驭气，气平再没错的。一不平，饶你做得是，也带著五分过失在。

疾言遽色、厉声怒气，原无用处。万事万物只以心平气和处之,自有妙应。余褊,每坐此失,书以自警。

尝见一论人者云:“渠只把天下事认真做,安得不败?”余闻之甚惊讶,窃意天下事尽认真做去,还做得不像,若只在假借面目上做工夫,成甚道理?天下事只认真做了,更有甚说?何事不成?方今大病痛,正患在不肯认真做,所以大纲常、正道理无人扶持,大可伤心。嗟夫!武子之愚[①],所谓认真也与?

①武子之愚:《论语·公冶长》:“子曰:‘宁武子邦有道则知,邦无道则愚。其知可及也,其愚不可及也。’”意思是说宁武子在政治清明时就聪明,政治黑暗时就笨拙。这种明哲保身的笨拙是很难做到的。

人人因循昏忽,在醉梦中过了一生,坏废了天下多少事!惟忧勤惕励之君子,常自惺惺爽觉。

明义理易,识时势难;明义理腐儒可能,识时势非通儒不能也。识时易,识势难;识时见者可能,识势非蚤见者不能也。识势而蚤图之,自不至于极重,何时之足忧?

只有无迹而生疑,再无有意而能掩者,可不畏哉?

令人可畏,未有不恶之者,恶生毁;令人可亲,未有不爱之者,爱生誉。

先事体怠神昏,事到手忙脚乱,事过心安意散,此事之贼也。兵家尤不利此。

善用力者,举百钧若一羽;善用众者,操万旅若一人。

没这点真情,可惜了繁文侈费;有这点真情,何嫌于二簋一掬①?

①二簋一掬:形容饮食不丰盛。簋,古代盛食物的器具。掬,用两手捧。《周易·损卦》:"二簋可用享。"此二句意谓只要内心诚信,虽薄微之物,亦足以奉献尊者及神灵。

百代而下,百里而外,论人只是个耳边纸上,并迹而诬之,那能论心?呜呼!文士尚可轻论人乎哉?此天谴鬼责所系,慎之!

或问:"怨尤之念,底是难克,奈何?"曰:"君自来怨尤,怨尤出甚的?天之水旱为虐不怕人怨,死自死耳,水旱自若也;人之贪残无厌不怕你尤,恨自恨耳,贪残自若也。此皆无可奈何者。今且不望君自修自责,只将这无可奈何事恼乱心肠,又添了许多痛苦,不若淡然安之,讨些便宜。"其人大笑而去。

见事易,任事难。当局者只怕不能实见得,果实见得,则死生以之,荣辱以之,更管甚一家非之,一国非之,天下非之。

人事者,事由人生也。清心省事,岂不在人?

闭户于乡邻之斗，虽有解纷之智，息争之力，不为也，虽忍而不得谓之杨朱[1]。忘家于怀襄之时[2]，虽有室家之忧，骨肉之难，不顾也，虽劳而不得谓之墨翟[3]。

①杨朱：战国初哲学家，又称杨子，主张“贵生、重己、为我”。②怀襄：《尚书·尧典》：“汤汤洪水方割，荡荡怀山襄陵。”即淹没之意。　③墨翟：即墨子，他主张“兼相爱，交相利”。

流俗污世中真难做人，又跳脱不出，只是清而不激就好。

恩莫到无以加处；情薄易厚，爱重成隙。

欲为便为，空言何益？不为便不为，空言何益？

以至公之耳听至私之口，舜、跖易名矣；以至公之心行至私之闻，黜陟易法矣[1]。故兼听则不蔽，精察则不眩，事可从容，不必急遽也。

①黜陟：指人才的贬斥和进用。黜，贬退。陟，进用。

某居官，厌无情者之多言，每裁抑之。盖无厌之欲，非分之求，若以温颜接之，彼恳乞无已，烦琐不休，非严拒则一日之应酬几何？及部署日看得人有不尽之情，抑不使通，亦未尽善。尝题二语于私署云：“要说的尽著都说，我不嗔你；不该从未敢轻从，你休怪我。”或曰：“毕竟往日是。”

同途而遇，男避女，骑避步，轻避重，易避难，卑幼避尊长。

势之所极，理之所截，圣人不得而毫发也。故保辜以时刻分死生[①]，名次以相邻分得失。引绳之绝，堕瓦之碎，非必当断当敝之处，君子不必如此区区也。

①保辜：古代刑律规定，凡打人致伤，官府立限责令被告为伤者治疗。如伤者在期限内死亡，以死罪论；如不死，以伤人论。

制礼法以垂万世、绳天下者，须是时中之圣人斟酌天理人情之至而为之。一以立极，无一毫矫拂心，无一毫惩创心，无一毫一切心，严也而于人情不苦，宽也而于天则不乱，俾天下肯从而万世相安。故曰："礼之用，和为贵[①]。""和"之一字，制礼法时合下便有，岂不为美？《仪礼》不知是何人制作，有近于迂阔者，有近于迫隘者，有近于矫拂者，大率是个严苛繁细之圣人所为，胸中又带个惩创矫拂心而一切之。后世以为周公也，遂相沿而守之。毕竟不便于人情者，成了个万世虚车。是以繁密者激人躁心，而天下皆逃于阔大简直之中；严峻者激人畔心，而天下皆逃于逍遥放恣之地。甚之者，乃所驱之也。此不可一二指。余读《礼》，盖心不安而口不敢道者，不啻百馀事也。而宋儒不察《礼》之情，又于节文上增一重锁钥，予小子何敢言？

①"礼之用"二句：语出《论语·学而》。

礼无不报，不必开多事之端；怨无不酬，不可种难言之恨。

养　生

夫水，遏之乃所以多之，泄之乃所以竭之。惟仁者能泄，惟智者知泄。

天地间之祸人者莫如多，令人易多者莫如美。美味令人多食，美色令人多欲，美声令人多听，美物令人多贪，美官令人多求，美室令人多居，美田令人多置，美寝令人多逸，美言令人多入，美事令人多恋，美景令人多留，美趣令人多思，皆祸媒也。不美则不令人多，不多则不令人败。予有一室，题之曰“远美轩”，而扁其中曰“冷淡”。非不爱美，惧祸之及也。夫鱼见饵不见钩，虎见羊不见阱，猩猩见酒不见人，非不见也，迷于所美而不暇顾也。此心一冷，则热闹之景不能入；一淡，则艳冶之物不能动。夫能知困穷、抑郁、贫贱、坎坷之为祥，则可与言道矣。

以肥甘爱儿女而不思其伤身，以姑息爱儿女而不恤其败德，甚至病以死，患大辟而不知悔者，皆妇人之仁也。噫！举世之自爱而陷于自杀者，又十人而九矣。

五闭，养德养生之道也。或问之曰：“视、听、言、动、思将不启与？”曰：“常闭而时启之，不弛于事可矣。此之谓夷夏关。”

今之养生者，饵药、服气、避险、辞难、慎时、寡欲，诚要法也。嵇康善养生[①]，而其死也却在所虑之外。乃知养德尤养生之第一要也。德在我，而蹈白刃以死，何害其为养生哉？

①嵇康：三国魏著名文学家、哲学家。讲求养生服食之道。后遭陷被杀。

愚爱谈医，久则厌之，客言及者，告之曰："以寡欲为四物[①]，以食淡为二陈[②]，以清心省事为四君子[③]。无价之药，不名之医，取诸身而已。"

①四物：即四物汤。由当归、川芎，白芍和熟地四味组成，有补血调血之功效。　②二陈：即二陈汤或二陈丸。主要由陈皮、半夏二味组成，有理气和胃之功效。　③四君子：即四君子汤。由人参、白术、茯苓、甘草四味组成，有益气理脾之功效。

仁者寿，生理完也；默者寿，元气定也；拙者寿，元神固也。反此皆夭道也。其不然，非常理耳。

盗为男戎，色为女戎。人皆知盗之劫杀为可畏，而忘女戎之劫杀。悲夫！

太朴，天地之命脉也。太朴散而天地之寿夭可卜矣。故万物蕃，则造化之元精耗散。木多实者根伤，草出茎者根虚，费用广者家贫，言行多者神竭，皆夭道也。老子受用处，尽在此中看破。

饥寒痛痒,此我独觉,虽父母不之觉也;衰老病死,此我独当,虽妻子不能代也。自爱自全之道,不自留心,将谁赖哉?

气有为而无知,神有知而无为。精者,无知无为,而有知有为之母也。精,天一也[①],属水,水生气;气,纯阳也,属火,火生神;神,太虚也,属无,而丽于有。精盛则气盛,精衰则气衰,故甑涸而不蒸。气存则神存,气亡则神亡,故烛尽而火灭。

①天一:天之数,一,生水;地之数,六,成之。参见《礼记·月令》孟春三月"其数八"郑玄注和孔颖达疏。

气只够喘息底,声只够听闻底,切莫长馀分毫,以耗无声无臭之真体。

呻吟语卷四·外篇·御集

天　地

湿温生物，湿热长物，燥热成物，凄凉杀物，严寒养物。湿温，冲和之气也；湿热，蒸发之气也；燥热，燔灼之气也；凄凉，杀气，阴壮而阳微也；严寒，敛气，阴外激而阳内培也。五气惟严寒最仁。

浑厚，天之道也。是故处万物而忘言，然不能无日月星辰以昭示之，是寓精明于浑厚之中。

精存则生神，精散则生形。太乙者[①]，天地之神也；万物者，天地之形也。太乙不尽而天地存，万物不已而天地毁。人亦然。

①太乙：与太一，大一同。指创造天地万物的元气。《礼记·礼运》孔颖达疏云："谓天地未分，混沌之元气也。"

天地只一个光明，故不言而人信。

天地不可知也，而吾知天地之所生，观其所生，而天地之性情形体俱见之矣。是故观子而知父母,观器而知模范。天地者,万物之父母而造物之模范也。

天地之气化,生于不齐,而死于齐。故万物参差,万事杂揉,势固然耳,天地亦主张不得。

观七十二候者[①],谓物知时,非也,乃时变物耳。

①七十二候:我国古代中原地区的物候历。以五日为一候,三候为一气,一年分二十四气,共七十二候。

天地盈虚消息是一个套子,万物生长收藏是一副印板。

天积气所成,自吾身以上皆天也。日月星辰去地八万四千里,囿于积气中,无纤隔微碍,彻地光明者,天气清甚无分毫渣滓耳,故曰太清。不然,虽薄雾轻烟,一里外有不见之物矣。

地道,好生之至也,凡物之有根种者,必与之生。尽物之分量,尽己之力量,不至寒凝枯败不止也。故曰坤,称母[①]。

①坤:八卦之一,象征地。又《周易·系辞上》:“乾道成男,坤道成女。”故又为女性之代称。

四时惟冬是天地之性,春夏秋皆天地之情。故其生万物也,动气多而静气少。

万物得天地之气以生,有宜温者,有宜微温者,有宜太温者,有宜温而风者,有宜温而湿者,有宜温而燥者,有宜温而时风时湿者。何气所生,则宜何气,得之则长养,失之则伤病。气有一毫之爽,万物阴受一毫之病。其宜凉、宜寒、宜暑,无不皆然。飞潜动植,蠛蠓之物,无不皆然。故天地位则万物育,王道平则万民遂。

六合中洪纤动植之物,都是天出气、地出质熔铸将出来,都要消磨无迹还他。故物不怕是金石,也要归于无。盖从无中生来,定要都归无去。譬之一盆水,打搅起来大小浮沤以千万计,原是假借成的,少安静时,还化为一盆水。

先天立命处,是万物自具的,天地只是个生息培养。只如草木原无个生理,天地好生,亦无如之何。

天地间万物,都是阴阳两个共成的。其独得于阴者,见阳必避,蜗牛壁藓之类是也;其独得于阳者,见阴必枯,夏枯草之类是也。

阴阳合时只管合,合极则离;离时只管离,离极则合。不极则不离不合,极则必离必合。

定则水,燥则火,吾心自有水火;静则寒,动则热,吾身自有冰炭。然则天地之冰炭谁为之?亦动静为之。一阴生而宇宙入静,至十月闭塞而成寒;一阳生而宇宙入动,至五月薰蒸而成暑。或曰:“五月阴生矣,而六月大暑;十一月阳生矣,而十二月大寒,何也?”曰:“阳不极则不能生阴,阴不极则不能生阳,势穷则反也。微阴激阳,则阳不受激而愈炽;微阳激阴,则阴不受激而愈溢,气逼则甚也。至七月、正月,则阴阳相战,客不胜主,衰不胜旺,过去者不胜方来。故七月大火西流[①],而金渐生水[②];正月析木用事[③],而水渐生火。盖阴阳之气续接非直接,直接则绝,父母死而子始生,有是理乎?渐至非骤至,骤至则激,五谷种而能即熟,有是理乎?二气万古长存,万物四时咸遂,皆续与渐为之也。惟续,故不已;惟渐,故无迹。”

①大火:星名,简称火。 ②金生水:古代阴阳家认为,五行按一定顺序相生相克。四季的顺序与五行相生的顺序也是一样的。木盛于春,木生火,火盛于夏;火生土,土盛于中央;土生金,金盛于秋;金生水,水盛于冬;水又生木,木盛于春。 ③析木:星名。

既有个阴气,必有聚结,故为月;既有个阳气,必有精华,故为日。晦是月之体,本是纯阴无光之物,其光也映日得之,客也,非主也。

天地原无昼夜,日出而成昼,日入而成夜。星常在天,日出而不显其光,日入乃显耳。古人云星从日生。细看来,星不借日之光以为光。嘉靖壬寅日食[①],既满天有星,当是时,日且无光,安能生星之光乎?

①嘉靖壬寅:即嘉靖二十一年(1542)。

水静柔而动刚,金动柔而静刚,木生柔而死刚,火生刚而死柔。土有刚有柔,不刚不柔,故金、木、水、火皆从钟焉,得中故也,天地之全气也。

嘘气自内而之外也,吸气自外而之内也。天地之初嘘为春,嘘尽为夏,故万物随嘘而生长;天地之初吸为秋,吸尽为冬,故万物随吸而收藏。嘘者上升,阳气也,阳主发;吸者下降,阴气也,阴主成。嘘气温,故为春夏;吸气寒,故为秋冬。一嘘一吸,自开辟以来至混沌之后,只这一丝气有毫发断处,万物灭,天地毁。万物,天地之子也,一气生死,无不肖之。

风惟知其吹拂而已,雨惟知其淋漓而已,霜雪惟知其严凝而已,水惟知其流行而已,火惟知其燔灼而已。不足则屏息而各藏其用,有馀则猖狂而各恣其性。卒然而感则强者胜,若两军交战,相下而后已。是故久阴则权在雨,而日月难为明;久旱则权在风,而云雨难为泽,以至水火霜雪莫不皆然。谁为之?曰:阴阳为之。阴阳谁为之?曰:自然为之。

阴阳征应,自汉儒穿凿附会,以为某灾祥应某政事,最迂。大抵和气致祥,戾气致妖,与作善降祥,作恶降殃,道理原是如此。故圣人只说人事,只尽道理,应不应,在我不在我都不管。若求一一征应,如鼓答桴,尧、舜其犹病矣。大段气数有一定的,有偶然的,天地不能违,天地亦顺之而已。旱而雩[①],水而祟[②],彗孛而禳[③],火而祓[④],日月食而救,君子畏天威,谨天戒当如是尔。若云随祷辄应,则日月盈亏岂系于救不救之间哉?大抵阴阳之气一偏必极,势极必反。阴阳乖戾而分,故孤阳亢而不下阴则旱无其极,阳极必生阴,故久而雨;阴阳和合而留,故淫阴升而不舍阳则雨无其极，阴极必生阳，故久而晴。草木一衰不至遽茂，一茂不至遽衰；夫妇朋友失好不能遽合，合不至遽乖。天道物理人情自然如此，是一定的。星殒地震，山崩雨血，火见河清，此是偶然的。吉凶先见，自非常理，故臣子以修德望君，不必以灾异恐之。若因灾而惧，固可修德。一有祥瑞便可谓德已足而罢修乎？乃若至德回天，灾祥立应，桑谷枯，彗星退，冤狱释而骤雨，忠心白而反风，亦间有之。但曰必然事，吾不能确确然信也。

①雩：古代求雨的祭礼。 ②禜：古代禳除灾害之祭，临时圈地，以芳草捆扎，围成祭祀场所。 ③彗孛而禳：彗孛，即彗星；禳，祭祷消灾。 ④祓：古代为消灾去邪而举行的一种仪式。

气化无一息之停，不属进，就属退。动植之物，其气机亦无一息之停，不属生，就属死，再无不进不退而止之理。

形生于气。气化没有底，天地定然没有；天地没有底，万物定然没有。

生气醇浓浑浊，杀气清爽澄澈；生气牵恋优柔，杀气果决脆断；生气宽平温厚，杀气峻隘凉薄。故春气细缊，万物以生；夏气薰蒸，万物以长；秋气严肃，万物以入；冬气闭藏，万物以亡。

一呼一吸，不得分毫有馀，不得分毫不足，不得连呼，不得连吸，不得一呼无吸，不得一吸无呼，此盈虚之自然也。

水，质也，以万物为用；火，气也，以万物为体。及其化也，同归于无迹。水性徐，火性疾，故水之入物也，因火而疾。水有定气，火无定气，故火附刚则刚，附柔则柔，水则入柔不入刚也。

阳不能藏，阴不能显。才有藏处，便是阳中之阴；才有显处，便是阴中之阳。

水能实虚，火能虚实。

乾坤是毁的，故开辟后必有混沌所以主宰；乾坤是不毁的，故混沌还成开辟。主宰者何？元气是已。元气亘万亿岁年终不磨灭，是形化气化之祖也。

天地全不张主，任阴阳；阴阳全不摆布，任自然。世之人趋避祈禳，徒自苦耳。其夺自然者，惟至诚。

天地发万物之气，到无外处止；收敛之气，到无内处止。不至而止者，非本气不足，则客气相夺也。

静生动长，动消静息。息则生，生则长，长则消，消则息。

万物生于阴阳，死于阴阳。阴阳于万物原不相干，任其自然而已。雨非欲润物，旱非欲熯物，风非欲挠物，雷非欲震物，阴阳任其气之自然，而万物因之以生死耳。《易》称“鼓之以雷霆，润之以风雨”，另是一种道理，不然，是天地有心而成化也。

若有心成化，则寒暑灾祥得其正，乃见天心矣。

天极从容，故三百六十日为一嘘吸；极次第，故温暑凉寒不蓦越而杂至；极精明，故昼有容光之照而夜有月星；极平常，寒暑旦夜、生长收藏，万古如斯而无新奇之调；极含蓄，并包万象而不见其满塞；极沉默，无所不分明而无一言；极精细，色色象象条分缕析而不厌其繁；极周匝，疏而不漏；极凝定，风云雷雨变态于胸中，悲欢叫号怨德于地下，而不恶其扰；极通变，普物因材，不可执为定局；极自然，任阴阳气数理势之所极所生，而己不与；极坚耐，万古不易而无欲速求进之心，消磨曲折之患；极勤敏，无一息之停；极聪明，亘古今无一人一事能欺罔之者；极老成，有亏欠而不隐藏；极知足，满必损，盛必衰；极仁慈，雨露霜雪无非生物之心；极正直，始终计量，未尝养人之奸、容人之恶；极公平，抑高举下，贫富贵贱一视同仁；极简易，无琐屑曲局示人以繁难；极雅淡，青苍自若，更无炫饰；极灵爽，精诚所至，有感必通；极谦虚，四时之气常下交；极正大，擅六合之恩威而不自有；极诚实，无一毫伪妄心，虚假事；极有信，万物皆任之而不疑。故人当法天。人，天所生也。如之者存，反之者亡，本其气而失之也。

春夏后，看万物繁华，造化有多少淫巧，多少发挥，多少张大，元气安得不斫丧？机缄安得不穷尽[1]？此所以虚损之极，成否塞，成浑沌也。

①机缄：本指推动事物动作的造化力量。后因用以指气运。语出《庄子·天运》。

形者,气之橐囊也。气者,形之线索也。无形,则气无所凭藉以生;无气,则形无所鼓舞以为生。形须臾不可无气,气无形则万古依然在宇宙间也。

要知道雷霆霜雪都是太和。

浊气醇,清气漓;浊气厚,清气薄;浊气同,清气分;浊气温,清气寒;浊气柔,清气刚;浊气阴,清气阳;浊气丰,清气啬;浊气甘,清气苦;浊气喜,清气恶;浊气荣,清气枯;浊气融,清气孤;浊气生,清气杀。

一阴一阳之谓道[①]。二阴二阳之谓驳[②]。阴多阳少、阳多阴少之谓偏。有阴无阳、有阳无阴之谓孤。一阴一阳,乾坤两卦,不二不杂,纯粹以精,此天地中和之气,天地至善也。是道也,上帝降衷[③],君子衷之。是故继之即善,成之为性,更无偏驳,不假修为,是一阴一阳属之君子之身矣。故曰君子之道。仁者见之谓之仁,智者见之谓之智,此之谓偏。"百姓日用而不知",此之谓驳。至于孤气所生,大乖常理。孤阴之善,慈悲如母,恶则险毒如虺;孤阳之善,嫉恶如仇,恶则凶横如虎。此篇夫子论性纯以善者言之,与性相近[④],稍稍不同。

①《周易·系辞上》:"一阴一阳之谓道。继之者,善也;成之者,性也。仁者见之谓之仁,知者见之谓之知,百姓日用而不知,故君子之道鲜矣。"吕坤本此加以发挥。 ②驳:混杂,不纯。 ③上帝降衷:《尚书·汤诰》:"惟皇上帝,降衷于下民,若有恒性。"孔氏传:"皇天上帝,天也。衷,善也。" ④性相近:语出《论语·阳货》。

天地万物只是一个渐，故能成，故能久。所以成物悠者，渐之象也；久者，渐之积也。天地万物不能顿也，而况于人乎？故悟能顿，成不能顿。

盛德莫如地，万物于地，恶道无以加矣。听其所为而莫之憾也，负荷生成而莫之厌也。故君子卑法地，乐莫大焉。

日正午，月正圆，一呼吸间耳。呼吸之前，未午未圆；呼吸之后，午过圆过。善观中者，此亦足观矣。

中和之气，万物之所由以立命者也，故无所不宜；偏盛之气，万物之所由以盛衰者也，故有宜有不宜。

禄位名寿、康宁顺适、子孙贤达，此天福人之大权也。然尝轻以与人，所最靳而不轻以与人者，惟名。福善祸淫之言，至名而始信。大圣得大名，其次得名，视德无分毫爽者恶亦然。禄位寿康在一身，名在天下；禄位寿康在一时，名在万世。其恶者备有百福，恶名愈著；善者备尝艰苦，善誉日彰。桀、纣、幽、厉之名[①]，孝子慈孙百世不能改。此固天道报应之微权也。天之以百福予人者，恃有此耳。彼天下万世之所以仰慕钦承疾恶笑骂，其祸福固亦不小也。

①桀、纣、幽、厉：即夏桀、商纣王、周幽王、周厉王。都是以残虐闻名的暴君。

以理言之，则当然者谓之天，命有德讨有罪，奉三尺无私是已;以命言之,则自然者谓之天,莫之为而为,莫之致而至,定于有生之初是已;以数言之,则偶然者谓之天,会逢其适,偶值其际是已。

造物之气有十:有中气,有纯气,有杂气,有戾气,有似气,有大气,有细气,有间气,有变气,有常气,皆不外于五行。中气,五行均调,精粹之气也,人钟之而为尧、舜、禹、文、周、孔,物得之而为麟凤之类是也。纯气,五行各具纯一之气也,人得之而为伯夷、伊尹、柳下惠,物得之而为龙虎之类是也。杂气,五行交乱之气也。戾气,五行粗恶之气也。似气,五行假借之气也。大气,磅礴浑沦之气也。细气,纤蒙浮渺之气也。间气,积久充溢会合之气也。变气,偶尔遭逢之气也。常气,流行一定之气也。万物各有所受以为生,万物各有所属以为类,万物不自由也。惟有学问之功,变九气以归中气。

火性发扬,水性流动,木性条畅,金性坚刚,土性重厚,其生物也亦然。

太和在我,则天地在我,何动不臧?何往不得?

弥六合皆动气之所为也,静气一粒伏在九地之下以胎之。故动者,静之死乡;静者,动之生门。无静不生,无动不死。静者常施,动者不还。发大造之生气者,动也;耗大造之生气者,亦动也。圣人主静以涵元理,道家主静以留元气。

万物发生,皆是流于既溢之馀;万物收敛,皆是劳于既极之后。天地一岁一呼吸,而万物随之。

天地万物到头来皆归于母。故水、火、金、木有尽,而土不尽。何者?水、火、金、木,气尽于天,质尽于地,而土无可尽。故真气无归,真形无藏。万古不可磨灭,灭了更无开辟之时。所谓混沌者,真气与真形不分也。形气混而生天地,形气分而生万物。

天欲大小人之恶,必使其恶常得志。彼小人者,惟恐其恶之不遂也,故贪天祸以至于亡。

自然谓之天,当然谓之天,不得不然谓之天。阳亢必旱,久旱必阴,久阴必雨,久雨必晴,此之谓自然。君尊臣卑,父坐子立,夫唱妇随,兄友弟恭,此之谓当然。小役大,弱役强,贫役富,贱役贵,此之谓不得不然。

心就是天,欺心便是欺天,事心便是事天,更不须向苍苍上面讨。

天者,未定之命;命者,已定之天。天者,大家之命;命者,各物之天。命定而吉凶祸福随之也,由不得天,天亦再不照管。

天地万物只是一气聚散,更无别个。形者,气所附以为凝结;气者,形所托以为运动。无气则形不存,无形则气不住。

天地既生人物，则人物各具一天地。天地之天地由得天地，人物之天地由不得天地。人各任其气质之天地至于无涯，梏其降衷之天地几于澌尽，天地亦无如之何也已。其吉凶祸福率由自造，天何尤乎而怨之？

吾人浑是一天，故日用起居食息，念念时时事事便当以天自处。

朱子云："天者，理也。"余曰："理者，天也。"

有在天之天，有在人之天。有在天之先天，太极是已；有在天之后天，阴阳五行是已。有在人之先天，元气、元理是已；有在人之后天，血气、心知是已。

问："天地开辟之初，其状何似？"曰："未易形容。"因指斋前盆沼，令满贮带沙水一盆，投以瓦砾数小块，杂谷豆升许，令人搅水浑浊，曰："此是混沌未分之状。待三日后再来看开辟。"至日而浊者清矣，轻清上浮，曰此是天开于子。沉底浑泥，此是地辟于丑。中间瓦砾出露，此是山陵。是时谷豆芽生。月馀而水中小虫浮沉奔逐，此是人与万物生于寅。彻底是水，天包乎地之象也。地从上下，故山上锐而下广，象粮谷堆也。气化日繁华，日广侈，日消耗，万物毁而生机微，天地虽不毁，至亥而又成混沌之世矣。

雪非薰蒸之化也。天气上升，地气下降，是干涸世界矣。然阴阳之气不交则绝，故有留滞之馀阴始生之嫩阳往来交结，久久不散而迫于严寒,遂为雪为霰。白者,少阴之色也,水之母也。盛则为雪,微则为霜,冬月片瓦半砖之下着湿地,皆有霜,阴气所呵也,土干则否。

世　运

势之所在,天地圣人不能违也。势来时即摧之未必遽坏,势去时即挽之未必能回。然而圣人每与势忤,而不肯甘心从之者,人事宜然也。

世人贱老,而圣王尊之;世人弃愚,而君子取之;世人耻贫,而高士清之;世人厌淡,而智者味之;世人恶冷,而幽人宝之;世人薄素,而有道者尚之。悲夫!世之人难与言矣。

坏世教者,不是宦官宫妾,不是农工商贾,不是衙门市井,不是夷狄。

古昔盛时,民自饱暖之外无过求,自利用之外无异好,安身家之便而不恣耳目之欲。家无奇货,人无玩物,馀珠玉于山泽而不知宝,赢茧丝于箱箧而不知绣。偶行于途而知贵贱之等,创见于席而知隆杀之理。农于桑麻之外无异闻,士于礼义之外无羡谈,公卿大夫于劝课训迪之外无簿书。知官之贵,而不知为民之难;知贫之可忧,而不知人富之可嫉。夜行不以兵,远行不以馁。施人者非欲其我德,施于人者不疑其欲我之德。欣欣浑浑,其时之春乎?其物之胚孽乎?吁!可想也已。

伏羲以前是一截世道,其治任之而已,己无所与也。五帝是一截世道,其治安之而已,不扰民也。三王是一截世道,其治正之而已,不使纵也。秦以后是一截世道,其治劫之而已,愚之而已,不以德也。

世界一般是唐虞时世界,黎民一般是唐虞时黎民,而治不古若,非气化之罪也。

终极与始接,困极与亨接。

三皇是道德世界,五帝是仁义世界,三王是礼义世界,春秋是威力世界,战国是智巧世界,汉以后是势利世界。

士鲜衣美食、浮淡怪说、玩日愒时,而以农工为村鄙;女傅粉簪花、冶容学态、袖手乐游,而以勤俭为羞辱;官盛从丰供、繁文缛节、奔逐世态,而以教养为迂腐。世道可为伤心矣。

喜杀人是泰,愁杀人也是泰。泰之人昏惰侈肆,泰之事废坠宽罢,泰之风纷华骄蹇,泰之前如上水之篙,泰之世如高竿之顶,泰之后如下坂之车。故否可以致泰,泰必至于否。故圣人忧泰不忧否。否易振,泰难持。

世之衰也,卑幼贱微气高志肆而无上,子弟不知有父母,妇不知有舅姑,后进不知有先达,士民不知有官师,郎署不知有公卿,偏裨军士不知有主帅。目空空而气勃勃,耻于分义而敢于陵驾。呜呼！世道至此,未有不乱不亡者也。

节文度数,圣人之所以防肆也。伪礼文不如真爱敬,真简率不如伪礼文。伪礼文犹足以成体,真简率每至于逾闲;伪礼文流而为象恭滔天[1],真简率流而为礼法扫地。七贤八达[2],简率之极也。举世牛马而晋因以亡。近世士风崇尚简率,荡然无检,嗟嗟！吾莫知所终矣。

①象恭滔天:表面恭敬而内心傲慢。《尚书·尧典》:"静言庸违,象恭滔天。" ②七贤八达:七贤,即竹林七贤,包括阮籍、山涛、向秀、嵇康、王戎、刘伶和阮咸等七人。八达,《晋书·光逸传》以胡毋辅之等八名狂放之士为八达。

天下之势,顿可为也,渐不可为也。顿之来也骤;骤多无根,渐之来也深,深则难撼。顿着力在终,渐着力在始。

造物有涯而人情无涯,以有涯足无涯,势必争,故人人知足则天下有馀。造物有定而人心无定,以无定撼有定,势必败,故人人安分则天下无事。

天地有真气,有似气。故有凤皇则有昭明,有粟谷则有稂莠,兔葵似葵,燕麦似麦,野菽似菽,槐蓝似槐之类。人亦然。皆似气之所钟也。

圣　贤

孔子是五行造身,两仪成性。其馀圣人,得金气多者则刚明果断,得木气多者则朴素质直,得火气多者则发扬奋迅,得水气多者则明彻圆融,得土气多者则镇静浑厚,得阳气多者则光明轩豁,得阴气多者则沉默精细。气质既有所限,虽造其极,终是一偏底圣人。此七子者,共事多不相合,共言多不相入,所同者大根本大节目耳。

孔、颜穷居[1],不害其为仁覆天下,何则?仁覆天下之具在我,而仁覆天下之心未尝一日忘也。

①孔、颜:孔子和颜回。

圣人不落气质,贤人不浑厚便直方,便着了气质色相;圣人不带风土,贤人生燕赵则慷慨,生吴越则宽柔,就染了风土气习。

性之圣人,只是个与理相忘,与道为体,不待思惟,横行直撞,恰与时中吻合。反之圣人常常小心[1],循规蹈矩,前望后顾,才执得中字,稍放松便有过不及之差。是以希圣君子心上无一时任情恣意处。

①反之圣人:指经过后天的自我修养而达到至善的人。与性之圣人相对而言。

圣人一,圣人全,一则独诣其极,全则各臻其妙。惜哉!至人有圣人之功而无圣人之全者,囿于见也。

所贵乎刚者,贵其能胜己也,非以其能胜人也。子路不胜其好勇之私,是为勇字所伏,终不成个刚者。圣门称刚者谁?吾以为恂恂之颜子[①],其次鲁钝之曾子而已[②],馀无闻也。

①颜子:即颜回。　②曾子:即曾参,孔子弟子。

天下古今一条大路,曰大中至正,是天造地设的。这个路上,古今不多几人走,曰尧、舜、禹、汤、文、武、周、孔、颜、曾、思、孟,其馀识得的,周、程、张、朱,虽走不到尽头,毕竟是这路上人。将这个路来比较古今人,虽伯夷、伊、惠,也是异端,更那说那佛、老、杨、墨、阴阳术数诸家。若论个分晓,伯夷、伊、惠是旁行的,佛、老、杨、墨是斜行的,阴阳星数是歧行的。本原处都从正路起,却念头一差,走下路去,愈远愈缪。所以说异端,言本原不异而发端异也。何也?佛之虚无,是吾道中寂然不动差去[①];老之无为,是吾道中守约施博差去;为我,是吾道中正静自守差去;兼爱,是吾道中万物一体差去;阴阳家,是吾道中敬授人时差去[②],术数家,是吾道中至诚前知差去[③]。看来大路上人时为佛,时为老,时为杨,时为墨,时为阴阳术数,是合数家之所长。岔路上人,佛是佛,老是老,杨是杨,墨是墨,阴阳术数是阴阳术数,殊失圣人之初意。譬之五味不适均不可以专用也，四时不错行不可以专令也。

①寂然不动：语出《易·系辞上》。　②敬授人时：语出《尚书·尧典》。　③至诚前知：语本《中庸》："至诚之道，可以前知。"

圣人之道不奇，才奇便是贤者。

战国是个惨酷的气运，巧伪的世道。君非富强之术不讲，臣非功利之策不行。六合正气独钟在孟子身上，故在当时疾世太严，忧民甚切。

清、任、和、时，是孟子与四圣人议定的谥法[①]。"祖述尧、舜，宪章文、武，上律天时，下袭水土"[②]，是子思作仲尼的赞语。

①清、任、和、时：《孟子·万章下》："孟子曰，'伯夷，圣之清者也；伊尹，圣之任者也；柳下惠，圣之和者也；孔子，圣之时者也。'"　②"祖述尧、舜"四句：语出《礼记·中庸》，而《中庸》相传为子思所作。

圣贤养得天所赋之理完，仙家养得天所赋之气完。然出阳脱壳，仙家未尝不死，特留得此气常存。性尽道全，圣贤未尝不死，只是为此理常存。若修短存亡，则又系乎气质之厚薄，圣贤不计也。

贤人之言视圣人未免有病，此其大较耳。可怪俗儒见说是圣人语，便回护其短而推类以求通；见说是贤人之言，便洗索其疵而深文以求过。设有附会者从而欺之，则阳虎、优孟皆失其真，而不免徇名得象之讥矣[1]。是故儒者要认理，理之所在，虽狂夫之言，不异于圣人。圣人岂无出于一时之感，而不可为当然不易之训者哉？

①“则阳虎”二句：《史记·孔子世家》言孔子适陈过匡，匡人误认孔子为阳虎而被拘五日；又《史记·滑稽列传》言楚之乐人优孟装扮孙叔敖之事。阳虎，优孟“象”则似矣，然非其人也。

尧、舜功业如此之大，道德如此之全，孔子称赞不啻口出。在尧、舜心上有多少缺然不满足处！道原体不尽，心原趁不满，势分不可强，力量不可勉，圣人怎放得下？是以圣人身囿于势分、力量之中，心长于势分、力量之外，才觉足了，便不是尧、舜。

伊尹看天下人无一个不是可怜的，伯夷看天下人无一个不是可恶的，柳下惠看天下人无一个不是可与的。

浩然之气，孔子非无，但用的妙耳。孟子一生受用全是这两字。我尝云：“孟子是浩然之气，孔子是浑然之气。浑然是浩然的归宿，浩然是浑然的作用。惜也！孟子未能到浑然耳。”

圣学专责人事，专言实理。

二女试舜[1]，所谓书不可尽信也[2]。且莫说玄德升闻，四岳共荐[3]。以圣人遇圣人,一见而人品可定,一语而心理相符,又何须试?即帝艰知人,还须一试,假若舜不能谐二女,将若之何?是尧轻视骨肉,而以二女为市货也,有是哉?

①二女试舜:指尧以二女嫁舜以观其为人。见《尚书·尧典》。②书不可尽信:《孟子·尽心下》:"尽信书,则不如无书。"书,初指《尚书》,后泛指书籍。 ③"玄德升闻"二句:言舜潜德广布,四方诸侯都向尧举荐。

自古功业,惟孔、孟最大且久。时雍风动,今日百姓也没受用处,赖孔、孟与之发挥,而尧、舜之业至今在。

尧、舜、周、孔之道,如九达之衢,无所不通;如代明之日月,无所不照。其馀有所明,必有所昏,夷、尹、柳下惠昏于清、任、和,佛氏昏于寂,老氏昏于啬,杨氏昏于义,墨氏昏于仁,管、商昏于法。其心有所向也,譬之鹘鸼知南;其心有所厌也,譬之盍旦恶夜[1]。岂不纯然成一家人物?竟是偏气。

①盍旦:鸟名。《礼记·坊记》:"诗云:'相彼盍旦,尚犹患之。'"

尧、舜、禹、文、周、孔,振古圣人,无一毫偏倚,然五行所钟,各有所厚,毕竟各人有各人气质。尧敦大之气多,舜精明之气多,禹收敛之气多,文王柔嘉之气多,周公文为之气多,孔子庄严之气多,熟读经史自见。若说天纵圣人,如太和元气流行,略不沾着一些四时之气,纯是德性用事,不落一毫气质,则六圣人须索一个气象,无毫发不同方是。

读书要看圣人气象性情。《乡党》见孔子气象十九[①]。至其七情。如回非助我[②]，牛刀割鸡[③]，见其喜处；由之瑟[④]，由之使门人为臣[⑤]，怃然于沮溺之对[⑥]，见其怒处；丧予之恸[⑦]，获麟之泣[⑧]，见其哀处；侍侧言志之问[⑨]，与人歌和之时[⑩]，见其乐处；山梁雌雉之叹[⑪]，见其爱处；斥由之佞[⑫]，答子贡"君子有恶"之语[⑬]，见其恶处；周公之梦[⑭]，东周之想[⑮]，见其欲处。便见他发而皆中节处。

①《乡党》：《论语》中的篇名。　②回非助我：《论语·先进》："子曰：'回非助我者也，于我言无所不说。'"　③牛刀割鸡：《论语·阳货》："子之武城，闻弦歌之声，夫子莞尔而笑曰：'割鸡焉用牛刀？'"　④由之瑟：《论语·先进》："由之瑟，奚为于丘之门？"由，即子路。　⑤"由之"句：《论语·子罕》："子疾病，子路使门人为臣。病间，曰：'久矣哉！由之行诈也。无臣而为有臣。吾谁欺？欺天乎？'"　⑥"怃然"句：隐士长沮、桀溺批评嘲讽孔子，孔子听后怃然曰："鸟兽不可与同群。"云云。见《论语·微子》。　⑦丧予之恸：《论语·先进》："颜渊死，子曰：'噫，天丧予！天丧予！'"　⑧获麟之泣：《春秋公羊传·哀公十四年》："春，西狩获麟。孔子曰：'吾道穷矣。'"　⑨侍侧言志：言孔子与弟子谈志向一事，见《论语·先进》。　⑩与人歌和：《论语·述而》："子与人歌而善，必使反之，而后和之。"　⑪山梁雌雉：《论语·乡党》："色斯举矣，翔而后集。曰：'山梁雌雉，时哉，时哉！'子路共之，三嗅而作。"　⑫斥由之佞：子路举荐子羔为官，孔子认为不妥，子路为之辩解，孔子曰："是故恶夫佞者。"见《论语·先进》。　⑬"答子贡"句：《论语·阳货》："子贡曰：'君子有恶乎？'子曰：'有恶。恶称人之恶者，恶居下流而讪上者，恶勇而无礼者，恶果敢而窒者。'"　⑭周公之梦：《论语·述而》："久矣，吾不复梦见周公。"　⑮东周之想：《论语·阳货》："如有用我者，吾其为东周乎？"

费宰之辞[①]，长府之止[②]，看闵子议论[③]，全是一个机轴，便见他和悦而诤。处人论事之法，莫妙于闵子，天生的一段中平之气。

①费宰之辞：言闵子不愿做费宰事，见《论语·雍也》。费，季氏邑。　②长府之止：闵子见鲁人劳民改作长府，主张仍其旧贯，不必改作。见《论语·先进》。府，藏财货之处。　③闵子：即闵损，字子骞，孔子弟子。

圣人妙处在转移人不觉，贤者以下便露圭角，费声色，做出来只见张皇。

或问："孔、孟周流，到处欲行其道，似技痒的？"曰："圣贤自家看的分数真，天生出我来，抱千古帝王道术，有旋乾转坤手段，只兀兀家居，甚是自负，所以遍行天下，以求遇夫可行之君。既而天下皆无一遇，犹有九夷、浮海之思[①]，公山、佛肸之往[②]。夫子岂真欲如此？只见吾道有起死回生之力，天下有垂死欲生之民，必得君而后术可施也。譬之他人孺子入井与己无干，既在井畔，又知救法，岂忍袖手？"

①九夷、浮海之思：《论语·子罕》："子欲居九夷"。又《论语·公冶长》："子曰：'道不行，乘桴浮于海，从我者其由与？'"　②公山、佛肸之往：《论语·阳货》："公山弗扰以费畔，召，子欲往。"弗扰，季氏宰。又《论语·阳货》："佛肸召，子欲往。"佛肸，赵简子之邑宰。二事均言孔子欲不择地而治也。

明道答安石，能使愧屈[①]，伊川答子由[②]，遂激成三党[③]，可以观二公所得。

①"明道"二句:《宋元学案·明道学案》言议政事,王安石怒言厉色,"先生曰:'天下事非一家私议,愿平气以听'。安石为之愧屈。"明道,即程颢。　　②伊川答子由:《河南程氏遗书》附录载程、苏交恶数事,然事多发生在伊川和苏轼之间。"答子由"未详所出。伊川,即程颐;子由,即苏辙。　　③三党:宋自王安石改革,有新、旧党之分。其后新党为众论所排,旧党亦复分裂,而有洛、蜀、朔三党之别。

休作世上另一种人,形一世之短。圣人也只是与人一般,才使人觉异样,便不是圣人。

平生不作圆软态,此是丈夫。能软而不失刚方之气,此是大丈夫。圣贤之所以分也。

圣人于万事也,以无定体为定体,以无定用为定用,以无定见为定见,以无定守为定守。贤人有定体,有定用,有定见,有定守。故圣人为从心所欲,贤人为立身行己,自有法度。

圣贤之私书,可与天下人见;密事,可与天下人知;不意之言,可与天下人闻;暗室之中,可与天下人窥。

好问好察时[①],着一"我"字不得,此之谓能忘。执两端时,着一"人"字不得,此之谓能定。欲见之施行,略无人己之嫌,此之谓能化。

①好问好察：语见《中庸》："子曰：'舜好问而好察迩言，隐恶而扬善，执其两端，用其中于民，其斯以为舜乎！'"

无过之外更无圣人，无病之外更无好人。贤智者于无过之外求奇，此道之贼也。

积爱所移，虽至恶不能怒，狃于爱故也；积恶所习，虽至感莫能回，狃于恶故也。惟圣人之用情不狃。

圣人有功于天地，只是人事二字。其尽人事也不言天命，非不知回天无力，人事当然，成败不暇计也。

或问："狂者动称古人，而行不掩言，无乃行不顾言乎[①]？孔子奚取焉？"曰："此与行不顾言者人品悬绝。譬之于射，立拱把于百步之外，九矢参连，此养由基能事也[②]。孱夫拙射，引弦之初，亦望拱把而从事焉，即发，不出十步之远，中不近方丈之鹄，何害其为志士？又安知日关弓，月抽矢，白首终身，有不为由基者乎？是故学者贵有志，圣人取有志。狷者言尺行尺[③]，见寸守寸，孔子以为次者，取其守之确而恨其志之隘也。今人安于凡陋，恶彼激昂，一切以行不顾言沮之，又甚者，以言是行非谤之，不知圣人岂有一蹴可至之理？希圣人岂有一朝径顿之术？只有有志而废于半途，未有无志而能行跬步者。"或曰："不言而躬行何如？"曰："此上智也。中人以下须要讲求博学、审问、明辩，与同志之人相砥砺奋发，皆所以讲求之也，安得不言？若行不顾言，则言如此而行如彼，口古人而心衰世，岂得与狂者同日语哉？"

①"狂者"句:《孟子·尽心下》:"'何以谓之狂也?'曰:'其志嘐嘐然,曰古之人,古之人。夷考其行,而不掩焉者也。'"掩,掩覆。又:"何以是嘐嘐也?言不顾行,行不顾言,则曰古之人,古之人。" ②养由基:春秋时楚国大夫,善射,能百步穿杨。 ③狷者:《论语·子路》:"狂者进取,狷者有所不为也。"朱熹注:"狷者,智未及而守有馀。"

君子立身行己自有法度,此有道之言也。但法度自尧、舜、禹、汤、文、武、周、孔以来只有一个,譬如律令一般,天下古今所共守者。若家自为律,人自为令,则为伯夷、伊尹、柳下惠之法度。故以道为法度者,时中之圣[1];以气质为法度者,一偏之圣。

①时中:谓立身行事,随时合乎中道。《礼记·中庸》:"君子之中庸也,君子而时中。"

圣人是物来顺应,众人也是物来顺应。圣人之顺应也,从廓然大公来,故言之应人如响,而吻合乎当言之理;行之应物也,如取诸宫中,而吻合乎当行之理。众人之顺应也,从任情信意来,故言之应人也,好莠自口[1],而鲜与理合;事之应物也,可否惟欲,而鲜与理合。君子则不然,其不能顺应也,不敢以顺应也。议之而后言,言犹恐尤也;拟之而后动,动犹恐悔也。却从存养省察来。噫!今之物来顺应者,人人是也,果圣人乎?可哀也已!

①好莠自口:《诗经·小雅·正月》:"好言自口,莠言自口。忧心愈愈,是以有侮。"

圣人与众人一般，只是尽得众人的道理，其不同者，乃众人自异于圣人也。

天道以无常为常，以无为为为。圣人以无心为心，以无事为事。

万物之情，各求自遂者也。惟圣人之心，则欲遂万物而忘自遂。

为宇宙完人甚难，自初生以至属纩，彻头彻尾无些子破绽尤难，恐亘古以来不多几人。其馀圣人都是半截人，前面破绽，后来修补，比至终年晚岁，才得干净，成就了一个好人，还天付本来面目，故曰汤、武反之也。曰反，则未反之前便有许多欠缺处。今人有过便甘自弃，以为不可复入圣人境域，不知盗贼也许改恶从善，何害其为有过哉？只看归宿处成个甚人，以前都饶得过。

圣人低昂气化，挽回事势，如调剂气血，损其侈不益其强，补其虚不甚其弱，要归于平而已。不平则偏，偏则病，大偏则大病，小偏则小病。圣人虽欲不平，不可得也。

圣人绝四，不惟纤尘微障无处着脚，即万理亦无作用处，所谓顺万事而无情也。

圣人胸中万理浑然，寂时则如悬衡鉴，感之则若决江河，未有无故自发一善念。善念之发，胸中不纯善之故也。故惟有旦昼之梏亡[①],然后有夜气之清明。圣人无时不夜气,是以胸中无无,故自见光景。

①旦昼之梏亡:《孟子·告子上》:“其日夜之所息,平旦之气,其好恶与人相近也者几希。则其旦昼之所为,有梏亡之矣。梏之反覆,则其夜气不足以存。夜气不足以存,则其违禽兽不远矣。”

法令所行,可以使土偶奔趋;惠泽所浸,可以使枯木萌孽;教化所孚,可以使鸟兽伏驯;精神所极,可以使鬼神感格,吾必以为圣人矣。

圣人不强人以太难,只是拨转他一点自然底肯心。

参赞化育底圣人[①],虽在人类中,其实是个活天,吾尝谓之人天。

①参赞化育:赞,即助;育,即生。助天地之化生。《礼记·中庸》:“能尽物之性,则可以赞天地之化育;可以赞天地之化育,则可以与天地参矣。”

孔子只是一个通,通外更无孔子。

圣人不随气运走,不随风俗走,不随气质走。

圣人平天下,不是夷山填海,高一寸还他一寸,低一分还他一分。

“圣而不可知之之谓神。”[①]不可知,可知之祖也。无不可知做可知不出,无可知则不可知何所附属?

①“圣而不可知”句:语见《孟子·尽心下》。意谓有圣知之明,其道不可得知,是谓神人。

只为多了这知觉,便生出许多情缘,添了许多苦恼。落花飞絮岂无死生?他只恁委和委顺而已。或曰:“圣学当如是乎?”曰:“富贵、贫贱、寿夭、宠辱,圣人未尝不落花飞絮之耳。虽有知觉心,不为知觉苦。”

圣人心上再无分毫不自在处。内省不疚,既无忧惧,外至之患,又不怨尤。只是一段不释然,却是畏天命,悲人穷也。

定静安虑[①],圣人无一刻不如此。或曰:“喜怒哀乐到面前何如?”曰:“只恁喜怒哀乐,定静安虑,胸次无分毫加损。”

①定静安虑:《礼记·中庸》:“知止而后有定,定而后能静,静而后能安,安而后能虑,虑而后能得。”

有相予者,谓面上部位多贵,处处指之。予曰:“所忧不在此也。汝相予一心要包藏得天下理,相予两肩要担当得天下事,相予两脚要踏得万事定,虽不贵,予奚忧?不然,予有愧于面也。”

物之入物者染物,入于物者染于物。惟圣人无所入,万物亦不得而入之。惟无所入，故无所不入。惟不为物入，故物亦不得而离之。

人于吃饭穿衣，不曾说我当然不得不然，至于五常百行，却说是当然不得不然，又竟不能然。

孔子七十而后从心[①]，六十九岁未敢从也。众人一生只是从心，从心安得好？圣学战战兢兢，只是降伏一个从字，不曰戒慎恐惧，则曰忧勤惕励，防其从也。岂无乐时？乐也只是乐天。众人之乐则异是矣。任意若不离道，圣贤性不与人殊，何苦若此？

①《论语·为政》："子曰：'吾十五有志于学，三十而立，四十而不惑，五十而知天命，六十而耳顺，七十而从心所欲，不逾矩。'"

日之于万形也，鉴之于万象也，风之于万籁也，尺度权衡之于轻重长短也，圣人之于万事万物也，因其本然，付以自然，分毫我无所与焉。然后感者常平，应者常逸，喜亦天，怒亦天，而吾心之天如故也。万感劻勷，众动轇轕，而吾心之天如故也。

平生无一事可瞒人，此是大快乐。

尧、舜虽是生知安行[①]，然尧、舜自有尧、舜工夫学问。但聪明睿智，千百众人岂能不资见闻，不待思索？朱文公云[②]：圣人生知安行，更无积累之渐。圣人有圣人底积累，岂儒者所能测识哉？

①生知安行：《礼记·中庸》："或生而知之，或学而知之，或困而知之，及其知之，一也。或安而行之，或利而行之，或勉强而行之，及其成功，一也。" ②朱文公：即朱熹。

圣人不矫。

圣人一无所昏。

孟子谓文王取之，而燕民不悦则勿取，虽非文王之心，最看得时势定。文王非利天下而取之，亦非恶富贵而逃之，顺天命之予夺，听人心之向背，而我不与焉。当是时，三分天下才有其二，即武王亦动手不得，若三分天下有其三，即文王亦束手不得。《酌》之诗曰："遵养时晦，时纯熙矣，是用大介①。"天命人心，一毫假借不得。商家根深蒂固，须要失天命人心到极处，周家积功累仁，须要收天命人心到极处，然后得失界限决绝洁净，无一毫粘带。如瓜熟自落，栗熟自坠，不待剥摘之力。且莫道文王时动得手，即到武王时，纣又失了几年人心，武王又收了几年人心。《牧誓》《武成》取得何等费唇舌②！《多士》《多方》守得何等耽惊怕③；则武王者，生摘劲剥之所致也。又譬之疮落痂、鸡出卵，争一刻不得。若文王到武王时定不犯手，或让位微、箕④，为南河、阳城之避⑤，徐观天命人心之所属，属我我不却之使去，不属我我不招之使来，安心定志，任其自去来耳。此文王之所以为至德。使安受二分之归，不惟至德有损，若纣发兵而问，叛人即不胜，文王将何辞？虽万万出文王下者,亦不敢安受商之叛国也。用是见文王仁熟智精,所以为宣哲之圣也。

①《酌》:《诗经·周颂》篇名。　②《牧誓》《武成》:皆是《尚书·周书》篇名。　③《多士》《多方》:皆是《尚书·周书》篇名。　④微、箕:即微子和箕子。微子,商纣王庶兄,封于微;箕子,商纣王诸父,封于箕。　⑤南河:《史记·五帝本纪》:"尧崩,三年之丧毕,舜让辟丹(尧之子)于南河之南。"　阳城:言禹让舜之子商均事。

汤祷桑林,以身为牺[①],此史氏之妄也。按汤世十八年旱,至二十三年祷桑林,责六事,于是旱七年矣,天乃雨。夫农事冬旱不禁三月,夏旱不禁十日,使汤待七年而后祷,则民已无孑遗矣,何以为圣人?即汤以身祷而天不雨,将自杀,与是绝民也,将不自杀,与是要天也,汤有一身能供几祷?天虽享祭,宁欲食汤哉?是七年之间,岁岁有旱,未必不祷,岁岁祷雨,未必不应,六事自责,史臣特纪其一时然耳。以人祷,断断乎其无也。

①"汤祷桑林"二句:言商汤之时,大旱,为祈雨,汤以身为祭品,祷于桑林。事见《淮南子·主术》。

伯夷见冠不正,望望然去之,何不告之使正?柳下惠见袒裼裸程,而由由与偕,何不告之使衣?故曰:不夷不惠,君子居身之珍也。

亘古五帝三王不散之精英,铸成一个孔子,馀者犹成颜、曾以下诸贤，至思、孟而天地纯粹之气索然一空矣。春秋战国君臣之不肖也，宜哉！后乎此者，无圣人出焉，靳孔、孟诸贤之精英而未尽泄与？

品　藻

独处看不破，忽处看不破，劳倦时看不破，急遽仓卒时看不破，惊忧骤感时看不破，重大独当时看不破，吾必以为圣人。

圣人做出来都是德性，贤人做出来都是气质，众人做出来都是习俗，小人做出来都是私欲。

汉儒杂道，宋儒隘道。宋儒自有宋儒局面，学者若入道，且休着宋儒横其胸中，只读六经四书而体玩之，久久胸次自是不同。若看宋儒，先看濂溪、明道[①]。

①濂溪：即周敦颐，号濂溪。　明道：即程颢，号明道。

一种人难悦亦难事，只是度量褊狭，不失为君子；一种人易事亦易悦，这是贪污软弱，不失为小人。

为小人所荐者，辱也；为君子所弃者，耻也。

小人有恁一副邪心肠，便有一段邪见识；有一段邪见识，便有一段邪议论;有一段邪议论,便引一项邪朋党,做出一番邪举动。其议论也,援引附会,尽成一家之言,攻之则圆转迁就而不可破;其举动也,借善攻善,匿恶济恶,善为骑墙之计,击之则疑似牵缠而不可断。此小人之尤,而借君子之迹者也。此藉君子之名,而济小人之私者也。亡国败家,端是斯人。若明白小人,刚戾小人,这都不足恨。所以易恶阴柔,阳只是一个,惟阴险伏而多端,变幻而莫测,驳杂而疑似,譬之光天化日,黑白分明,人所共见,暗室晦夜,多少埋伏,多少类象,此阴阳之所以别也。虞廷黜陟,惟曰幽明①,其以是夫?

①“虞廷”二句:意谓黜幽陟明,赏罚明信。《尚书·舜典》:“三载考绩,三考,黜陟幽明。”

富于道德者不矜事功,犹矜事功,道德不足也;富于心得者不矜闻见,犹矜闻见,心得不足也。文艺自多,浮薄之心也;富贵自雄,卑陋之见也。此二人者,皆可怜也,而雄富贵者更不数于丈夫行。彼其冬烘盛大之态,皆君子之所欲呕者也。而彼且志骄意得,可鄙孰甚焉?

士君子在尘世中,摆脱得开,不为所束缚;摆脱得净,不为所污蔑,此之谓天挺人豪。

藏名远利,夙夜汲汲乎实行者,圣人也。为名修,为利劝,夙夜汲汲乎实行者,贤人也。不占名标,不寻利孔,气昏志惰,荒德废业者,众人也。炫虚名,渔实利,而内存狡狯之心,阴为鸟兽之行者,盗贼也。

圈子里干实事，贤者可能；圈子外干大事，非豪杰不能。或曰："圈子外可干乎？"曰："世俗所谓圈子外，乃圣贤所谓性分内也。人守一官，官求一称，内外皆若人焉，天下可庶几矣，所谓圈子内干实事者也。心切忧世，志在匡时，苟利天下，文法所不能拘；苟计成功，形迹所不必避，则圈子外干大事者也。识高千古，虑周六合，挽末世之颓风，还先王之雅道，使海内复尝秦汉以前之滋味，则又圈子以上人矣。世有斯人乎？吾将与之共流涕矣。乃若硁硁狃众见，惴惴循弊规，威仪文辞，灿然可观，勤慎谦默，居然寡过，是人也，但可为高官耳，世道奚赖焉？"

达人落叶穷通，浮云生死；高士睥睨古今，玩弄六合；圣人古今一息，万物一身；众人尘弃天真，腥集世味。

阳君子取祸，阴君子独免；阳小人取祸，阴小人得福。阳君子刚正直方，阴君子柔嘉温厚；阳小人暴戾放肆，阴小人奸回智巧。

古今士率有三品：上士不好名，中士好名，下士不知好名。

上士重道德，中士重功名，下士重辞章，斗筲之人重富贵[①]。

①斗筲之人：斗、筲皆为器物名。指才识平庸，气量狭小之人。《论语·子路》："子曰：'噫，斗筲之人，何足算也。'"

人流品格，以君子小人定之，大率有九等：有君子中君子，才全德备，无往不宜者也。有君子，优于德而短于才者也。有善人，恂雅温朴，仅足自守，识见虽正，而不能自决，躬行虽力，而不能自保。有众人，才德识见俱无足取，与世浮沉，趋利避害，禄禄风俗中无自表异。有小人，偏气邪心，惟己私是殖，苟得所欲，亦不害物。有小人中小人，贪残阴狠，恣意所极，而才足以济之，敛怨怙终，无所顾忌。外有似小人之君子，高峻奇绝，不就俗检，然规模弘远，小疵常类，不足以病之。有似君子之小人，老诈浓文，善藏巧借，为天下之大恶，占天下之大名，事幸不败，当时后世皆为所欺而竟不知者。有君子小人之间，行亦近正而偏，语亦近道而杂，学圆通便近于俗，尚古朴则入于腐，宽便姑息，严便猛鸷。是人也，有君子之心，有小人之过者也，每至害道，学者戒之。

有俗检，有礼检。有通达，有放达。君子通达于礼检之中，骚士放达于俗检之外。世之无识者，专以小节细行定人品，大可笑也。

上才为而不为，中才只见有为，下才一无所为。

心术平易，制行诚直，语言疏爽，文章明达，其人必君子也。心术微暧，制行诡秘，语言吞吐，文章晦涩，其人亦可知矣。

有过不害为君子，无过可指底，真则圣人，伪则大奸，非乡愿之媚世，则小人之欺世也。

从欲则如附膻，见道则若嚼蜡，此下愚之极者也。

有涵养人心思极细，虽应仓卒，而胸中依然暇豫，自无粗疏之病。心粗便是学不济处。

功业之士，清虚者以为粗才，不知尧、舜、禹、汤、皋、夔、稷、契功业乎？清虚乎？饱食暖衣而工骚墨之事，话玄虚之理，谓勤政事者为俗吏，谓工农桑者为鄙夫，此敝化之民也，尧、舜之世无之。

观人括以五品：高、正、杂、庸、下。独行奇识曰高品，贤智者流。择中有执曰正品，圣贤者流。有善有过曰杂品，劝惩可用。无短无长曰庸品，无益世用。邪伪二种曰下品，慎无用之。

气节信不过人，有出一时之感慨，则小人能为君子之事；有出于一念之剽窃，则小人能盗君子之名。亦有初念甚力，久而屈其雅操，当危能奋，安而丧其平生者，此皆不自涵养中来。若圣贤学问，至死更无破绽。

无根本底气节，如酒汉殴人，醉时勇，醒时索然无分毫气力。无学问底识见，如庖人炀灶，面前明，背后左右无一些照顾，而无知者赏其一时，惑其一偏，每击节叹服，信以终身。吁！难言也。

众恶必察，是仁者之心。不仁者闻人之恶，喜谈乐道。疏薄者闻人之恶,深信不疑。惟仁者知恶名易以污人,而作恶者之好为诬善也,既察为人所恶者何人,又察言者何心,又察致恶者何由,耐心留意,独得其真。果在位也,则信任不疑;果不在位也,则举辟无贰;果如人所中伤也,则扶救必力。呜呼!此道不明久矣。

党锢诸君,只是褊浅无度量。身当浊世,自处清流,譬之泾渭,不言自别。正当遵海滨而处,以待天下之清也,却乃名检自负,气节相高,志满意得,卑视一世而践踏之,讥谤权势而狗彘之,使人畏忌。奉承愈炽愈骄,积津要之怒,溃权势之毒,一朝而成载胥之凶,其死不足惜也。《诗》称“明哲保身”①,孔称“默足有容,免于刑戮”②,岂贵货清市直,甘鼎镬如饴哉?申、陈二子③,得之郭林宗几矣④。顾厨俊及⑤,吾道中之罪人也,仅愈于卑污耳。若张俭则又李膺、范滂之罪人⑥,可诛也夫!

①明哲保身:语出《诗经·大雅·烝民》:“既明且哲,以保其身。” ②孔:孔子。 默足有容:语出《中庸》第二十七章:“国有道,其言足以兴。国无道,其默足以容。” 免于刑戮:语出《论语·公冶长》:“子谓南容:‘邦有道,不废。邦无道,免于刑戮。’” ③申、陈二子:指申、陈二地的学生。申,古国名,此指申地,即陕西、山西一带。陈,古国名,此指陈地,即山西一带。 ④郭林宗:即郭泰,东汉人,博通典籍,享有盛誉。 ⑤顾厨俊及:指“八顾”、“八厨”、“八俊”、“八及”,都是东汉末对一些名士的称号。详见《后汉书·党锢列传》。 ⑥张俭、李膺、范滂:皆上述“顾厨俊及”中人。

问:“严子陵何如①?”曰:“富贵利达之世不可无此种高

人,但朋友不得加于君臣之上。五臣与舜同僚友[2],今日比肩,明日北面而臣之,何害其为圣人?若有用世之才,抱忧世之志,朋时之所讲求,正欲大行竟施以康天下,孰君孰臣,正不必尔。如欲远引高蹈,何处不可藏身?便不见光武也得,既见矣,犹友视帝,而加足其腹焉,恐道理不当如是。若光武者则大矣。"

①严子陵:严光,字子陵。初与刘秀同学,刘秀即位后,屡召不仕,归隐富春山。 ②五臣:指舜之五臣,即禹、稷、契、皋陶和伯益。

见是贤者,就着意回护,虽有过差,都向好边替他想;见是不贤者,就着意搜索,虽有偏长,都向恶边替他想,自宋儒以来率坐此失。大段都是个偏识见,所谓好而不知其恶,恶而不知其美者。惟圣人便无此失,只是此心虚平。

蕴藉之士深沉,负荷之士弘重,斡旋之士圆通,康济之士精敏。反是皆凡才也,即聪明辩博无补焉。

君子之交怕激,小人之交怕合。斯二者,祸人之国,其罪均也。

圣人把得定理,把不得定势。是非,理也。成败,势也。有势不可为而犹为之者,惟其理而已。知此,则三仁可与五臣比事功[1],孔子可与尧、舜较政治。

①三仁:指殷末三忠臣,即微子、箕子和比干。五臣:指舜之五臣,

见上注。

未试于火,皆纯金也。未试于事,皆完人也。惟圣人无往而不可。下圣人一等皆有所不足,皆可试而败。夫三代而下人物,岂甚相远哉?生而所短不遇于所试,则全名定论,可以盖棺;不幸而偶试其所不足,则不免为累。夫试不试之间,不可以定人品也。故君子观人不待试,而人物高下终身事业不爽分毫,彼其神识自在世眼之外耳。

世之颓波,明知其当变,狃于众皆为之而不敢动;事之义举,明知其当为,狃于众皆不为而不敢动,是亦众人而已。提抱之儿得一果饼,未敢辄食,母尝之而后入口,彼不知其可食与否也。既知之矣,犹以众人为行止,可愧也夫。惟英雄豪杰不徇习以居非,能违俗而任道,夫是之谓独复[①]。呜呼!此庸人智巧之士,所谓生事而好异者也。

①独复:指特立独行而从道者。《周易·复卦》:"象曰:'中行独复',以从道也。"

士气不可无,傲气不可有。士气者,明于人己之分,守正而不诡随。傲气者,昧于上下之等,好高而不素位。自处者每以傲人为士气,观人者每以士气为傲人。悲夫!故惟有士气者能谦己下人。彼傲人者昏夜乞哀,或不可知矣。

体解神昏、志消气沮,天下事不是这般人干底。攘臂抵掌,矢志奋心,天下事也不是这般人干底。干天下事者,智深勇沉,神闲气定,有所不言,言必当,有所不为,为必成,不自好而露才,不轻试以幸功,此真才也,世鲜识之。近世惟前二种人,乃互相讥,识者胥笑之。

贤人君子,那一种人里没有?鄙夫小人,那一种人里没有?世俗都在那爵位上定人品,把那邪正却作第二着看。今有仆隶乞丐之人,特地做忠孝节义之事,为天地间立大纲常,我当北面师事之。环视达官贵人,似俯首居其下矣。论到此,那富贵利达与这忠孝节义比来,岂直太山鸿毛哉?然则匹夫匹妇未可轻,而下士寒儒其自视亦不可渺然小也。故论势分,虽抱关之吏①,亦有所下以伸其尊。论性分,则尧、舜与途人可揖让于一堂。论心谈道,孰贵孰贱?孰尊孰卑?故天地间惟道贵,天地间人惟得道者贵。

①抱关之吏:守门的小吏。

山林处士常养一个傲慢轻人之象,常积一腹痛愤不平之气,此是大病痛。

好名之人充其心,父母兄弟妻子都顾不得,何者?名无两成,必相形而后显。叶人证父攘羊①,陈仲子恶兄受鹅②,周泽奏妻破戒③,皆好名之心为之也。

①叶人证父攘羊:《论语·子路》:"叶公语孔子曰:'吾党有直躬者,其父攘羊,而子证之。'"攘,盗窃;证,告发。 ②陈仲子:事见《孟子·滕文公下》。前已注。 ③周泽奏妻破戒:东汉建武间大臣周泽

卧疾斋宫,其妻哀其老病,窥问所苦。泽怒,以妻干犯斋禁,收送诏狱谢罪。事见《后汉书·儒林列传》。

世之人常把好事让与他人做,而甘居己于不肖,又要掠个好名儿在身上,而诋他人为不肖。悲夫!是益其不肖也。

理圣人之口易,理众人之口难。圣人之口易为众人,众人之口难为圣人,岂直当时之毁誉,即千古英雄豪杰之士,节义正直之人,一入议论之家,彼臧此否,各骋偏执,互为雌黄。譬之舞文吏出入人罪,惟其所欲,求其有大公至正之见,死者复生而向服者几人?是生者肆口,而死者含冤也。噫!使臧否人物者,而出于无闻之士,犹昔人之幸也。彼擅著作之名,号为一世人杰,而立言不慎,则是狱成于廷尉,就死而莫之辩也,不仁莫大焉。是故君子之论人,与其刻也宁恕。

正直者必不忠厚,忠厚者必不正直。正直人植纲常扶世道,忠厚人养和平培根本。然而激天下之祸者,正直之人;养天下之祸者,忠厚之过也。此四字兼而有之,惟时中之圣。

露才是士君子大病痛,尤莫甚于饰才。露者,不藏其所有也。饰者,虚剽其所无也。

士有三不顾:行道济时人顾不得爱身,富贵利达人顾不得爱德,全身远害人顾不得爱天下。

其事难言而于心无愧者,宁灭其可知之迹。故君子为心受恶,太伯是已[①]。情有所不忍,而义不得不然者,宁负大不韪之名。故君子为理受恶,周公是已[②]。情有可矜,而法不可废者,宁自居于忍以伸法。故君子为法受恶,武侯是已[③]。人皆为之,而我独不为,则掩其名以分谤。故君子为众受恶,宋子罕是已[④]。

①太伯:周先祖古公亶父之长子,与二弟虞仲有意逃亡至南方荆蛮之地,让位于小弟季历,再传位与其子姬昌,是为周文王。事见《史记·周本纪》。 ②周公:文王之子,武王之弟。周武王死,成王年少,管叔、蔡叔等群弟合武庚作乱,周公不得已讨伐,诛武庚、管叔、放蔡叔。事见《史记·周本纪》。 ③武侯:即诸葛亮。治军以法,事见《三国志·蜀志》本传。 ④宋子罕:即司城子罕,宋臣。子罕分谤事见《左传·襄公十七年》:宋皇国父为平公筑台,妨于农时。子罕请俟农功之毕,公弗许。筑者讴曰:"泽门之皙(指皇国父),实兴我役。邑中之黔(指子罕),实慰吾心。"子罕闻之,亲执扑以行筑者。或问其故,子罕曰:"宋国区区,而有诅有祝,祸之本也。"

不欲为小人,不能为君子。毕竟作甚么人?曰:众人。既众人,当与众人伍矣,而列其身名于士大夫之林可乎?故众人而有士大夫之行者荣,士大夫而为众人之行者辱。

天之生人,虽下愚亦有一窍之明,听其自为用而极致之,亦有可观,而不可谓之才。所谓才者,能为人用,可圆可方,能阴能阳,而不以己用者也,以己用皆偏才也。

心平气和而有强毅不可夺之力,秉公持正而有圆通不可拘之权,可以语人品矣。

从容而不后事,急遽而不失容,脱略而不疏忽,简静而不凉薄,真率而不鄙俚,温润而不脂韦,光明而不浅浮,沉静而不阴险,严毅而不苛刻,周匝而不烦碎,权变而不谲诈,精明而不猜察,亦可以为成人矣。

厚德之士能掩人过,盛德之士不令人有过。不令人有过者,体其不得已之心,知其必至之情,而预遂之者也。

烈士死志,守士死职,任士死怨,忿士死斗,贪士死财,躁士死言。

知其不可为而遂安之者,达人智士之见也;知其不可为而犹极力以图之者,忠臣孝子之心也。

无识之士有三耻:耻贫,耻贱,耻老。或曰:“君子独无耻与?”曰:“有耻。亲在而贫,耻;用贤之世而贱,耻;年老而德业无闻,耻。”

初开口便是煞尾语,初下手便是尽头着,此人大无含蓄,大不济事,学者戒之。

一个俗念头,一双俗眼目,一口俗话说,任教聪明才辩,可惜错活了一生。

或问:“君子小人辩之最难?”曰:“君子而近小人之迹,小人而为君子之态,此诚难辩。若其大都,则如皂白不可掩也。

君子容貌敦大老成,小人容貌浮薄琐屑。君子平易,小人跷蹊;君子诚实,小人奸诈;君子多让,小人多争;君子少文,小人多态。君子之心正直光明,小人之心邪曲微暧。君子之言雅淡质直,惟以达意;小人之言鲜浓柔泽,务于可人。君子与人亲而不昵,直谅而不养其过;小人与人狎而致情,谀悦而多济其非。君子处事可以盟天质日,虽骨肉而不阿;小人处事低昂世态人情,虽昧理而不顾。君子临义,慷慨当前,惟视天下国家人物之利病,其祸福毁誉了不关心;小人临义则观望顾忌,先虑爵禄身家妻子之便否,视社稷苍生漫不属己。君子事上,礼不敢不恭,难使枉道;小人事上,身不知为我,侧意随人。君子御下,防其邪而体其必至之情;小人御下,遂吾欲而忘彼同然之愿。君子自奉节俭恬雅,小人自奉汰侈弥文。君子亲贤爱士,乐道人之善;小人嫉贤妒能,乐道人之非。如此类者,色色顿殊。孔子曰:'患不知人[①]。'吾以为终日相与,其类可分,虽善矜持,自有不可掩者在也。"

①患不知人:《论语·学而》:"子曰:'不患人之不己知,患不知人也。'"

今之论人者,于辞受不论道义,只以辞为是,故辞宁矫廉,而避贪爱之嫌。于取与不论道义,只以与为是,故与宁伤惠,而避吝啬之嫌。于怨怒不论道义,只以忍为是,故礼虽当校,而避无量之嫌。义当明分,人皆病其谀而以倨傲矜陵为节概;礼当持体,人皆病其倨而以过礼足恭为盛德。惟俭是取者,不辩礼有当丰;惟默是贵者,不论事有当言。此皆察理不精,贵贤知而忘其过者也。噫!与不及者诚有间矣,其贼道均也[①]。

①贼道:害道。

狃浅识狭闻,执偏见曲说,守陋规俗套,斯人也若为乡里常人,不足轻重,若居高位有令名,其坏世教不细。

以粗疏心看古人亲切之语,以烦躁心看古人静深之语,以浮泛心看古人玄细之语,以浅狭心看古人博洽之语,便加品骘,真孟浪人也。

文姜与弑桓公[①],武后灭唐子孙[②],更其国庙,此二妇者,皆国贼也,而祔葬于墓,祔祭于庙,礼法安在?此千古未反一大案也。或曰:“子无废母之义。”噫!是言也,闾阎市井儿女之识也。以礼言,三纲之重等于天地[③],天下共之。子之身,祖庙承继之身,非人子所得而有也。母之罪,宗庙君父之罪,非人子所得而庇也。文姜、武后,庄公、中宗安得而私之[④]?以情言,弑吾身者与我同丘陵,易吾姓者与我同血食,祖父之心悦乎?怒乎?对子而言则母尊,对祖父而言,则吾母臣妾也。以血属而言,祖父我同姓,而母异姓也,子为母忘身可也,不敢仇,虽杀我可也,不敢仇。宗庙也,父也,我得而专之乎?专祖父之庙以济其私,不孝;重生我之恩,而忘祖父之仇,亦不孝;不体祖父之心,强所仇而与之共土同牢,亦不孝。二妇之罪当诛,吾为人子不忍行,亦不敢行也;有为国讨贼者,吾不当闻,亦不敢罪也。不诛不讨,为吾母者逋戮之元凶也。葬于他所,食于别宫,称后夫人而不系于夫,终身哀悼,以伤吾之不幸而已。庄公、中宗皆昏庸之主,吾无责矣。吾恨当时大臣陷君于大过而不顾也。或曰:“葬我小君文姜[⑤],夫子既许之矣,子何罪焉?”曰:“此胡氏失仲尼之意也[6]。仲尼盖伤鲁君臣之昧礼,而特著其事以示讥尔。曰我言不当我而我之也,曰小君言不成小君而小君之也。与历世夫人同书而不异其词,仲尼之心岂无别白至此哉?不然,姜氏会齐侯,每行必书其恶,恶之深如此而肯许其为我小君耶?”或曰:“子狃于母重而不敢不尊,臣狃于君命而不敢不从,是亦权变之礼耳。”余曰:“否!否!宋桓夫人出耳[7],襄公立而不敢迎其母,圣人不罪。襄公之薄恩而美夫人之守礼,况二妇之罪弥漫宇宙,万倍于出者,臣子忘祖父之重,而尊一罪大恶极之母,以伸其私,天理民彝灭矣。道之不明一至是哉!余安得而忘言?”

①文姜:齐僖公之女,鲁桓公夫人。文姜与兄齐襄公私通。桓公怒,襄公遂杀之。事见《左传》桓公十八年。　②武后:即武则天,唐高宗后。载初元年(690)废睿宗,自称圣神皇帝,改国号为周。③三纲:封建社会中三种主要的道德关系。《白虎通·三纲六纪》:“三纲者,何谓也?君臣、父子、夫妇也。”　④庄公:鲁庄公,文姜之子。中宗:唐中宗,武则天之子。　⑤葬我小君文姜:语出《春秋·庄公二十二年》。小君,古代称诸侯的妻子。　⑥胡氏:胡安国,字康侯,宋人。著有《春秋传》。　⑦宋桓夫人:宋桓公之妻,宋襄公之母,为卫文公妹。宋桓公夫人出归卫国,襄公立,夫人思之而义不可往。

平生无一人称誉,其人可知矣。平生无一人诋毁,其人亦可知矣。大如天,圣如孔子,未尝尽可人意。是人也,无分君子小人皆感激之,是在天与圣人上,贤耶?不肖耶?我不可知矣。

寻行数墨是头巾见识[1],慎步矜趋是钗裙见识,大刀阔斧是丈夫见识,能方能圆、能大能小是圣人见识。

①寻行数墨:谓只会背诵书本文句,而不明义理。《景德传灯录》二九载宝志《大乘赞》:"不解佛法圆通,徒劳寻行数墨。"

春秋人计可否,畏礼义,惜体面。战国人只是计利害,机械变诈,苟谋成计得,顾甚体面?说甚羞耻?

太和中发出,金石可穿,何况民物有不孚格者乎?

自古圣贤孜孜汲汲,惕励忧勤,只是以济世安民为己任,以检身约己为先图。自有知以至于盖棺,尚有未毕之性分,不了之心缘。不惟孔、孟,虽佛、老、墨翟、申、韩皆有一种毙而后已念头,是以生不为世间赘疣之物,死不为幽冥浮荡之鬼。乃西晋王衍辈一出[①],以身为懒散之物,百不经心,放荡于礼法之外,一无所忌,以浮谈玄语为得圣之清,以灭理废教为得道之本,以浪游于山水之间为高人,以衔杯于糟曲之林为达士,人废职业,家尚虚无,不止亡晋,又开天下后世登临题咏之祸,长惰慢放肆之风,以至于今。追原乱本,盖开衅于庄、列,而基恶于巢、由。有世道之责者,宜所戒矣。

①王衍:西晋大臣,字夷甫。喜谈老庄,所议义理,随时更改,时人称为"口中雌黄。"

微子抱祭器归周[①],为宗祀也。有宋之封,但使先王血食,则数十世之神灵有托,我可也,箕子可也[②],但属子姓者一人亦可也。若曰事异姓以苟富贵而避之嫌,则浅之乎其为识也。惟是箕子可为夷、齐,而《洪范》之陈[3]、朝鲜之封,是亦不可以已乎?曰:系累之臣,释囚访道,待以不臣之礼而使作宾,固圣人之所不忍负也。此亦达节之一事,不可为后世宗臣借口。

①微子抱祭器归周:见《史记·宋微子世家》。微子,商纣王庶兄。周朝建立后,命微子代殷后,国于宋。　②箕子:商纣王叔父。周武王灭商后,封箕子于朝鲜。事见《史记·宋微子世家》。　③《洪范》:《尚书》篇名,据传为箕子所作。

无心者公,无我者明。当局之君子不如旁观之众人者,有心有我之故也。

君子豪杰战兢惕励,当大事勇往直前;小人豪杰放纵恣睢,拚一命横行直撞。

"老子犹龙"不是尊美之辞[1],盖变化莫测,渊深不露之谓也。

①老子犹龙:谓老子像龙一样变幻莫测。语见《史记·老子韩非列传》所载孔子语。

乐要知内外。圣贤之乐在心,故顺逆穷通随处皆泰;众人之乐在物,故山溪花鸟遇境才生。

可恨读底是古人书,作底是俗人事。

言语以不肖而多,若皆上智人,更不须一语。

能用天下而不能用其身,君子惜之。善用其身者,善用天下者也。

粗豪人也自正气,但一向恁底便不可与入道。

学者不能徙义改过,非是不知,只是积慵久惯。自家由不得自家,便没一些指望。若真正格致了,便由不得自家,欲罢不能矣。

孔、孟以前人物只是见大,见大便不拘挛。小家势人寻行数墨,使杀了,只成就个狷者。

终日不歇口,无一句可议之言,高于缄默者百倍矣。

越是聪明人越教诲不得。

强恕,须是有这恕心才好。勉强推去,若视他人饥寒痛楚漠然通不动心,是恕念已无,更强个甚?还须是养个恕出来,才好与他说强。

盗莫大于瞒心昧己,而窃劫次之。

明道受用处[①]，阴得之佛、老；康节受用处[②]，阴得之庄、列，然作用自是吾儒。盖能奴仆四氏，而不为其所用者。此语人不敢道，深于佛、老、庄、列者自然默识得。

①明道：即程颢。　②康节：即北宋思想家邵雍，字尧夫，谥康节。

乡原是似不是伪，孟子也只定他个似字[①]。今人却把似字作伪字看，不惟欠确，且末减了他罪。

①"乡原"二句：《孟子·尽心下》："万章曰：'一乡皆称原人焉，无所往而不为原人。孔子以为德之贼，何哉？'曰：'非之无举也，刺之无刺也，同乎流俗，合乎污世，居之似忠信，行之似廉洁，众皆悦之，自以为是，而不可与人尧舜之道，故曰德之贼也。'"

不当事，不知自家不济。才随遇长，识以穷精。坐谈先生只好说理耳。

沉溺了，如神附，如鬼迷，全由不得自家，不怕你明见真知。眼见得深渊陡涧，心安意肯底直前撞去，到此翻然跳出，无分毫粘带，非天下第一大勇不能。学者须要知此。

巢父、许由，世间要此等人作甚？荷蒉、晨门、长沮、桀溺知世道已不可为[①]，自有无道则隐一种道理。巢、由一派有许多人皆污浊尧、舜，唠吐皋、夔[②]，自谓旷古高人，而不知不仕无义，洁一身以病天下，吾道之罪人也。且世无巢、许，不害其为唐虞，无尧、舜、皋、夔，巢、许也没安顿处，谁成就你个高人？

①荷蒉、晨门、长沮、桀溺：皆为隐士，其名都见于《论语》。
②皋、夔：都是尧、舜时期大臣。

而今士大夫聚首时，只问我辈奔奔忙忙、熬熬煎煎，是为天下国家，欲济世安民乎？是为身家妻子，欲位高金多乎？世之治乱，民之死生，国之安危，只于这两个念头定了。嗟夫！吾辈日多而世益苦，吾辈日贵而民日穷，世何贵于有吾辈哉？

只气盛而色浮，便见所得底浅。邃养之人安详沉静，岂无慷慨激切，发强刚毅时，毕竟不轻恁的。

以激为直，以浅为诚，皆贤者之过。

评品古人，必须胸中有段道理，如权平衡直，然后能称轻重。若执偏见曲说，昧于时不知其势，责其病不察其心，未尝身处其地，未尝心筹其事，而曰某非也，某过也，是瞽指星、聋议乐，大可笑也。君子耻之。

小勇噭燥，巧勇色笑，大勇沉毅，至勇无气。

为善去恶是趋吉避凶，惑矣，阴阳异端之说也。祀非类之鬼，禳自致之灾，祈难得之福，泥无损益之时日，宗趋避之邪术，悲夫，愚民之抵死而不悟也！即悟之者，亦狃天下皆然，而不敢异。至有名公大人，尤极信尚。呜呼！反经以正邪慝[①]，将谁望哉?

①反经:谓恢复常道。《孟子·尽心下》:“君子反经而已矣,经正则庶民兴。”

夫物愚者真,智者伪;愚者完,智者丧。无论人,即乌之返哺[1],雉之耿介,鸤鸠均平专一[2],雎鸠和而不流[3],雁之贞静自守,驺虞之仁[4],獬豸之秉正嫉邪[5],何尝有矫伪哉?人亦然,人之全其天者,皆非智巧者也。才智巧,则其天漓矣,漓则其天可夺,惟愚者之天不可夺。故求道真,当求之愚;求不二心之臣以任天下事,亦当求之愚。夫愚者何尝不智哉?愚者之智,纯正专一之智也。

①乌之反哺:《说文解字》:“乌,孝鸟也。”段玉裁注曰,“谓其能反哺也。” ②“鸤鸠”句:《诗经·曹风·鸤鸠》:“鸤鸠在桑,其子七兮。”朱熹《诗集传》认为此诗之用意在“美君子之用心均平专一。” ③“雎鸠”句:《诗经·周南·关雎》:“关关雎鸠,在河之洲。”注者以为雎鸠挚而有别,和而不流。 ④驺虞:《诗·召南·驺虞》注谓驺虞为义兽,有至信之德则应之。 ⑤獬豸:传说中的异兽名,能辨别曲直邪正。

面色不浮,眼光不乱,便知胸中静定,非久养不能。《礼》曰:“俨若思,安定辞。”善形容有道气象矣。

于天理汲汲者,于人欲必淡;于私事耽耽者,于公务必疏;于虚文烨烨者,于本实必薄。

圣贤把持得“义”字最干净，无分毫“利”字干扰。众人才有义举，便不免有个“利”字来扰乱。“利”字不得，便做“义”字不成。

道自孔、孟以后，无人识三代以上面目。汉儒无见于精，宋儒无见于大。

有忧世之实心，泫然欲泪；有济世之实才，施处辄宜。斯人也，我愿为曳履执鞭。若聚谈纸上微言，不关国家治忽，争走尘中众辙，不知黎庶死生，即品格有清浊，均于宇宙无补也。

安重深沉是第一美质。定天下之大难者，此人也。辩天下之大事者，此人也。刚明果断次之。其他浮薄好任，翘能自喜，皆行不逮者也。即见诸行事而施为无术，反以偾事，此等只可居谈论之科耳。

任有七难：繁任要提纲挈领，宜综核之才。重任要审谋独断，宜镇静之才。急任要观变会通，宜明敏之才。密任要藏机相可，宜周慎之才。独任要担当执持，宜刚毅之才。兼任要任贤取善，宜博大之才。疑任要内明外朗，宜驾驭之才。天之生人，各有偏长。国家之用人，备用群长。然而投之所向辄不济事者，所用非所长，所长非所用也。

操进退用舍之权者，要知大体。若专以小知观人，则卓荦奇伟之士都在所遗。何者？敦大节者不为细谨，有远略者或无小才，肩巨任者或无捷识；而聪明材辩、敏给圆通之士，节文习熟、闻见广洽之人,类不能裨缓急之用。嗟夫!难言之矣。士之遇不遇,顾上之所爱憎也。

居官念头有三用:念念用之君民,则为吉士;念念用之套数,则为俗吏;念念用之身家,则为贼臣。

小廉曲谨之士,循途守辙之人,当太平时,使治一方、理一事,尽能奉职。若定难决疑,应卒蹈险,宁用破绽人,不用寻常人。虽豪悍之魁,任侠之雄,驾御有方,更足以建奇功,成大务。噫!难与曲局者道。

圣人悲时悯俗,贤人痛世疾俗,众人混世逐俗,小人败常乱俗。呜呼!小人坏之,众人从之,虽悯虽疾,竟无益矣。故明王在上,则移风易俗。

观人只谅其心,心苟无他,迹皆可原。如下官之供应未备,礼节偶疏,此岂有意简傲乎?简傲上官以取罪,甚愚者不为也,何怒之有?供应丰溢,礼节卑屈,此岂敬我乎?将以悦我为进取之地也,何感之有?

今之国语乡评,皆绳人以细行,细行一亏,若不可容于清议,至于大节都脱略废坠,浑不说起。道之不明,亦至此乎?可叹也已!

凡见识,出于道理者第一,出于气质者第二,出于世俗者第三,出于自私者为下。道理见识,可建天地,可质鬼神,可推四海，可达万世，正大公平，光明易简，此尧、舜、禹、汤、文、武、周、孔相与授受者是也。气质见识，仁者谓之仁，智者谓之智。刚气多者为贤智，为高明；柔气多者为沉潜，为谦忍。夷、惠、伊尹、老、庄、申、韩，各发明其质之所近是已。世俗见识，狃于传习之旧，不辩是非；安于耳目之常，遂为依据。教之则藐不相入，攻之则牢不可破，浅庸卑陋而不可谈王道。自秦、汉、唐、宋以来，创业中兴，往往多坐此病。故礼乐文章，因陋就简，纪纲法度，缘势因时。二帝三王旨趣漫不曾试尝，邈不入梦寐，可为流涕者。此辈也，己私见识利害荣辱横于胸次，是非可否迷其本真，援引根据亦足成一家之说，附会扩充尽可眩众人之听。秦皇本游观也，而托言巡狩四岳；汉武本穷兵也，而托言张皇六师。道自多歧，事有两端，善辩者不能使服，不知者皆为所惑。是人也设使旁观，未尝不明，惟是当局，便不除己，其流之弊，至于祸国家乱世道而不顾，岂不大可忧大可惧哉？故圣贤蹈险履危，把自家搭在中间；定议决谋，把自家除在外面，即见识短长不敢自必，不害其大公无我之心也。

凡为外所胜者，皆内不足也；为邪所夺者，皆正不足也。二者如持衡然，这边低一分，那边即昂一分，未有毫发相下者也。

善为名者，借口以掩真心；不善为名者，无心而受恶名。心迹之间，不可以不辩也。此观人者之所忽也。

自中庸之道不明，而人之相病无终已。狷介之人病和易者为熟软，和易之人病狷介者为乖戾；率真之人病慎密者为深险，慎密之人病率真者为粗疏；精明之人病浑厚者为含糊，浑厚之人病精明者为苛刻。使质于孔子，吾知其必有公案矣。孔子者，合千圣于一身，萃万善于一心，随事而时出之，因人而通变之，圆神不滞，化裁无端。其所自为，不可以教人者也。何也？难以言传也。见人之为，不以备责也。何也？难以速化也。

观操存在利害时，观精力在饥疲时，观度量在喜怒时，观存养在纷华时，观镇定在震惊时。

人言之不实者十九，听言而易信者十九，听言而易传者十九。以易信之心，听不实之言，播喜传之口，何由何跖？而流传海内，纪载史册，冤者冤，幸者幸。呜呼！难言之矣。

孔门心传惟有颜子一人，曾子便属第二等。

名望甚隆，非大臣之福也。如素行无愆，人言不足仇也。

尽聪明底是尽昏愚，尽木讷底是尽智慧。

透悟天地万物之情，然后可与言性。

僧道、宦官、乞丐，未有不许其为圣贤者。我儒衣儒冠且不类儒，彼顾得以嗤之，奈何以为异类也，而鄙夷之乎?

盈山宝玉，满海珠玑，任人恣意采取，并无禁厉榷夺，而束手畏足，甘守艰难，愚亦至此乎？

告子许大力量，无论可否，只一个不动心[①]，岂无骨气人所能？可惜只是没学问，所谓"其至，尔力也[②]"。

①"告子"三句：《孟子·公孙丑上》："（孟子曰）告子先我不动心。" ②"其至"二句：语出《孟子·万章下》："由射于百步之外也，其至，尔力也；其中，非尔力也。"

千古一条大路，尧、舜、禹、汤、文、武、孔、孟由之。此是官路古路，乞人、盗跖都有分，都许由，人自不由耳。或曰："须是跟着数圣人走。"曰："各人走各人路。数圣人者，走底是谁底路？肯实在走，脚踪儿自是暗合。"

功士后名，名士后功。三代而下，真功名之士绝少。圣人以道德为功名者也，贤人以功名为功名者也，众人以富贵为功名者也。

建天下之大事功者，全要眼界大。眼界大则识见自别。

谈治道，数千年来只有个唐、虞、禹、汤、文、武，作用自是不侔。衰周而后，直到于今，高之者为小康，卑之者为庸陋。唐虞时光景，百姓梦也梦不着。创业垂统之君臣，必有二帝五臣之学术而后可。若将后世眼界立一代规模，如何是好？

一切人为恶犹可言也，惟读书人不可为恶。读书人为恶，更无教化之人矣。一切人犯法犹可言也,做官人不可犯法。做官人犯法,更无禁治之人矣。

自有书契以来,穿凿附会,作聪明以乱真者,不可胜纪。无知者借信而好古之名,以误天下后世苍生。不有洞见天地万物之性情者出而正之,迷误何有极哉?虚心君子,宁阙疑可也。

君子当事,则小人皆为君子,至此不为君子,真小人也;小人当事,则中人皆为小人,至此不为小人,真君子也。

小人亦有好事,恶其人则并疵其事;君子亦有过差,好其人则并饰其非:皆偏也。

无欲底有,无私底难。二氏能无情欲,而不能无私。无私无欲,正三教之所分也。此中最要留心理会,非狃于闻见、章句之所能悟也。

道理中作人,天下古今都是一样;气质中作人,便自千状万态。

论造道之等级,士不能越贤而圣,越圣而天。论为学之志向,不分士、圣、贤,便要希天。

颜渊透彻,曾子敦朴,子思缜细,孟子豪爽。

多学而识,原是中人以下一种学问。故夫子自言"多闻,择其善而从之,多见而识之"[①],教子张"多闻阙疑"、"多见阙殆"[②],教人"博学于文"[③],教颜子博之以文[④]。但不到一贯地位,终不成究竟。故顿渐两门,各缘资性。今人以一贯为入门,上等天资自是了悟,非所望于中人,其误后学不细。

①"夫子自言"二句:语见《论语·述而》。 ②"教子张"二句:语见《论语·为政》。 ③教人"博学于文":语见《论语·颜渊》。 ④"教颜子"句:语见《论语·子罕》。

无理之言,不能惑世诬人。只是他聪明才辩,附会成一段话说,甚有滋味,无知之人欣然从之,乱道之罪不细。世间此种话十居其六七,既博且久,非知道之君子,孰能辩之?

间中都不容发,此智者之所乘,而愚者之所昧也。

明道在朱、陆之间。

明道不落尘埃,多了看释、老;伊川终是拘泥,少了看庄、列。

迷迷易悟,明迷难醒。明迷愚,迷明智。迷人之迷,一明则跳脱;明人之迷,明知而陷溺。明人之明,不保其身;迷人之明,默操其柄。明明可与共太平,明迷可与共患忧。

巢、由、披、卷、佛、老、庄、列[①],只是认得我字真,将天地万物只是成就我。尧、舜、禹、汤、文、武、孔、孟，只是认得人字真，将此身心性命只是为天下国家。

①披、卷：即披衣、善卷，皆传说中的贤人隐士，见《庄子》中《知北游》、《让王》。

闻毁不可遽信，要看毁人者与毁于人者之人品。毁人者贤，则所毁者损；毁人者不肖，则所毁者重。考察之年，闻一毁言如获珙璧，不暇计所从来，枉人多矣。

是众人，即当取其偏长；是贤者，则当望以中道。

士君子高谈阔论，语细探玄，皆非实际，紧要在适用济事。故今之称拙钝者曰不中用，称昏庸者曰不济事。此虽谚语口头，余尝愧之。同志者盍亦是务乎？

秀雅温文，正容谨节，清庙明堂所宜。若蹈汤火，衽金革，食牛吞象之气，填海移山之志，死孝死忠，千捶百折，未可专望之斯人。

不做讨便宜底学问，便是真儒。

千万人吾往[①]，赫杀老子。老子是保身学问。

①语出《孟子·公孙丑上》：“自反而缩，虽千万人，吾往矣。”言反省有义，虽敌家千万人，我直往突之。

亲疏生爱憎,爱憎生毁誉,毁誉生祸福。此智者之所耽耽注意,而端人正士之所脱略而不顾者也。此个题目考人品者不可不知。

精神只顾得一边,任你聪明智巧,有所密必有所疏。惟平心率物,无毫发私意者,当疏当密,一准于道,而人自相忘。

读书要看三代以上人物是甚学识、甚气度、甚作用。汉之粗浅,便着世俗;宋之局促,便落迂腐,如何见三代以前景象?

真是真非,惟是非者知之,旁观者不免信迹而诬其心,况门外之人,况千里之外、百年之后乎?其不虞之誉,求全之毁,皆爱憎也。其爱憎者,皆恩怨也。故公史易,信史难。

或问:"某公如何?"曰:"可谓豪杰英雄,不可谓端人正士。"问:"某公如何?"曰:"可谓端人正士,不可谓达节通儒。"达节通儒,乃端人正士中豪杰英雄者也。

名实如形影。无实之名,造物所忌,而矫伪者贪之,暗修者避之。

"遗葛牛羊,亳众往耕"[①],似无此事。圣人虽委曲教人,未尝不以诚心直道交邻国。桀在则葛非汤之属国也,奚问其不祀,即知其无牺牲矣。亳之牛羊,岂可以常遗葛伯耶?葛岂真无牛羊耶?有亳之众,自耕不暇,而又使为葛耕,无乃后世市恩好名、沾沾煦煦者之所为乎?不然,葛虽小,亦先王之建国也，宁至无牛羊粢盛哉？即可以供而不祭，当劝谕之矣。或告之天子，以明正其罪矣。何至遗牛羊、往为之耕哉？可以不告天子而灭其国，顾可以不教之自供祭事而代之劳且费乎？不然，是多彼之罪，而我得以藉口也。是伯者假仁义济贪欲之所为也。孟子此言，其亦刘太王好货好色之类与[2]？

①"遗葛牛羊"二句：事见《孟子·滕文公下》。葛，夏诸侯。葛伯以无牛羊为由而不祭祀先祖。汤居亳，与葛为邻遗之牛羊，葛伯依然不祭，以为没有粢盛（祭品）。于是汤使亳人前往葛地，为之耕作。

②刘太王：即古公亶父，古代周部落的祖先。《孟子·梁惠王下》讲孟子以刘太王好货好色与百姓同之的事例来劝说统治者实行仁政。

汉以来儒者一件大病痛，只是是古非今。今人见识作为不如古人，此其大都。至于风会所宜，势极所变，礼义所起，自有今人精于古人处。二帝者，夏之古也。夏者，殷之古也。殷者，周之古也。其实制度文为三代不相祖述，而达者皆以为是。宋儒泥古，更不考古昔真伪，今世是非。只如祭祀一节，古人席地，不便于饮食，故尚簠簋笾豆，其器皆高。今祭古人用之，从其时也。子孙祭祖考，只宜用祖考常用所宜，而簠簋笾豆是设，可乎？古者墓而不坟[1]，不可识也，故不墓祭。后世父母体魄所藏，巍然丘垅，今欲舍人子所睹记者而敬数寸之木，可乎？则墓祭似不可已也。诸如此类甚多，皆古人所笑者也。使古人生于今，举动必不如此。

①墓而不坟：墓，即墓穴；坟，指墓穴上面的土堆。《礼记·檀弓上》："孔子既得合葬于防，曰：'吾闻之，古也墓而不坟。今丘也，东西南

北之人,不可以弗识也。'于是封之,崇四尺。"

儒者惟有建业立功是难事。自古儒者成名多是讲学著述,人未尝尽试所言,恐试后纵不邪气,其实成个事功,不狼狈以败者,定不多人。

呻吟语卷五·外篇·书集

治　　道

庙堂之上，以养正气为先；海宇之内，以养元气为本。能使贤人君子无郁心之言，则正气培矣；能使群黎百姓无腹诽之语，则元气固矣。此万世帝王保天下之要道也。

六合之内，有一事一物相凌夺假借，而不各居其正位，不成清世界；有匹夫匹妇冤抑愤懑，而不得其分愿，不成平世界。

天下万事万物皆要求个实用。实用者，与吾身心关损益者也。凡一切不急之物，供耳目之玩好，皆非实用也，愚者甚至丧其实用以求无用。悲夫！是故明君治天下，必先尽革靡文，而严诛淫巧。

当事者若执一簿书，寻故事，循弊规，只用积年书手也得。

兴利无太急，要左视右盼；革弊无太骤，要长虑却顾。

苟可以柔道理，不必悻直也；苟可以无为理，不必多事也。

经济之士,一居言官,便一建白,此是上等人,去缄默保位者远,只是治不古。若非前人议论不精,乃今人推行不力。试稽旧牍,今日我所言,昔人曾道否?若只一篇文章了事,虽奏牍如山,只为纸笔作孽障,架阁上添鼠食耳。夫士君子建白,岂欲文章奕世哉?冀谏行而民受其福也。今诏令刊布遍中外,而民间疾苦自若,当求其故。故在实政不行而虚文搪塞耳。综核不力,罪将谁归?

为政之道,以不扰为安,以不取为与,以不害为利,以行所无事为兴废起敝。

从政自有个大体。大体既立,则小节虽抵牾,当别作张弛,以辅吾大体之所未备,不可便改弦易辙。譬如待民贵有恩,此大体也,即有顽暴不化者,重刑之,而待民之大体不变。待士有礼,此大体也,即有淫肆不检者,严治之,而待士之大体不变。彼始之宽也,既养士民之恶,终之猛也,概及士民之善,非政也,不立大体故也。

为政先以扶持世教为主。在上者一举措间,而世教之隆污、风俗之美恶系焉。若不管大体何如,而执一时之偏见,虽一事未为不得,而风化所伤甚大,是谓乱常之政。先王慎之。

人情之所易忽莫如渐,天下之大可畏莫如渐。渐之始也,虽君子不以为意。有谓其当防者,虽君子亦以为迂。不知其极重不反之势,天地圣人亦无如之奈何,其所由来者渐也。周、郑交质[1],若出于骤然,天子虽孱懦甚,亦必有恚心,诸侯虽豪横极，岂敢生此念？迨积渐所成，其流不觉至是。故步视千里为远，前步视后步为近。千里者，步步之积也。是以骤者举世所惊，渐者圣人独惧。明以烛之，坚以守之，毫发不以假借，此慎渐之道也。

①周、郑交质：《左传·隐公三年》："王贰于虢，郑伯怨王，王曰：'无之。'故周、郑交质。"质，即人质。

君子之于风俗也，守先王之礼而俭约是崇，不妄开事端以贻可长之渐。是故漆器不至金玉，而刻镂之不止；黼黻不至庶人，锦绣被墙屋不止。民贫盗起不顾也，严刑峻法莫禁也。是故君子谨其事端，不开人情窦而恣小人无厌之欲。

著令甲者，凡以示天下万世，最不可草率，草率则行时必有滞碍；最不可含糊，含糊则行者得以舞文；最不可疏漏，疏漏则出于吾令之外者无以凭藉，而行者得以专辄。

筑基树臬者，千年之计也；改弦易辙者，百年之计也；兴废补敝者，十年之计也；垩白黝青者，一时之计也。因仍苟且，势必积衰，助波覆倾，反以裕蛊。先天下之忧者，可以审矣。

气运怕盈，故天下之势不可使之盈。既盈之势，便当使之损。是故不测之祸，一朝之忿，非目前之积也，成于势盈。势盈者，不可不自损。捧盈卮者，徐行不如少挹。

微者正之，甚者从之。从微则甚，正甚愈甚，天地万物，气化人事,莫不皆然。是故正微从甚,皆所以禁之也。此二帝三王之所以治也。

圣人治天下,常令天下之人精神奋发,意念敛束。奋发则万民无弃业,而兵食足,义气充,平居可以勤国,有事可以捐躯。敛束则万民无邪行,而身家重、名检修。世治则礼法易行,国衰则奸盗不起。后世之民,怠惰放肆甚矣。臣民而怠惰放肆,明主之忧也。

能使天下之人者,惟神、惟德、惟惠、惟威。神则无言无为,而妙应如响。德则共尊共亲,而归附自同。惠则民利其利,威则民畏其法。非是则动众无术矣。

只有不容已之真心,自有不可易之良法。其处之未必当者,必其思之不精者也。其思之不精者,必其心之不切者也。故有纯王之心,方有纯王之政。

《关雎》是个和平之心①,《麟趾》是个仁厚之德②。只将和平仁厚念头行政,则仁民爱物,天下各得其所。不然,《周官》法度以虚文行之③,岂但无益,且以病民。

①《关雎》:《诗经·周南》篇名。　②《麟趾》:即《麟之趾》,《诗经·周南》篇名。　③《周官》:即《周礼》。

民胞物与①,子厚胸中合下有这段着痛着痒心②,方说出此等语。不然,只是做戏的一般,虽是学哭学笑,有甚悲喜?

故天下事只是要心真。二帝三王亲亲、仁民、爱物，不是向人学得来，亦不是见得道理当如此。曰亲、曰仁、曰爱，看是何等心肠，只是这点念头恳切殷浓，至诚恻怛，譬之慈母爱子，由不得自家。所以有许多生息爱养之政。悲夫！可为痛哭也已。

①民胞物与：民为同胞，物为同辈。见北宋理学家张载《正蒙》："民吾同胞，物吾与也。" ②子厚：张载字子厚，号横渠先生。

为人上者，只是使所治之民个个要聊生，人人要安分，物物要得所，事事要协宜。这是本然职分。遂了这个心，才得畅然一霎欢，安然一觉睡。稍有一民一物一事不妥贴，此心如何放得下？何者？为一郡邑长，一郡邑皆待命于我者也；为一国君，一国皆待命于我者也；为天下主，天下皆待命于我者也。无以答其望，何以称此职？何以居此位？夙夜汲汲，图惟之不暇，而暇于安富尊荣之奉，身家妻子之谋，一不遂心而淫怒是逞耶？夫付之以生民之寄，宁为盈一己之欲哉？试一反思，便当愧汗。

王法上承天道，下顺人情，要个大中至正，不容有一毫偏重偏轻之制。行法者，要个大公无我，不容有一毫故出故入之心，则是天也。君臣以天行法，而后下民以天相安。

人情天下古今所同，圣人惧其肆，特为之立中以防之，故民易从。有乱道者从而矫之，为天下古今所难为之事，以为名高，无识者相与骇异之，崇奖之，以率天下，不知凡于人情不近者，皆道之贼也。故立法不可太激，制礼不可太严，责人不可太尽,然后可以同归于道。不然,是驱之使畔也。

振玩兴废,用重典;惩奸止乱,用重典;齐众摧强,用重典。

民情有五,皆生于便。见利则趋,见色则爱,见饮食则贪,见安逸则就,见愚弱则欺,皆便于己故也。惟便,则术不期工而自工;惟便,则奸不期多而自多。君子固知其难禁也,而德以柔之,教以谕之,礼以禁之,法以惩之,终日与便为敌,而竟不能衰止。禁其所便,与强其所不便,其难一也。故圣人治民如治水,不能使不就下,能分之使不泛溢而已。堤之使不决,虽尧、舜不能。

尧、舜无不弊之法,而恃有不弊之身,用救弊之人以善天下之治,如此而已。今也不然,法有九利,不能必其无一害;法有始利,不能必其不终弊。嫉才妒能之人,惰身利口之士,执其一害终弊者讪笑之。谋国不切而虑事不深者,从而附和之。不曰天下本无事,安常袭故何妨;则曰时势本难为,好动喜事何益。至大坏极弊,瓦解土崩,而后付之天命焉。呜呼!国家养士何为哉?士君子委质何为哉?儒者以宇宙为分内何为哉?

官多设而数易,事多议而屡更,生民之殃未知所极。古人慎择人而久任,慎立政而久行。一年如是,百千年亦如是。不易代不改政,不弊事不更法。故百官法守一,不敢作聪明以擅更张;百姓耳目一,不至乱听闻以乖政令。日渐月渍,莫不遵上之纪纲法度以淑其身,习上之政教号令以成其俗。譬之寒暑不易，而兴作者岁岁有持循焉；道路不易，而往来者年年知远近焉。何其定静，何其经常，何其相安，何其易行，何其省劳费。或曰："法久而弊奈何？"曰："寻立法之本意，而救偏补弊耳。善医者，去其疾不易五脏，攻本脏不及四脏；善补者，缝其破不剪馀完，浣其垢不改故制。"

圣明之世，情礼法三者不相忤也。末世，情胜则夺法，法胜则夺礼。

汤、武之诰誓①，尧、舜之所悲，桀、纣之所笑也。是岂不示信于民而白己之心乎？尧、舜曰："何待哓哓尔！"示民民不忍不从。桀、纣曰："何待哓哓尔！"示民民不敢不从。观《书》之诰誓，而知王道之衰矣。世道至汤、武，其势必桀、纣，又其势必至有秦、项、莽、操也②。是故维持世道者，不可不虑其流。

①诰誓：《尚书》中有《汤诰》、《汤誓》、《泰誓》等篇名，相传为商汤、周武王讨伐夏桀、商纣的文告誓言。　②秦、项、莽、操：指秦始皇、项羽、王莽、曹操。

圣人能用天下，而后天下乐为之用。圣人以心用，天下以形用。心用者，无用者也。众用之所恃，以为用者也。若与天下竞智勇、角聪明，则穷矣。

后世无人才，病本只是学政不修。而今把作万分不急之务，才振举这个题目，便笑倒人。官之无良，国家不受其福，苍生且被其祸。不知当何如处?

圣人感人心于患难处更验。盖圣人平日仁渐义摩,深恩厚泽,入于人心者化矣。及临难处仓卒之际,何暇思图,拿出见成的念头来,便足以捐躯赴义。非曰我以此成名也,我以此报君也。彼固亦不自知其何为,而迫切至此也。其次捐躯而志在图报。其次易感而终难。其次厚赏以激其感。噫!至此而上下之相与薄矣,交孚之志解矣。嗟夫!先王何以得此于人哉!

圣人在上,能使天下万物各止其当然之所,而无陵夺假借之患,夫是之谓各安其分,而天地位焉;能使天地万物各遂其同然之情,而无抑郁倔强之态,夫是之谓各得其愿,而万物育焉。

民情既溢,裁之为难。裁溢如割骈拇赘疣,人甚不堪。故裁之也欲令民堪,有渐而已矣。安静而不震激,此裁溢之道也。故圣王在上,慎所以溢之者,不生民情。礼义以驯之,法制以防之,不使潜滋暴决,此慎溢之道也。二者帝王调剂民情之大机也,天下治乱恒必由之。

创业之君,当海内属目倾听之时,为一切雷厉风行之法。故令行如流,民应如响。承平日久,法度疏阔,人心散而不收,惰而不振,顽而不爽。譬如熟睡之人,百呼若聋;欠倦之身,两足如跛,惟是盗贼所追,水火所迫,或可猛醒而急奔。是以诏令废格,政事颓靡,条上者纷纷,申饬者累累,而听之者若罔闻知，徒多书发之劳、纸墨之费耳。即杀其尤者一人，以号召之，未知肃然改视易听否。而迂腐之儒，犹曰宜崇长厚，勿为激切。嗟夫！养天下之祸，甚天下之弊者，必是人也。故物垢则浣，甚则改为；室倾则支，甚则改作。中兴之君，综核名实，整顿纪纲，当与创业等而后可。

先王为政，全在人心上用工夫。其体人心，在我心上用工夫。何者？同然之故也。故先王体人于我，而民心得，天下治。

天下之患，莫大于“苟可以”而止。养颓靡不复振之习，成亟重不可反之势，皆“苟可以”三字为之也。是以圣人之治身也，勤励不息；其治民也，鼓舞不倦。不以无事废常规，不以无害忽小失。非多事，非好劳也，诚知夫天下之事，廑未然之忧者尚多或然之悔，怀太过之虑者犹贻不及之忧，兢慎始之图者不免怠终之患故耳。

天下之祸，成于怠忽者居其半，成于激迫者居其半。惟圣人能销祸于未形，弭患于既著。夫是之谓知微知彰。知微者不动声色，要在能察几；知彰者不激怒涛，要在能审势。呜呼！非圣人之智，其谁与于此？

精神爽奋，则百废俱兴；肢体怠弛，则百兴俱废。圣人之治天下，鼓舞人心，振作士气，务使天下之人如含露之朝叶，不欲如久旱之午苗。

而今不要掀揭天地、惊骇世俗,也须拆洗乾坤、一新光景。

无治人,则良法美意反以殃民;有治人,则弊习陋规皆成善政。故有文武之政,须待文武之君臣。不然,青萍、结绿[1],非不良剑也,乌号、繁弱[2],非不良弓矢也,用之非人,反以资敌。予观放赈、均田、减粜、检灾、乡约、保甲、社仓、官牛八政而伤心焉。不肖有司,放流有馀罪矣。

①青萍、结绿:古籍所载良剑名。 ②乌号、繁弱:古籍所载良弓名。

振则须起风雷之益[1],惩则须奋刚健之乾[2],不如是,海内大可忧矣。

①益:《周易·益卦》:"彖曰:'益动而巽,日进无疆。天施地生,其益无方。'象曰:'风雷,益。'" ②乾:《周易·乾卦》:"文言曰:'大哉乾乎,刚健中正,纯粹精也。'"

一呼吸间,四肢百骸无所不到;一痛痒间,手足心知无所不通,一身之故也。无论人生,即偶提一线而浑身俱动矣,一脉之故也。守令者,一郡县之线也。监司者,一省路之线也。君相者,天下之线也。心知所及,而四海莫不精神;政令所加,而万姓莫不鼓舞者何?提其线故也。令一身有痛痒而不知觉,则为痴迷之心矣。手足不顾,则为痿痹之手足矣。三代以来,上下不联属久矣。是人各一身,而家各一情也,死生欣戚不相感,其罪不在下也。

夫民怀敢怒之心，畏不敢犯之法，以待可乘之衅。众心已离，而上之人且恣其虐以甚之，此桀纣之所以亡也。是以明王推自然之心，置同然之腹，不恃其顺我者之迹，而欲得其无怨我者之心。体其意欲而不忍拂，知民之心不尽见之于声色，而有隐而难知者在也。此所以固结深厚，而子孙终必赖之也。

圣主在上，只留得一种天理民彝、经常之道在，其馀小道曲说、异端横议，斩然芟除，不遗馀类。使天下之人易耳改目、洗心濯虑，于一切乱政之术，如再生，如梦觉，若未尝见闻。然后道德一而风俗同，然后为纯王之治。

治世莫先无伪，教民只是不争。

任是权奸当国，也用几个好人做公道，也行几件好事收人心。继之者欲矫前人以自高，所用之人一切罢去，所行之政一切更张，小人奉承以干进，又从而巧言附和，尽改良法而还弊规焉。这个念头为国为民乎？为自家乎？果曰为国为民，识见已自聋瞽；果为自家，此之举动二帝三王之所不赦者也，更说甚么事业？

圣人无奇名，太平无奇事，何者？皇锡此极，民归此极，道德一，风俗同，何奇之有？

势有时而穷。始皇以天下全盛之威力，受制于匹夫[①]，何者？匹夫者，天子之所恃以成势者也。自倾其势，反为势所倾。故明王不恃萧墙之防御，而以天下为藩篱。德之所渐，薄海皆腹心之兵；怨之所结，衽席皆肘腋之寇。故帝王虐民是自虐其身者也，爱民是自爱其身者也。覆辙满前，而驱车者接踵，可恸哉！

①“始皇”二句：指秦被陈胜、吴广首倡的起义军所灭。

如今天下人，譬之骄子，不敢热气，唐突便艴然起怒，缙绅稍加综核，则曰苛刻；学校稍加严明，则曰寡恩；军士稍加敛戢，则曰凌虐；乡官稍加持正，则曰践踏。今纵不敢任怨，而废公法以市恩，独不可已乎？如今天下事，譬之敝屋，轻手推扶，便愕然咋舌。今纵不敢更张，而毁拆以滋坏，独不可已乎？

公私两字，是宇宙的人鬼关。若自朝堂以至闾里，只把持得公字定，便自天清地宁，政清讼息；只一个私字，扰攘得不成世界。

王道感人处，只在以我真诚怛恻之心，体其委曲必至之情。是故不赏而劝，不激而奋，出一言而能使人致其死命，诚故也。

人君者，天下之所依以欣戚者也。一念怠荒，则四海必有废弛之事；一念纵逸，则四海必有不得其所之民。故常一日之间，几运心思于四海，而天下尚有君门万里之叹。苟不察群情之向背，而惟己欲之是恣，呜呼！可惧也。

天下之存亡系两字，曰“天命”。天下之去就系两字，曰

“人心”。

耐烦则为三王，不耐烦则为五霸。

一人忧，则天下乐；一人乐，则天下忧。

圣人联天下为一身，运天下于一心。今夫四肢百骸、五脏六腑皆吾身也，痛痒之微，无有不觉，无有不顾。四海之痛痒，岂帝王所可忽哉？夫一指之疗如粟，可以致人之死命。国之存亡不在耳目闻见时，闻见时则无及矣。此以利害言之耳。一身麻木若不是我，非身也。人君者，天下之人君。天下者，人君之天下。而血气不相通，心知不相及，岂天立君之意耶？

无厌之欲，乱之所自生也。不平之气，乱之所由成也。皆有国者之所惧也。

用威行法，宜有三豫：一曰上下情通，二曰惠爱素孚，三曰公道难容。如此则虽死而人无怨矣。

第一要爱百姓。朝廷以赤子相付托，而士民以父母相称谓。试看父母之于赤子，是甚情怀，便知长民底道理。就是愚顽梗化之人，也须耐心，渐渐驯服。王者必世而后仁[①]，揣我自己德教有俄顷过化手段否？奈何以积习惯恶之人，而遽使之帖然我顺，一教不从，而遽赫然武怒耶？此居官第一戒也。有一种不可驯化之民，有一种不教而杀之罪。此特万分一耳，不可以立治体。

①“王者”句:《论语·子路》:“如有王者,必世而后仁。”

天下所望于圣人,只是个安字。圣人所以安天下,只是个平字。平则安,不平则不安矣。

三军要他轻生,万姓要他重生。不轻生不能戡乱,不重生易于为乱。

太古之世,上下相忘,不言而信。中古上下求相孚。后世上下求相胜:上用法胜下,下用欺以避法;下以术胜上,上用智以防术。以是而欲求治,胡可得哉?欲复古道,不如一待以至诚。诚之所不孚者,法以辅之,庶几不死之人心,尚可与还三代之旧乎?

治道尚阳,兵道尚阴;治道尚方,兵道尚圆。是惟无言,言必行;是惟无行,行必竟。易简明达者,治之用也。有言之不必行者,有言之即行者,有行之后言者,有行之竟不言者,有行之非其所言者。融通变化,信我疑彼者,兵之用也。二者杂施,鲜不败矣。

任人不任法,此惟尧、舜在上,五臣在下可矣。非是而任人,未有不乱者。二帝三王非不知通变宜民、达权宜事之为善也,以为吾常御天下,则吾身即法也,何以法为?惟夫后世庸君具臣之不能兴道致治①,暴君邪臣之敢于恣恶肆奸也,故大纲细目备载具陈,以防检之,以诏示之。固知夫今日之画一,必有不便于后世之推行也,以为圣子神孙自能师其意,而善用于不穷，且尤足以济吾法之所未及，庸君具臣相与守之而不敢变，亦不失为半得。暴君邪臣即欲变乱而弁髦之[②]，犹必有所顾忌，而法家拂士亦得执祖宗之成宪[③]，以匡正其恶而不苟从，暴君邪臣亦畏其义正事核也，而不敢遽肆，则法之不可废也明矣。

①具臣：备位充数之臣。《论语·先进》："今由与求也。可谓具臣矣。" ②弁髦：此处意为废弃、弃置。 ③法家拂士：指法度之臣，辅弼之士也。《孟子·告子下》："入则无法家拂士，出则无敌国外患者，国恒亡。"

善用威者不轻怒，善用恩者不妄施。

居上之患，莫大于赏无功，赦有罪；尤莫大于有功不赏，而罚及无罪。是故王者任功罪，不任喜怒；任是非，不任毁誉。所以平天下之情，而防其变也。此有国家者之大戒也。

事有知其当变而不得不因者，善救之而已矣；人有知其当退而不得不用者，善驭之而已矣。

下情之通于上也，如婴儿之于慈母，无小弗达；上德之及于下也，如流水之于间隙，无微不入。如此而天下乱亡者，未之有也。故壅蔽之奸，为亡国罪首。

不齐，天之道也，数之自然也[①]。故万物生于不齐，而死于齐。而世之任情厌事者，乃欲一切齐之，是益以甚其不齐者也。夫不齐其不齐，则简而易治；齐其不齐，则乱而多端。

①“不齐”三句：《孟子·滕文公上》：“夫物之不齐者，物之情也。”

宇宙有三纲，智巧者不能逃也。一王法，二天理，三公论。可畏哉！

《诗》云：“乐只君子，民之父母。”[①]又曰：“岂弟君子，民之父母。”[②]君子观于《诗》，而知为政之道矣。

①“乐只君子”二句：语出《诗·小雅·南山有台》。　②“岂弟君子”二句：语出《诗·大雅·泂酌》。

既成德矣，而诵其童年之小失；既成功矣，而笑其往日之偶败，皆刻薄之见也。君子不为。

任是最愚拙人，必有一般可用，在善用之者耳。

公论，非众口一词之谓也。满朝皆非，而一人是，则公论在一人。

为政者，非谓得行即行，以可行则行耳。有得行之势，而昧可行之理，是位以济其恶也。君子谓之贼。

使众之道，不分职守，则分日月，然后有所责成而上不劳，无所推委而下不奸。混呼杂命，概怒偏劳，此不可以使二人，况众人乎？勤者苦，惰者逸，讷者冤，辩者欺，贪者饱，廉者饥。是人也，即为人下且不能，而使之为人上，可叹也夫！

世教不明，风俗不美，只是策励士大夫。

治病要择良医，安民要择良吏。良吏不患无人，在选择有法，而激劝有道耳。

孔子在鲁，中大夫耳，下大夫僚侪也，而犹侃侃[①]。今监司见属吏，煦煦沾沾，温之以儿女子之情，才正体统，辄曰示人以难堪，才尚综核，则曰待人以苛刻。上务以长厚悦下官心，以树他日之桃李；下务以弥文涂上官耳目，以了今日之簿书。吏治安得修举？民生安得辑宁？忧时者伤心恸之。

①侃侃：和乐之貌。《论语・乡党》："朝，与下大夫言，侃侃如也。"

据册点选，据俸升官，据单进退，据本题覆，持至公无私之心，守画一不二之法，此守常吏部也。选人严于所用，迁官定于所宜，进退则出精识于抚按之外，题覆则持定见于科道之中，此有数吏部也。外而与士民同好恶，内而与君相争是非。铨注为地方不为其人，去留为其人不为其出身与所恃。品材官如辨白黑，果黜陟不论久新。任宇宙于一肩，等富贵于土苴。庶几哉其称职矣。呜呼！非大丈夫孰足以语此？乃若用一人则注听宰执口吻，退一人则凝视相公眉睫，借公名以济私，实结士口而灰民心，背公市誉，负国殖身。是人也，吾不忍道之。

藏人为君守财[1],吏为君守法,其守一也。藏人窃藏以营私,谓之盗。吏以法市恩,不曰盗乎？卖公法以酬私德,剥民财以树厚交,恬然以为当然,可叹哉！若吾身家,慨以许人,则吾专之矣。

①藏人:管理府库的人。

弭盗之末务,莫如保甲[1];弭盗之本务,莫如教养。故斗米十钱,夜户不闭,足食之效也。守遗待主,始于盗牛,教化之功也。夫盗,辱名也。死,重法也。而人犹为之,此其罪岂独在民哉？而惟城池是恃,关键是严,巡缉是密,可笑也已。

①保甲:旧时的一种户籍编制单位,十家为一保。家有两人以上者,选一人做保丁,负责地方的治安。

整顿世界,全要鼓舞天下人心。鼓舞人心,先要振作自家神气。而今提纲挈领之人,奄奄气不足以息,如何教海内不软手折脚、零骨懈髓底！

事有大于劳民伤财者,虽劳民伤财亦所不顾。事有不关利国安民者,虽不劳民伤财亦不可为。

足民,王政之大本。百姓足,万政举;百姓不足,万政废。孔子告子贡以足食,告冉有以富之[1]。孟子告梁王以养生、送死、无憾,告齐王以制田里、教树畜[2]。尧、舜舍此无良法矣。哀哉！

①"孔子"二句:孔子之语,见《论语·颜渊》:"子贡问政。子曰:'足食,足兵,民信之矣。'"又《论语·子路》:"冉有曰:'既庶矣,又何加焉?'曰:'富之。'" ②"孟子"二句:孟子之语,见《孟子·梁惠王上》:"谷与鱼鳖不可胜食,材木不可胜用,是使民养生丧死无憾也。"又:"五亩之宅,树之以桑,五十者可以衣帛矣;鸡豚狗彘之畜,无失其时,七十者可以食肉矣;百亩之田,勿夺其时,八口之家可以无饥矣。"

百姓只干正经事,不怕衣食不丰足。君臣只干正经事,不怕天下不太平。试问百司庶府所职者何官?终日所干者何事?有道者可以自省矣。

法至于平,尽矣,君子又加之以恕。乃知平者,圣人之公也;恕者,圣人之仁也。彼不平者,加之以深,不恕者,加之以刻,其伤天地之和多矣。

化民成俗之道,除却身教,再无巧术;除却久道,再无顿法。

礼之有次第也,犹堂之有阶,使人不得骤僭也。故等级不妨于太烦。阶有级,虽疾足者不得阔步;礼有等,虽倨傲者不敢凌节。

人才邪正,世道为之也。世道污隆,君相为之也。君人者何尝不费富贵哉?以正富贵人,则小人皆化为君子;以邪富贵人,则君子皆化为小人。

满目所见,世上无一物不有淫巧。这淫巧耗了世上多少生成底财货,误了世上多少生财底工夫,淫巧不诛,而欲讲理财,皆苟且之谈也。

天地之财,要看他从来处,又要看他归宿处。从来处要丰要养,归宿处要约要节。

将三代以来陋习敝规一洗而更之,还三代以上一半古意,也是一个相业。若改正朔、易服色[1],都是腐儒作用;葺倾厦,逐颓波,都是俗吏作用,于苍生奚补?噫!此可与有识者道。

①正朔:一年的开始为正,一月的开始为朔。此指历法。 服色:古代每一朝代所定的车马祭祀的颜色。《礼记·大传》:"圣人南面而治天下,必自人道始矣。立权度量,考文章,改正朔,易服色,殊徽号,弄器械,别衣服,此其所得与民变革者也。"

御戎之道,上焉者德化心孚,其次讲信修睦,其次远驾长驱,其次坚壁清野,其次阴符智运,其次接刃交锋,其下叩关开市,又其下纳币和亲。

为政之道,第一要德感诚孚,第二要令行禁止。令不行,禁不止,与无官无政同,虽尧、舜不能治一乡,而况天下乎!

防奸之法,毕竟疏于作奸之人。彼作奸者,拙则作伪以逃防,巧则就法以生弊,不但去害[1],而反益其害。彼作者十,而犯者一耳。又轻其罪以为未犯者劝,法奈何得行?故行法不严，不如无法。

①不但去害：疑“不但”下脱“不”字。

世道有三责：责贵，责贤，责坏纲乱纪之最者。三责而世道可回矣。贵者握风俗教化之权而首坏，以为庶人倡，则庶人莫不象之。贤者明风俗教化之道而自坏，以为不肖者倡，则不肖者莫不象之。责此二人，此谓治本。风教既坏，诛之不可胜诛，故择其最甚者以令天下，此谓治末。本末兼治，不三年而四海内光景自别。乃今贵者、贤者为教化风俗之大蠹，而以体面宽假之，少严则曰苛刻以伤士大夫之体，不知二帝三王曾有是说否乎？世教衰微，人心昏醉，不知此等见识何处来？所谓淫朋比德，相为庇护，以藏其短，而道与法两病矣。天下如何不敝且乱也？

印书先要个印板真，为陶先要个模子好。以邪官举邪官，以俗士取俗士，国欲治，得乎？

不伤财，不害民，只是不为虐耳。苟设官而惟虐之虑也，不设官其谁虐之？正为家给人足，风移俗易，兴利除害，转危就安耳。设廉静寡欲，分毫无损于民，而万事废弛，分毫无益于民也，逃不得“尸位素餐”四字①。

①尸位素餐：指占着位子，白吃饭，不干活，不负责的人。《论衡·量知》：“文吏空胸，无仁义之学，居住食禄，终无以效，所谓尸位素餐者也。”

天地所以信万物,圣人所以安天下,只是一个常字。常也者,帝王所以定民志者也。常一定,则乐者以乐为常,不知德;苦者以苦为常,不知怨。若谓当然,有趋避而无恩仇,非有大奸巨凶,不敢辄生餍足之望,忿恨之心,何则?狃于常故也。故常不至大坏极敝,只宜调适,不可轻变,一变则人人生觊觎心,一觊觎则大家引领垂涎,生怨起纷,数年不能定。是以圣人只是慎常,不敢轻变;必不得已,默变,不敢明变;公变,不敢私变;分变,不敢溷变。

纪纲法度,整齐严密,政教号令,委曲周详,原是实践躬行,期于有实用,得实力。今也自贪暴者奸法,昏惰者废法,延及今日万事虚文,甚者迷制作之本意而不知,遂欲并其文而去之。只今文如学校,武如教场,书声军容,非不可观可听,将这二途作养人用出来,令人哀伤愤懑欲死。推之万事,莫不皆然。安用缙绅簪缨塞破世间哉?明王不大振作,不苦核实,势必乱亡而后已。

安内攘外之略,须责之将吏。将吏不得其人,军民且不得其所,安问夷狄?是将吏也,养之不善则责之文武二学校,用之不善则责吏兵两尚书。或曰:“养有术乎?”曰:“何患于无术?儒学之大坏极矣,不十年不足以望成材。武学之不行久矣,不十年不足以求名将。至于遴选于未用之先,条责于方用之际,综核于既用之后,黜陟于效不效之时,尽有良法可旋至,而立有验者。”

而今举世有一大迷,自秦、汉以来,无人悟得。官高权重,原是投大遗艰。譬如百钧重担,须寻乌获来担[①];连云大厦,须用大木为柱。乃朝廷求贤才,借之名器以任重,非朝廷市私恩,假之权势以荣人也。今也崇阶重地,用者以为荣,人重以予其所爱,而固以吝于所疏,不论其贤不贤。其用者以为荣,己未得则眼穿涎流以干人,既得则捐身镂骨以感德,不计其胜不胜。旁观者不论其官之称不称,人之宜不宜,而以资浅议骤迁,以格卑议冒进,皆视官为富贵之物,而不知富贵之也,欲以何用,果朝廷为天下求人耶?抑君相为士人择官耶?此三人者,皆可怜也。叔季之世生人[②],其识见固如此可笑也!

①乌获:战国时秦力士。后也作力士的通称。 ②叔季之世:衰乱没落的时代。

汉始兴,郡守某者御州兵,常操之内免操二月,继之者罢操,又继之者常给之外冬加酒银人五钱,又继之者加肉银人五钱,又继之者加花布银人一两。仓库不足,括税给之,犹不足,履亩加赋给之。兵不见德也,而民怨又继之者,曰:“加吾不能,而损吾不敢。”竟无加。兵相与鼓噪曰:“郡长无恩。”率怨民以叛,肆行攻掠。元帝命刺史按之,报曰:“郡守不职,不能抚镇军民,而致之叛。”竟弃市[①]。嗟夫!当弃市者谁耶?识治体者为之伤心矣。

①弃市:古代在闹市执行死刑,将尸体暴露街头,称弃市。《礼记·王制》:“刑人于市,与众弃之。”

人情不论是非利害,莫不乐便己者,恶不便己者。居官立政,无论殃民,即教养谆谆,禁令惓惓,何尝不欲其相养相安、免祸远罪哉?然政一行,而未有不怨者。故圣人先之以躬行,浸之以口语,示之以好恶,激之以赏罚,日积月累,耐意精心,但尽熏陶之功,不计俄顷之效,然后民知善之当为,恶之可耻,默化潜移,而服从乎圣人。今以无本之令,责久散之民,求旦夕之效,逞不从之怒,忿疾于顽,而望敏德之治,即我且亦愚不肖者,而何怪乎蚩蚩之氓哉?

嘉靖间[①],南京军以放粮过期,减短常例,杀户部侍郎,散银数十万,以安抚之。万历间[②],杭州军以减月粮,又给以不通行之钱,欲杀巡抚不果,既而军骄,散银万馀乃定。后严火夫夜巡之禁,宽免士夫而绳督市民,既而民变,杀数十人乃定。郧阳巡抚以风水之故,欲毁参将公署为学宫,激军士变,致殴兵备副使几死,巡抚被其把持,奏疏上,必露章明示之乃得行。陕西兵以冬操太早,行法太严,再三请宽,不从,谋杀抚按总兵不成。论者曰:"兵骄卒悍如此,奈何?"余曰:"不然,工不信度而乱常规,恩不下究而犯众怒,罪不在军也。上人者,体其必至之情,宽其不能之罪,省其烦苛之法,养以忠义之教,明约束,信号令,我不负彼而彼奸,吾令即杀之,彼有愧惧而已。鸟兽未必无知觉,而谓三军之士无良心可乎?乱法坏政,以激军士之暴,以损国家之威,以动天下之心,以开无穷之衅,当事者之罪不容诛矣。裴度所谓韩弘舆疾讨贼,承宗敛手削地。非朝廷之力能制其死命,特以处置得宜,能服其心故耳[③]。处置得宜四字,此统大众之要法也。"

①嘉靖:明世宗朱厚熜年号(1522—1566)。 ②万历:明神宗朱

翊钧年号(1573—1619)。 ③“裴度”五句:裴度数语见《资治通鉴》卷二百四十。裴度,唐河东闻喜人,曾为宰相,力主削藩。韩弘,裴度部将,曾参与平定淮西。承宗,即王承宗,唐成德军节度使王士真之子,一度拥地自重,抗命朝廷。

霸者,豪强威武之名,非奸盗诈伪之类。小人之情,有力便挟力,不用伪,力不足而济以谋,便用伪。若力量自足以压服天下,震慑诸侯,直恁做将去,不怕他不从,便靠不到智术上,如何肯伪?王霸以诚伪分,自宋儒始。其实误在“五伯假之”、“以力假仁”二假字上,不知这假字只是借字。二帝三王以天德为本,便自能行仁,夫焉有所倚?霸者要做好事,原没本领,便少不得借势力以行之,不然,令不行、禁不止矣,乃是借威力以行仁义。故孟子曰:“以力假仁者霸。”以其非身有之,故曰假借耳。人之服之也,非为他智能愚人,没奈他威力何,只得服他。服人者,以强;服于人者,以伪。管、商都是霸佐[①],看他作用都是威力制缚人,非略人、略卖人者[②]。故夫子只说他器小,孟子只说他功烈,如彼其卑。而今定公孙鞅罪[③],只说他惨刻,更不说他奸诈。如今官府教民迁善远罪,只靠那刑威,全是霸道,他有甚诈伪?看来王霸考语,自有见成公案。曰以德以力所行底,门面都是一般仁义,如五禁之盟[④],二帝三王难道说他不是?难道反其所为?他只是以力行之耳。德力二字最确,诚伪二字未稳,何也?王霸是个粗分别,不消说到诚伪上。若到细分别处,二帝三王便有诚伪之分,何况霸者?

①管、商:管仲、商鞅。 ②略人:抢掠人。 略卖人:劫掠出卖

人。 ③公孙鞅：即商鞅，战国时人，法家，曾在秦国推行变法运动。 ④五禁之盟：指齐桓公葵丘会盟诸侯，约定共同遵守的五条准则。详见《孟子·告子下》。

骤制则小者未必帖服，以渐则天下豪杰皆就我羁靮矣。明制则愚者亦生机械，默制则天下无智巧皆入我范围矣。此驭夷狄待小人之微权，君子用之则为术知，小人用之则为智巧，舍是未有能济者也。或曰："何不以至诚行之？"曰："此何尝不至诚？但不浅露轻率耳。孔子曰：'机事不密则害成。'此之谓与？"

迂儒识见，看得二帝三王事功，只似阳春雨露，妪煦可人，再无一些冷落严肃之气。便是慈母，也有诃骂小儿时，不知天地只恁阳春，成甚世界？故雷霆霜雪不备，不足以成天；威怒刑罚不用，不足以成治。只五臣耳，还要一个皋陶。而二十有二人，犹有四凶之诛[①]。今只把天德王道看得恁秀雅温柔，岂知杀之而不怨，便是存神过化处。目下作用，须是汗吐下后，服四君子、四物百十剂，才是治体。

①二十有二人：指舜有臣子二十二人而天下治。 四凶之诛：指被舜流放或拘囚的共工、驩兜、三苗和鲧。见《尚书·舜典》。此与《春秋传》所记四凶之名有异。

三公示无私也，三孤示无党也，九卿示无隐也[①]。事无私曲，心无闭藏，何隐之有？呜呼！顾名思义，官职亦少称矣。

①三公：有以司马、司空、司徒为三公的；有以太傅、太师、太保为三公的。 三孤：即少师、少傅、少保，为三公之副。 九卿：指中央政府的九个高级职位，说法不一。

要天下太平，满朝只消三个人，一省只消两个人。

贤者只是一味，圣人备五味。一味之人，其性执，其见偏，自有用其一味处，但当因才器使耳。

天之气运有常，人依之以事作而百务成，因之以长养而百病少。上之政体有常，则下之志趋定，而渐可责成。人之耳目一，而因以寡过。

君子见狱囚而加礼焉。今以后皆君子人也，可无敬与？噫！刑法之设，明王之所以爱小人，而示之以君子之路也。然则囹圄者，小人之学校与？

小人只怕他有才，有才以济之，流害无穷。君子只怕他无才，无才以行之，斯世何补？

事有便于官吏之私者，百世常行，天下通行，或日盛月新，至弥漫而不可救。若不便于己私，虽天下国家以为极，便屡加申饬，每不能行，即暂行亦不能久。负国负民，吾党之罪大矣。

恩威当使有馀，不可穷也。天子之恩威，止于爵三公、夷九族。恩威尽，而人思以胜之矣。故明君养恩不尽，常使人有馀荣;养威不尽,常使人有馀惧。此久安长治之道也。

封建自五帝已然,三王明知不便势与情,不得不用耳。夏继虞,而诸侯无罪,安得废之?汤放桀,费征伐者十一国,馀皆服从,安得而废之?武伐纣,不期而会者八百,其不会者,或远或不闻,亦在三分有二之数,安得而废之?使六国尊秦为帝,秦亦不废六国。缘他不肯服,势必毕六王而后已。武王之兴灭继绝①,孔子之继绝举废②,亦自其先世曾有功德,及灭之,不以其罪言之耳。非谓六师所移及九族无血食者,必求复其国也。故封建不必是,郡县不必非。郡县者,无定之封建;封建者,有定之郡县也。

①兴灭继绝:《论语·尧曰》:"兴灭国,继绝世,举逸民,天下之民归心焉。" ②继绝举废:《礼记·中庸》:"继绝世,举废国,治乱持危,朝聘以时,厚往而薄来,所以怀诸侯也。"

刑礼非二物也,皆令人迁善而去恶也。故远于礼,则近于刑。

上德默成,示意而已。其次示观,动其自然。其次示声色。其次示是非,使知当然。其次示毁誉,使不得不然。其次示祸福。其次示赏罚。其次示生杀,使不敢不然。盖至于示生杀,而御世之术穷矣。叔季之世,自生杀之外无示也。悲夫!

权之所在,利之所归也。圣人以权行道,小人以权济私。

在上者慎以权与人。

太平之时，文武将吏习于懒散，拾前人之唾馀，高谈阔论，尽似真才。乃稍稍艰，大事到手，仓皇迷闷，无一干济之术，可叹可恨！士君子平日事事讲求，在在体验，临时只办得三五分，若全然不理会，只似纸舟尘饭耳。

圣人之杀，所以止杀也。故果于杀，而不为姑息。故杀者一二，而所全活者千万。后世之不杀，所以滋杀也。不忍于杀一二，以养天下之奸，故生其可杀，而生者多陷于杀。呜呼！后世民多犯死，则为人上者妇人之仁为之也。世欲治得乎？

天下事，不是一人做底，故舜五臣，周十乱[①]，其馀所用皆小德小贤，方能兴化致治。天下事，不是一时做底，故尧、舜相继百五十年，然后黎民于变。文、武、周公相继百年，然后教化大行。今无一人谈治道，而孤掌欲鸣。一人倡之，众人从而诋訾之；一时作之，后人从而倾圮之。呜呼！世道终不三代耶？振教铎以化，吾侪得数人焉，相引而在事权，庶几或可望乎？

①十乱：十位治臣。乱，即治。《尚书·泰誓》："予有乱臣十人，同心同德。虽有周亲，不如仁人。"

两精两备，两勇两智，两愚两意，则多寡强弱在所必较。以精乘杂，以备乘疏，以勇乘怯，以智乘愚，以有馀乘不足，以有意乘不意，以决乘二三，以合德乘离心，以锐乘疲，以慎乘怠，则多寡强弱非所论矣。故战之胜负无他，得其所乘与为人所乘，其得失不啻百也。实精也，而示之以杂；实备也，而示之以疏；实勇也，而示之以怯；实智也，而示之以愚；实有馀也，而示之以不足；实有意也，而示之以不意；实有决也，而示之以二三；实合德也，而示之以离心；实锐也，而示之以疲；实慎也，而示之以怠，则多寡强弱亦非所论矣。故乘之可否无他，知其所示，知其无所示，其得失亦不啻百也。故不藏其所示，凶也。误中于所示，凶也。此将家之所务审也。

守令于民，先有知疼知热，如儿如女一副真心肠，甚么爱养曲成事业做不出。只是生来没此念头，便与说绽唇舌，浑如醉梦。

兵士二党，近世之隐忧也。士党易散，兵党难驯，看来亦有法处。我欲三月而令可杀，杀之可令心服而无怨，何者？罪不在下故也。

或问宰相之道，曰：无私有识。冢宰之道，曰：知人善任使。

当事者，须有贤圣心肠，英雄才识。其谋国忧民也，出于恻怛至诚；其图事揆策也，必极详慎精密。踌躕及于九有，计算至于千年，其所施设，安得不事善功成、宜民利国？今也怀贪功喜事之念，为孟浪苟且之图，工粉饰弥缝之计，以遂其要荣取贵之奸，为万姓造殃不计也，为百年开衅不计也，为四海耗蠹不计也，计吾利否耳。呜呼！可胜叹哉！

为人上者，最怕器局小，见识俗。吏胥舆皂尽能笑人，不可不慎也。

为政者，立科条，发号令，宁宽些儿，只要真实行，永久行。若法极精密，而督责不严，综核不至，总归虚弥，反增烦扰。此为政者之大戒也。

民情不可使不便，不可使甚便。不便则壅阏而不通，甚者令之不行，必溃决而不可收拾；甚便则纵肆而不检，甚者法不能制，必放溢而不敢约束。故圣人同其好恶，以体其必至之情；纳之礼法，以防其不可长之渐。故能相安相习，而不至于为乱。

居官只一个快性，自家讨了多少便宜，左右省了多少负累，百姓省了多少劳费。

自委质后，终日做底是朝廷官，执底是朝廷法，干底是朝廷事。荣辱在君，爱憎在人，进退在我。吾辈而今错处，把官认作自家官，所以万事顾不得，只要保全这个在，扶持这个尊。此虽是第二等说话，然见得这个透，还算五分久。

铦矛而秫梃，金矢而秸弓，虽有《周官》之法度，而无奉行之人，典谟训诰何益哉？

二帝三王功业，原不难做，只是人不曾理会。譬之遥望万丈高峰，何等巍峨，他地步原自逶迤，上面亦不陡峻，不信只小试一试便见得。

洗漆以油,洗污以灰,洗油以腻,去小人以小人,此古今妙手也。昔人明此意者几?故以君子去小人,正治之法也。正治是堂堂之阵,妙手是玄玄之机。玄玄之机,非圣人不能用也。

吏治不但错枉[①],去慵懦无用之人,清仕路之最急者。长厚者误国蠹民以相培植,奈何?

①错枉:指摒弃邪枉之人。《论语·为政》:"举直错诸枉,则民服。"

余佐司寇日[①],有罪人情极可恨,而法无以加者,司官曲拟重条,余不可。司官曰:"非私恶也,以惩恶耳。"余曰:"谓非私恶诚然,谓非作恶可乎?君以公恶轻重法,安知他日无以私恶轻重法者乎?刑部只有个法字,刑官只有个执字,君其慎之!"

①司寇:周代六卿之一,主管刑狱。吕坤曾任刑部侍郎,故称。

有圣人于此,与十人论争,圣人之论是矣,十人亦各是己论以相持,莫之能下。旁观者至有是圣人者,有是十人者,莫之能定。必有一圣人至,方是圣人之论,而十人者、旁观者,又未必以后至者为圣人,又未必是圣人之是圣人也,然则是非将安取决哉?旻天诗人怨王惑于邪谋,不能断以从善[①]。噫!彼王也,未必不以邪谋为正谋,为先民之经,为大犹之程。当时在朝之臣,又安知不谓大夫为邪谋,为迩言也[②]?是故执两端而用中，必圣人在天子之位，独断坚持，必圣人居父师之尊，诚格意乎。不然人各有口，人各有心，在下者多指乱视，在上者蓄疑败谋，孰得而禁之？孰得而定之？

①“旻天”二句：《诗经·小雅·小旻》，其开首即曰“旻天疾威”云云。朱熹《诗集传》云：“大夫以王惑于邪谋，不能断以从善，而作此诗。”
②经：遵行。　大犹：即大道。　程：效法。　迩言：肤浅而无远见的话。以上数句本《诗经·小旻》：“匪先民是程，匪大犹是经。维迩言是听，维迩言是争。”

易衰歇而难奋发者，我也。易懒散而难振作者，众也。易坏乱而难整饬者，事也。易蛊敝而难久当者，物也。此所以治日常少，而乱日常多也。故为政要鼓舞不倦，纲常张，纪常理。

滥准、株连、差拘、监禁、保押、淹久、解审、照提，此八者，狱情之大忌也，仁人之所隐也。居官者慎之。

养民之政，孟子云：“老者衣帛食肉，黎民不饥不寒[①]。”韩子云：“鳏寡孤独废疾者，皆有养也[②]。”教民之道，孟子云：“使契为司徒，教以人伦，父子有亲，君臣有义，夫妇有别，长幼有序，朋友有信。放勋曰：‘劳之来之、匡之直之、辅之翼之，使自得之，又从而振德之。’”[③]《洪范》曰：“无偏无陂，遵王之义。无有作好，遵王之道。无有作恶，遵王之路。无偏无党，王道荡荡。无党无偏，王道平平。无反无侧，王道正直。会其有极，归其有极。”予每三复斯言，汗辄浃背，三叹斯语，泪便交颐。嗟夫！今之民，非古之民乎？今之道，非古之道乎？抑世变若江河,世道终不可反乎? 抑古人绝德,后人终不可及乎? 吾耳目口鼻,视古人有何缺欠? 爵禄事势,视古人有何靳啬? 俾六合景象若斯,辱此七尺之躯,靦面万民之上矣。

①“老者”二句:语出《孟子·梁惠王上》。 ②“鳏寡孤独”二句:语出韩愈《原道》。 ③“使契”十三句:语出《孟子·滕文公上》。放勋,尧之号。

智慧长于精神,精神生于喜悦,喜悦生于欢爱。故责人者,与其怒之也,不若教之;与其教之也,不若化之。从容宽大,谅其所不能,而容其所不及,恕其所不知,而体其所不欲,随事讲说,随时开谕。彼乐接引之诚而喜于所好,感督责之宽而愧其不材,人非木石,无不长进。故曰:“敬敷五教在宽[①]。”又曰:“无忿疾于顽[②]。”又曰:“匪怒伊教[③]。”又曰:“善诱人[④]。”今也不令而责之豫,不言而责之意,不明而责之喻,未及令人,先怀怒意,梃诟恣加,既罪矣,而不详其故,是两相仇,两相苦也。智者之所笑,而有量者之所羞也。为人上者,切宜戒之。

①“敬敷”句:意谓布五常之教在宽,所以得人心。语出《尚书·舜典》。 ②“无忿”句:意谓对顽嚣不喻的人,也要教化他,不应该忿疾痛恨他。语出《尚书·君陈》。 ③匪怒伊教:《诗经·鲁颂·泮水》:“载色载笑,匪怒伊教。”意谓和颜悦色,没有怒容,有益教化。 ④善诱人:《论语·子罕》:“夫子循循然善诱人。”指孔子善于一步步地引导学生。

德立行成了,论不得人之贵贱,家之富贫,分之尊卑,自然上下格心,大小象指,历山耕夫①,有甚威灵气焰！故曰:“默而成之,不言而信,存乎德行②。”

①历山耕夫:《史记·五帝本纪》:“舜耕历山,历山之人皆让畔。” ②“默而成之”三句:语出《周易·系辞上》。

宽人之恶者,化人之恶者也。激人之过者,甚人之过者也。

五刑不如一耻,百战不如一礼,万劝不如一悔。

举大事,动众情,必协众心而后济。不能尽协者,须以诚意格之,恳言入之,如不格不入,须委曲以求济事。不然,彼其气力智术足以撼众,而败吾之谋,而吾又以直道行之,非所以成天下之务也。古之人神谋鬼谋,以卜以筮,岂真有惑于不可知哉？定众志也。此济事之微权也。

世间万物皆有所欲,其欲亦是天理人情。天下万世公共之心,每怜万物有多少不得其欲处。有馀者盈溢于所欲之外而死,不足者奔走于所欲之内而死。二者均,俱生之道也。常思天地生许多人物,自足以养之,然而不得其欲者,正缘不均之故耳。此无天地不是处,宇宙内自有任其责者。是以圣王治天下,不说均,就说平。其均平之术,只是絜矩。絜矩之方,只是个同好恶。

做官都是苦事,为官原是苦人。官职高一步,责任便大一步，忧勤便增一步。圣人胼手胝足、劳心焦思，惟天下之安而后乐。是乐者，乐其所苦者也。众人快欲适情，身尊家润，惟富贵之得而后乐。是乐者，乐其所乐者也。

法有定，而持循之不易，则下之耳目心志习而上逸；无定，则上之指授口颊烦而下乱。

世人作无益事常十九，论有益，惟有暖衣、饱食、安居、利用四者而已。臣子事君亲，妇事夫，弟事兄，老慈幼，上惠下，不出乎此。《豳风》一章①，万世生人之大法，看他举动种种皆有益事。

①《豳风》一章：指《诗经·豳风》中《七月》一诗，讲农桑衣食之事。

天下之事，要其终而后知。君子之用心，君子之建立，要其成而后见事功之济否。可奈庸人俗识，谗夫利口，君子才一施设，辄生议论。或附会以诬其心，或造言以甚其过。是以志趋不坚，人言是恤者，辄灰心丧气，竟不卒功；识见不真，人言是听者，辄罢君子之所为，不使终事。呜呼！大可愤心矣。古之大建立者，或利于千万世而不利于一时，或利于千万人而不利于一人，或利于千万事而不利于一事。其有所费也，似贪；其有所劳也，似虐；其不避嫌也，易以招摘取议。及其成功而心事如青天白日矣。奈之何铄金销骨之口，夺未竟之施，诬不白之心哉？呜呼！英雄豪杰冷眼天下之事，袖手天下之敝，付之长吁冷笑，任其腐溃决裂而不之理，玩日愒月，尸位素餐，而苟且目前以全躯保妻子者，岂得已哉？盖惧此也。

变法者，变时势不变道，变枝叶不变本。吾怪夫后之议法者，偶有意见，妄逞聪明，不知前人立法千思万虑而后决。后人之所以新奇自喜，皆前人之所以熟思而弃者也，岂前人之见不及此哉？

鳏寡孤独，疲癃残疾，颠连无告之失所者，惟冬为甚。故凡咏红炉锦帐之欢，忘雪夜呻吟之苦者，皆不仁者也。

天下之财，生者一人，食者九人；兴者四人，害者六人。其冻馁而死者，生之人十九，食之人十一。其饱暖而乐者，害之人十九，兴之人十一。呜呼！可为伤心矣。三代之政行宁有此哉？

居生杀予夺之柄，而中奸细之术，以陷正人君子，是受顾之刺客也。伤我天道，殃我子孙，而为他人快意，愚亦甚矣。愚尝戏谓一友人曰："能辱能荣，能杀能生，不当为人作荆卿[①]。"友人谢曰："此语可为当路药石。"

①荆卿：指荆轲，战国卫人。为燕太子客，受命刺杀秦王嬴政，不中，被杀。事见《史记·刺客列传》。

秦家得罪于万世，在变了井田上[①]。春秋以后，井田已是十分病民了，但当复十一之旧，正九一之界，不当一变而为阡陌。后世厚取重敛，与秦自不相干。至于贫富不均，开天下奢靡之俗，生天下窃劫之盗，废比闾族党之法[②]，使后世十人九贫，死于饥寒者多有，则坏井田之祸也。三代井田之法，能使家给人足，俗俭伦明，盗息讼简，天下各得其所。只一复了井田，万事俱理。

①"秦家"二句：指战国时秦国用商鞅之法，废井田制。井田，古代的一种土地制度。以方九百亩的地为一里，划为九区，其中为公田，八家均私田百亩，同养公田。因形如井字，故名。 ②比闾族党：周代的户籍制度。五家为比，五比为闾，四闾为族，五族为党。详见《周礼·地官·大司徒》。

赦何为者？以为冤耶？当罪不明之有司。以为不冤耶？当报无辜之死恨。圣王有大庆，虽枯骨罔不蒙恩。今伤者伤矣，死者死矣，含愤郁郁，莫不欲仇我者速罹于法以快吾心，而乃赦之，是何仁于有罪而不仁于无辜也！将残贼幸赦而屡逞，善良闻赦而伤心，非圣王之政也。故圣王眚灾宥过，不待庆时，其刑故也不论庆时，夫是之谓大公至正之道。而不以一时之喜滥恩，则法执而小人惧，小人惧则善良得其所。

庙堂之上聚议者，其虚文也。当路者持不虚之成心，循不可废之故事，特借群在以示公耳。是以尊者嗫嚅，卑者唯诺，移日而退。巧于逢迎者，观其颐指意向而极口称道，他日骤得殊荣；激于公直者知其无益有害，而奋色极言，他日中以奇祸。

近世士风大可衰已。英雄豪杰本欲为宇宙树立大纲常大事业，今也驱之俗套，绳以虚文，不俯首吞声以从，惟有引身而退耳。是以道德之士远引高蹈，功名之士以屈养伸。彼在上者倨傲成习，看下面人皆王顺、长息也[①]。

①王顺、长息：皆战国时人。《孟子·万章下》载孟子引费惠公曰："吾于子思，则师之矣；吾于颜般，则友之矣；王顺、长息，则事我者也。"

今四海九州之人，郡异风，乡殊俗，道德不一故也。故天下皆守先王之礼，事上接下，交际往来，揆事宰物，率遵一个成法，尚安有诋笑者乎？故惟守礼可以笑人。

凡名器服饰，自天子而下庶人而上，各有一定等差，不可僭逼。上太杀，是谓逼下；下太隆，是谓僭上。先王不裁抑以逼下也，而下不敢僭。

礼与刑，二者常相资也。礼先刑后，礼行则刑措，刑行则礼衰。

官贵精不贵多，权贵一不贵分。大都之内，法令不行，则官多权分之故也，故万事俱弛。

名器于人无分毫之益，而国之存亡、民之死生，于是乎系。是故衮冕非暖于纶巾，黄瓦非坚于白屋。别等威者，非有利于身；受跪拜者，非有益于己，然而圣王重之者，乱臣贼子非此无以防其渐，而示之殊也。是故虽有大奸恶，而以区区之名分折之，莫不失辞丧气。吁！名器之义大矣哉！

今之用人，只怕无去处，不知其病根在来处。今之理财，只怕无来处，不知其病根在去处。

用人之道,贵当其才。理财之道,贵去其蠹。人君以识深虑远者谋社稷,以老成持重者养国脉,以振励明作者起颓敝,以通时达变者调治化,以秉公持正者寄钧衡,以烛奸嫉邪者为按察,以厚下爱民者居守牧,以智深勇沉者典兵戎,以平恕明允者治刑狱,以廉静综核者掌会计,以惜耻养德者司教化,则用人当其才矣。宫妾无慢弃之帛,殿廷无金珠之玩,近侍绝贿赂之通,宠幸无不赀之赏,臣工严贪墨之诛,迎送惩威福之滥,工商重淫巧之罚,众庶谨僭奢之戒,游惰杜幸食之门,缁黄示诳诱之罪[1],倡优就耕织之业,则理财得其道矣。

①缁黄:指僧人道士。

古之官人也,择而后用,故其考课也常恕。何也?不以小过弃所择也。今之官人也,用而后择,却又以姑息行之,是无择也,是容保奸回也。岂不浑厚?哀哉万姓矣!

世无全才久矣,用人者各因其长可也。夫目不能听,耳不能视,鼻不能食,口不能臭,势也。今之用人,不审其才之所堪,资格所及,杂然授之。方司会计,辄理刑名;既典文铨,又握兵柄。养之不得其道,用之不当其才,受之者但悦美秩而不自量,以此而求济事,岂不难哉?夫公绰但宜为老[1],而裨谌不可谋邑[2]。今之人才,岂能倍蓰古昔?愚以为学校养士,科目进人,便当如温公条议[3],分为数科,使各学其才之所近,而质性英发,能备众长者,特设全才一科,及其授官,各任所长。夫资有所近,习有所通,施之政事,必有可观。盖古者以仕学为一事,今日分体用为两截。穷居草泽,止事词章,一入庙廊,方学政事，虽有明敏之才，英达之识，岂能观政数月便得，每事尽善？不免卤莽施设，鹘突支吾，苟不大败，辄得迁升。以此用人，虽尧、舜不治。夫古之明体也，养适用之才，致君泽民之术，固已熟于畎亩之中，苟能用我者，执此以往耳。今之学校，可为流涕矣。

①公绰：鲁大夫。《论语·宪问》："子曰：'孟公绰为赵、魏老则优，不可以为滕、薛大夫。'"老，家臣之长。　②裨谌：郑大夫。《左传·襄公三十一年》："裨谌能谋，谋于野则获，谋于邑则否。"　③温公条议：温公，即司马光。条议，指司马光曾上条议，建议设十科取士，以选拔不同类型的人材。详见《宋史·选举志六》。

官之所居曰任，此意最可玩，不惟取责任负荷之义。任者，任也。听其便宜，信任而责成也。若牵制束缚，非任矣。

厮隶之言，直彻之九重，台省以之为臧否，部院以之为进退，世道大可恨也。或讶之，愚曰："天子之用舍，托之吏部，吏部之贤不肖，托之抚按，抚按之耳目，托之两司，两司之心腹，托之守令，守令之见闻，托之皂快，皂快之采访，托之他邑别郡之皂快。彼其以恩仇为是非，以谬妄为情实，以前令为后官，以旧愆为新过，以小失为大辜。密报密收，信如金石；愈伪愈详，获如至宝。谓夷、由污，谓跻、跖廉[①]，往往有之。而抚按据以上闻，吏部据以黜陟。一吏之荣辱不足惜，而夺所爱以失民望，培所恨以滋民殃，好恶拂人甚矣。"

①"谓夷、由污"二句：本《汉书·贾谊传》载贾谊悼屈原文："谓随、

夷溷兮，谓跖、蹻廉。”夷、由，伯夷、许由，均为高士。蹻、跖，颜师古注引李奇曰：“跖，秦之大盗也。楚之大盗为庄蹻。”

居官有五要：休错问一件事，休屈打一个人，休妄费一分财，休轻劳一夫力，休苟取一文钱。

吴越之战，利用智；羌胡之战，利用勇。智在相机，勇在养气。相机者，务使鬼神不可知；养气者，务使身家不肯顾。此百胜之道也。

兵，以死使人者也。用众怒，用义怒，用恩怒。众怒，仇在万姓也，汤武之师是已。义怒，以直攻曲也，三军缟素是已。恩怒，感激思奋也，李牧犒三军[①]，吴起同甘苦是已[②]。此三者，用人之心，可以死人之身。非是皆强驱之也。猛虎在前，利兵在后，以死殴死，不战安之？然而取胜者，幸也，败与溃者十九。

①李牧：战国末赵将。长期驻守边防，甚得军心。《史记·廉颇蔺相如列传》中有其事迹。　②吴起：战国时兵家，善用兵，能与士卒同甘苦，事见《史记·孙子吴起列传》。

寓兵于农，三代圣王行之甚好。家家知耕，人人知战，无论即戎，亦可弭盗。且经数十百年不用兵，说用兵，才用农十分之一耳。何者？有不道之国，则天子命曰某国不道，某方伯连帅讨之[①]。天下无与也，天下所以享兵农未分之利。春秋以后，诸侯日寻干戈，农胥变而为兵，舍穑不事，则吾国贫，因粮于敌,则他国贫。与其农胥变而兵也,不如兵农分。

①方伯:古代诸侯中的领袖,意为一方之长。《礼记·王制》:“千里之外设方伯。” 连帅:十国诸侯之长。后泛指地方长官。《礼记·王制》:“十国以为连,连有帅。”

凡战之道,贪生者死,忘死者生;狃胜者败,耻败者胜。

疏法胜于密心,宽令胜于严主。

天下之事,倡于作俑[①],而滥于助波鼓焰之徒。至于大坏极敝,非截然毅然者不能救,于是而犹曰循旧安常,无更张以拂人意,不知其可也。

①作俑:俑,指用来陪葬的偶像。《孟子·梁惠王上》:“仲尼曰:‘始作俑者,其无后乎?为其象人而用之也。’”比喻首开恶例。

在上者能使人忘其尊而亲之,可谓盛德也已。

因偶然之事,立不变之法,惩一夫之失,苦天下之人,法莫病于此矣。近日建白,往往而然。

礼繁则难行,卒成废阁之书。法繁则易犯,益甚决裂之罪。

为尧、舜之民者,逸于尧、舜之臣。唐、虞世界全靠四岳、九官、十二牧[1]，当时君民各享无为之业而已。臣劳之系于国家也，大哉！是故百官逸则君劳，而天下不得其所。

①四岳、九官、十二牧：均为尧舜时代官名。

治世用端人正士，衰世用庸夫俗子，乱世用恰夫佞人。恰夫佞人盛，而英雄豪杰之士不伸。夫惟不伸也，而奋于一伸，遂至于亡天下。故明主在上，必先平天下之情，将英雄豪杰服其心志，就我羁靮，不蓄其奋而使之逞。

天下之民，皆朝廷之民，皆天地之民，皆吾民。

愈上则愈聋瞽，其壅蔽者众也；愈下则愈聪明，其见闻者真也。故论见闻，则君之知不如相，相之知不如监司，监司之知不如守令，守令之知不如民。论壅蔽，则守令蔽监司，监司蔽相，相蔽君。惜哉！愈下之真情不能使愈上者闻之也。

周公是一部活《周礼》[1]。世只有周公，不必有《周礼》。使周公而生于今，宁一一用《周礼》哉？愚谓有周公，虽无《周礼》可也；无周公，虽无《周礼》可也。

①周公：即周公旦，周武王弟，辅助成王治理天下，并制礼作乐。旧称《周礼》为周公所作。

民鲜耻，可以观上之德；民鲜畏，可以观上之威，更不须求之民。

民情甚不可郁也。防以郁水，一决则漂屋推山；炮以郁火，一发则碎石破木。桀、纣郁民情而汤、武通之。此存亡之大机也，有天下者之所夙夜孜孜者也。

天之生民，非为君也；天之立君，以为民也，奈何以我病百姓？夫为君之道无他，因天地自然之利，而为民开导樽节之；因人生固有之性，而为民倡率裁制之。足其同欲，去其同恶。凡以安定之，使无失所，而后天立君之意终矣。岂其使一人肆于民上，而剥天下以自奉哉？呜呼！尧、舜其知此也夫！

三代之法、井田、学校，万世不可废。世官："封建[①]，废之已晚矣。此难与不思者道。

①世官：古代贵族世代承袭的官职。《孟子·告子下》："士无世官。"

圣王同民心而出治道，此成务者之要言也。夫民心之难同久矣，欲多而见鄙，圣王识度岂能同之？噫！治道以治民也，治民而不同之，其何能从？即从，其何能久？禹之戒舜曰："罔咈百姓以从己之欲[①]。"夫舜之欲，岂适己自便哉？以为民也，而曰"罔咈"。盘庚之迁殷也，再四晓譬；武王之伐纣也，三令五申。必如此而后事克有济。故曰：专欲难成，众怒难犯。我之欲未必非，彼之怒未必是。圣王求以济事，则知专之不胜众也，而不动声色以因之，明其是非以悟之，陈其利害以动之，待其心安而意顺也，然后行之，是谓以天下人成天下事，事不劳而底绩。虽然，亦有先发后闻者，亦有不谋而断者，亦有拟议已成,料度已审,疾雷迅电而民不得不然者,此特十一耳,百一耳,不可为典则也。

①“罔咈”句:语出《尚书·大禹谟》,为伯益之语。罔,不。咈,违背。

人君有欲,前后左右之幸也。君欲一,彼欲百,致天下乱亡,则一欲者受祸,而百欲者转事他人矣。此古今之明鉴,而有天下者之所当悟也。

“平”之一字极有意味,所以至治之世,只说个天下平。或言:“水无高下,一经流注,无不得平。”曰:“此是一味平了。世间千种人、万般物、百样事,各有分量,容有差等,只各安其位,而无一毫拂戾不安之意,这便是太平。如君说则是等尊卑贵贱小大而齐之矣,不平莫大乎是!”

国家之取士以言也,固将曰:“言如是,行必如是也。”及他日效用,举背之矣。今闾阎小民立片纸凭,一人终其身执所书而责之,不敢二,何也?我之所言昭然在纸笔间也,人已据之矣。吁!执卷上数千言凭,满闱之士大夫且播之天下,视小民片纸何如?奈之何吾资之以进身,人君资之以进人,而自处于小民之下也哉?噫!无怪也,彼固以空言求之,而终身不复责券也。

漆器之谏[①],非为舜忧也,忧天下后世极欲之君自此而开其萌也。天下之势,无必有,有必文,文必靡丽,靡丽必亡。漆器之谏，慎其有也。

①漆器之谏：《旧唐书·褚遂良传》："太宗问遂良曰：'舜造漆器，禹雕其俎，当时谏舜、禹者十馀人。食器之间，苦谏何也？'遂良对曰：'雕琢害农事，纂组伤女工。首创奢淫，危亡之渐。漆器不已，必金为之；金器不已，必玉为之。所以诤臣必谏其渐，及其满盈，无所复谏。'太宗以为然。"

矩之不可以不直方也，是万物之所以曲直斜正也。是故矩无言而万物则之，无毫发违，直方故也。哀哉！为政之徒言也。

暑之将退也，先燠。天之将旦也，先晦。投丸于壁，疾则内；射物，极则反，不极则不反也。故愚者惟乐其极，智者先惧其反。然则否不害于极，泰极其可惧乎？

余每食，虽无肉味，而蔬食菜羹尝足。因叹曰："嗟夫！使天下皆如此，而后盗可诛也。枵腹菜色，盗亦死，不盗亦死，夫守廉而俟死，此士君子之所难也。奈何以不能士君子之行而遂诛之乎？此富民为王道之首务也。"

穷寇不可追也，遁辞不可攻也，贫民不可威也。

无事时埋藏着许多小人，多事时识破了许多君子。

法者，御世宰物之神器。人君本天理人情而定之，人君不得与;人臣为天下万世守之,人臣不得与。譬之执圭捧节,奉持惟谨而已。非我物也,我何敢私?今也不然,人藉之以济私,请托公行;我藉之以市恩,听从如响;而辩言乱攻之徒又借曰长厚,曰仁慈,曰报德,曰崇尊。夫长厚慈仁,当施于法之所不犯;报德崇尊,当求诸己之所得为。奈何以朝廷公法徇人情、伸己私哉?此大公之贼也。

治世之大臣不避嫌,治世之小臣无横议。

姑息之祸,甚于威严。此不可与长厚者道。

卑卑世态,袅袅人情,在下者工不以道之悦,在上者悦不以道之工,奔走揖拜之日多而公务填委,简书酬酢之文盛而民事罔闻。时光只有此时光,精神只有此精神,所专在此,则所疏在彼。朝廷设官,本劳己以安民,今也扰民以相奉矣。

天下存亡系人君喜好。鹤乘轩[①],何损于民,且足以亡国,而况大于此者乎?

①鹤乘轩:《左传·闵公二年》:"卫懿公好鹤,鹤有乘轩者。将战,国人受甲者皆曰:'使鹤,鹤实有禄位。'"轩,大夫之车。

动大众、齐万民,要主之以慈爱,而行之以威严。故曰:"威克厥爱。"[①]又曰:"一怒而安天下之民[②]。"若姑息宽缓,煦煦沾沾,便是妇人之仁,一些事济不得。

①威克厥爱:语出《尚书·胤征》。威,严明之谓;爱,姑息之谓。 ②语出《孟子·梁惠王下》。

为政以徇私弭谤违道干誉为第一耻。为人上者自有应行道理,合则行,不合则去。若委曲迁就,计利虑害,不如奉身而退。孟子谓枉尺直寻不可[①],推起来,虽枉一寸直千尺,恐亦未可也。或曰:"处君亲之际,恐有当枉处。"曰:"当枉则不得谓之枉矣,是谓权以行经,毕竟是直道而行。"

①枉尺直寻:枉,屈也;直,伸也。八尺曰寻。指小有所屈而大有所获。语出《孟子·滕文公下》。

"与其杀不辜,宁失不经"[①],此舜时狱也。以舜之圣,皋陶之明,听比屋可封之民[②],当淳朴未散之世,宜无不得其情者,何疑而有不经之失哉?则知五听之法不足以尽民[③],而疑狱难决自古有之。故圣人宁不明也,而不忍不仁。今之决狱,则耻不明而以臆度之见,偏主之失杀人,大可恨也。夫天道好生,鬼神有知,奈何为此?故宁错生了人,休错杀了人。错生则生者尚有悔过之时,错杀则我亦有杀人之罪。司刑者慎之。

①"与其"二句:语出《尚书·大禹谟》。不经,不合于常规。
②比屋可封:意谓人人皆贤,家家都有可表彰的德行。《新语·无为》:"尧舜之民,可比屋而封。" ③五听:《周礼·秋官·小司寇》:"以五声听狱讼,求民情:一曰辞听,二曰色听,三曰气听,四曰耳听,五曰目听。"

大纛高牙,鸣金奏管,飞旌卷盖,清道唱驺,舆中之人志骄意得矣。苍生之疾苦几何？职业之修废几何？使无愧于心焉，即匹马单车如听钧天之乐；不然，是益厚吾过也。妇人孺子，岂不惊炫，恐有道者笑之。故君子之车服仪从，足以辨等威而已，所汲汲者，固自有在也。

徇情而不废法，执法而不病情，居官之妙悟也。圣人未尝不履正奉公，至其接人处事，大段圆融浑厚，是以法纪不失，而人亦无怨。何者？无躁急之心，而不狃一切之术也。

"宽简"二字，为政之大体。不宽则威令严，不简则科条密。以至严之法绳至密之事，是谓烦苛暴虐之政也，困己扰民，明王戒之。

世上没个好做的官，虽抱关之吏，也须夜行早起，方为称职。才说做官好，便不是做好官的人。

罪不当笞，一朴便不是；罪不当怒，一叱便不是。为人上者慎之。

君子之事君也，道则直身而行，礼则鞠躬而尽，诚则开心而献，祸福荣辱则顺命而受。

弊端最不可开，弊风最不可成。禁弊端于未开之先易，挽弊风于既成之后难。识弊端而绝之，非知者不能。疾弊风而挽之，非勇者不能。圣王在上，诛开弊端者以徇天下，则弊风自革矣。

避其来锐，击其惰归[1]，此之谓大智。大智者，不敢常在我。击其来锐，避其惰归，此之谓神武。神武者，心服常在人。大智者可以常战，神武者无俟再战。

①"避其"二句：《孙子·军争篇》："是故朝气锐，昼气惰，暮气归。故善用兵者，避其来锐，击其惰归。此治气者也。"

御众之道，赏罚其小者（赏罚小则大者劝惩），甚者（赏罚甚者，费省而人不惊），明者（人所共知），公者（不以已私）。如是，虽百万人可为一将用；不然，必劳、必费、必不行，徒多赏罚耳。

为政要使百姓大家相安，其大利害当兴革者，不过什一。外此，只宜行所无事，不可有意立名建功，以求烜赫之誉。故君子之建白，以无智名勇功为第一，至于雷厉风行，未尝不用。譬之天道然，以冲和镇静为常，疾风迅雷，间用之而已。

罚人不尽数其罪，则有余惧。赏人不尽数其功，则有余望。

匹夫有不可夺之志[1]，虽天子亦无可奈何。天子但能令人死，有视死如饴者，而天子之权穷矣。然而竟令之死，是天子自取过也，不若容而遂之，以成盛德。是以圣人体群情，不敢夺人之志以伤天下之心，以成己之恶。

①"匹夫"句：《论语·子罕》："子曰：'三军可夺帅也，匹夫不可夺

志也。'"

临民要庄谨,即近习门吏,起居常侍之间,不可示之以可慢。

圣王之道,以简为先,其繁者,其简之所不能者也。故惟简可以清心,惟简可以率人,惟简可以省人己之过,惟简可以培寿命之原,惟简可以养天下之财,惟简可以不耗天地之气。

圣人不以天下易一人之命,后世乃以天下之命易一身之尊。悲夫!吾不知得天下将以何为也!

圣君贤相在位,不必将在朝小人一网尽去之,只去元恶大奸。每种芟其甚者一二,示吾意向之所在,彼群小众邪与中人之可善可恶者,莫不回心向道,以逃吾之所去。旧恶掩覆不暇,新善积累不及,而何敢怙终以自溺耶?故举皋陶,不仁者远;去四凶,不仁者亦远。

有一种人以姑息匪人市宽厚名,有一种人以毛举细故市精明名,皆偏也。圣人之宽厚不使人有所恃,圣人之精明不使人无所容,敦大中自有分晓。

申、韩亦王道之一体[①]。圣人何尝废刑名不综核?四凶之诛,舜之申、韩也。少正卯之诛,侏儒之斩,三都之堕[②],孔子之申、韩也。即雷霆霜雪,天亦何尝不申、韩哉?故慈父有梃诟,爱肉有针石。

①申、韩：即申不害与韩非，都是战国时人，法家、主刑名法制。　②“少正卯之诛”三句：皆指孔子在鲁国从政期间所采取的比较严厉的措施。详见《史记・孔子世家》。

三千三百[1]，圣人非靡文是尚，而劳苦是甘也。人心无所存属，则恶念潜伏；人身有所便安，则恶行滋长。礼之繁文，使人心有所用，而不得他适也；使人观文得情，而习于善也；使人劳其筋骨手足，而不偷慢以养其淫也；使彼此相亲相敬，而不伤好以起争也。是范身联世，制欲已乱之大防也。故旷达者乐于简便，一决而溃之，则大乱起。后世之所谓礼者，则异是矣。先王情文废无一在，而乃习容止、多揖拜、娉颜色、柔声气、工诵谀、艳交游、密附耳蹑足之语、极笾豆筐篚之费、工书刺候问之文，君子所以深疾之。欲一洗而入于崇真尚简之归，是救俗之大要也。虽然，不讲求先王之礼，而一入于放达、乐有、简便，久而不流于西晋者几希。

①三千三百：《礼记・中庸》：“大哉圣人之道！……礼仪三百，威仪三千，待其人然后行。”

在上者无过，在下者多过。非在上者之无过，有过而人莫敢言；在下者非多过，诬之而人莫敢辩。夫惟使人无心言，然后为上者真无过；使人心服，而后为下者真多过也。

为政者贵因时。事在当因，不为后人开无故之端；事在当革，不为后人长不救之祸。

夫治水者,通之乃所以穷之,塞之乃所以决之也。民情亦然。故先王引民情于正,不裁于法。法与情不俱行,一存则一亡。三代之得天下,得民情也;其守天下也,调民情也。顺之而使不拂,节之而使不过,是谓之调。

治道之衰,起于文法之盛;弊蠹之滋,始于簿书之繁。彼所谓文法簿书者,不但经生黔首懵不见闻,即有司专职亦未尝检阅校勘。何者?千宗百架,鼠蠹雨浥,或一事反覆异同,或一时互有可否,后欲遵守,何所适从?只为积年老猾媒利市权之资耳,其实于事体无裨,弊蠹无损也。呜呼!百家之言不火而道终不明,后世之文法不省而世终不治。

六合都是情世界,惟朝堂官府为法世界,若也只徇情,世间更无处觅公道。

进贤举才而自以为恩,此斯世之大惑也。退不消之怨,谁其当之?失贤之罪,谁其当之?奉君之命,尽己之职,而公法废于私恩,举世迷焉。亦可悲矣。

进言有四难:审人、审己、审事、审时。一有未审,事必不济。

法不欲骤变,骤变虽美,骇人耳目,议论之媒也。法不欲硬变,硬变虽美,拂人心志,矫抗之藉也。故变法欲详审,欲有渐,欲不动声色,欲同民心而与之反覆其议论。欲心迹如青天白日,欲独任躬行,不令左右借其名以行胸臆。欲明且确,不可含糊,使人得持两可以为重轻。欲著实举行,期有成效,无虚文搪塞,反贻实害。必如是,而后法可变也。不然,宁仍旧贯而损益修举之。无喜事,喜事,人上者之僇也。

新法非十有益于前,百无虑于后,不可立也。旧法非于事万无益,于理大有害,不可更也。要在文者实之,偏者救之,敝者补之,流者反之,怠废者申明而振作之。此治体调停之中策,百世可循者也。

用三代以前见识而不迂,就三代以后家数而不俗,可以当国矣。

善处世者,要得人自然之情。得人自然之情,则何所不得?失人自然之情,则何所不失?不惟帝王为然,虽二人同行,亦离此道不得。

夫坐法堂,厉声色,侍列武卒,错陈严刑,可生可杀,惟吾所欲为而莫之禁,非不泰然得志也。俄而有狂士直言正色,诋过攻失,不畏尊严,则王公贵人为之夺气。于斯时也,威非不足使之死也,理屈而威以劫之,则能使之死,而不能使之服矣。大盗昏夜持利刃而加人之颈,人焉得而不畏哉?伸无理之威以服人,盗之类也,在上者之所耻也。彼以理伸,我以威伸,则彼之所伸者盖多矣。故为上者之用威,所以行理也,非以行势也。

"礼"之一字,全是个虚文,而国之治乱,家之存亡,人之死生,事之成败,罔不由之。故君子重礼,非谓其能厚生利用人,而厚生利用者之所必赖也。

兵革之用,德化之衰也。自古圣人亦甚盛德,即不过化存神,亦能久道成孚,使彼此相安于无事。岂有四夷不可讲信修睦作邻国耶?何至高城深池以为卫,坚甲利兵以崇诛,侈万乘之师,靡数百万之财以困民,涂百万生灵之肝脑以角力?圣人之智术而止于是耶?将至愚极拙者谋之,其计岂出此下哉?若曰无可奈何,不得不尔,无为贵圣人矣,将干羽苗格①,因垒崇降②,尽虚语矣乎?夫无德化可恃,无恩信可结,而曰去兵,则外夷交侵,内寇啸聚,何以应敌?不知所以使之不侵不聚者,亦有道否也。古称四夷来王③,八蛮通道④,越裳重译⑤,日月霜露之所照坠者,莫不尊亲⑥,断非虚语。苟于此而岁岁求之,日日讲之,必有良法,何至困天下之半而为此无可奈何之策哉?

①干羽苗格:《尚书·大禹谟》:"舞干羽于两阶,七旬有苗格。"干羽,舞者所执之舞具;苗,三苗;格,至。　②因垒崇降:《左传·僖公十九年》:"文王闻崇德乱而伐之,军三旬而不降;退修教而复伐之,因垒而降。"垒,军垒;崇,崇侯虎;降,降服。　③四夷来王:《尚书·大禹谟》:"无怠无慌,四夷来王。"　④八蛮通道:《尚书·旅獒》:"惟克商,遂通道于九夷八蛮,西旅底贡厥獒。"八蛮,指南方的少数民族。⑤越裳重译:指君王盛德则感,边远小国也辗转通过翻译进贡朝廷,表示臣服。越裳,南方古国;重译,辗转翻译。《汉书·贾捐之传》:"越裳氏重九译而献,此非兵革之所能致。"　⑥"日月霜露"二句:《礼记·中庸》:"日月所照,霜露所坠,凡有血气者,莫不尊亲。"

事无定分，则人人各诿其劳而万事废；物无定分，则人人各满其欲而万物争。分也者，物各付物，息人奸懒贪得之心，而使事得其理，人得其情者也。分定，虽万人不须交一言。此修、齐、治、平之要务，二帝三王之所不能外也。

骄惯之极，父不能制子，君不能制臣，夫不能制妻，身不能自制。视死如饴，何威之能加？视恩为玩，何惠之能益？不祸不止。故君子情胜，不敢废纪纲，兢兢然使所爱者知恩而不敢肆，所以生之也，所以全之也。

物理人情，自然而已。圣人得其自然者以观天下，而天下之人不能逃圣人之洞察；握其自然者以运天下，而天下之人不觉为圣人所斡旋。即其轨物所绳，近于矫拂，然拂其人欲自然之私，而顺其天理自然之公。故虽有倔强锢蔽之人，莫不憬悟而驯服，则圣人触其自然之机，而鼓其自然之情也。

监司视小民蔼然，待左右肃然，待寮寀温然，待属官侃然，庶几乎得体矣。

自委质后，此身原不属我。朝廷名分，为朝廷守之，一毫贬损不得，非抗也；一毫高亢不得，非卑也。朝廷法纪，为朝廷执之，一毫徇人不得，非固也；一毫任己不得，非葸也。

未到手时嫌于出位而不敢学[①]，既到手时迫于应酬而不及学。一世业官苟且，只于虚套搪塞，竟不嚼真味，竟不见成功。虽位至三公，点检真足愧汗。学者思之。

①出位:《论语·宪问》:“子曰:‘不在其位,不谋其政。’曾子曰:‘君子思不出其位。’”出位即越出自己的职位。

今天下一切人、一切事都是苟且做,寻不着真正题目,便认了题目,尝不着真正滋味。欲望三代之治,甚难!

凡居官为前人者,无干誉矫情,立一切不可常之法以难后人;为后人者,无矜能露迹,为一朝即改革之政以苦前人。此不惟不近人情,政体自不宜尔。若恶政弊规,不妨改图,只是浑厚便好。

将古人心信今人,真是信不过;若以古人至诚之道感今人,今人未必在豚鱼下也。

泰极必有受其否者,否极必有受其泰者。故水一壅必决,水一决必涸。世道纵极必有操切者出,出则不分贤愚,一番人受其敝;严极必有长厚者出,出则不分贤愚,一番人受其福。此非独人事,气数固然也。故智者乘时因势,不以否为忧,而以泰为惧;审势相时,不决裂于一惩之后,而骤更以一切之法。昔有猎者,入山见驺虞以为虎也,杀之,寻复悔。明日,见虎以为驺虞也,舍之,又复悔。主时势者之过,于所惩也亦若是夫?

法多则遁情愈多,譬之逃者,入千人之群则不可觅,入三人之群则不可藏矣。

兵,阴物也;用兵,阴道也:故贵谋。不好谋不成。我之动定敌人不闻，敌之动定尽在我心，此万全之计也。

取天下，守天下，只在一种人上加意念，一个字上做工夫。一种人是那个？曰民。一个字是甚么？曰安。

礼重而法轻，礼严而法恕，此二者常相权也。故礼不得不严，不严则肆而入于法；法不得不恕，不恕则激而法穷。

夫礼也，严于妇人之守贞，而疏于男子之纵欲，亦圣人之偏也。今舆隶仆僮皆有婢妾，娼女小童莫不淫狎，以为丈夫之小节而莫之问，凌嫡失所，逼妾殒身者纷纷，恐非圣王之世所宜也。此不可不严为之禁也。

西门疆尹河西，以赏劝民。道有遗羊值五百，一人守而待，失者谢之不受。疆曰："是义民也。"赏之千。其人喜，他日谓所知曰："汝遗金，我拾之以还。"所知者从之，以告疆曰："小人遗金一两，某拾而还之。"疆曰："义民也。"赏之二金。其人愈益喜，曰："我贪，每得利则失名，今也名利两得，何惮而不为？"

笃恭之所发[①]，事事皆纯王[②]，如何天下不平？或曰："才说所发，不动声色乎？"曰："日月星辰皆天之文章，风雷雨露皆天之政令，上天依旧，笃恭在那里？笃恭，君子之无声无臭也[③]。无声无臭，天之笃恭也。"

①笃恭：《中庸》："君子笃恭而天下平。"朱熹注："笃恭，言不显其敬

也。”　②纯王:纯一王道。　③无声无臭:《诗·大雅·文王》:“上天之载,无声无臭。”臭,气味。

君子小人调停则势不两立,毕竟是君子易退,小人难除。若攻之太惨,处之太激,是谓土障狂澜,灰埋烈火,不若君子秉成而择才以使之,任使不效而次第裁抑之。我悬富贵之权而示之的,曰:“如此则富贵,不如此则贫贱。”彼小人者,不过得富贵耳,其才可以偾天下之事,亦可以成天下之功;可激之酿天下之祸,亦可养之兴天下之利。大都中人,十居八九,其大奸凶、极顽悍者,亦自有数。弃人于恶,而迫人自弃,俾中人为小人,小小人为大小人,甘心抵死而不反顾者,则吾党之罪也。噫!此难与君子道。三代以还,覆辙一一可鉴,此品题人物者,所以先器识也。

当多事之秋,用无才之君子,不如用有才之小人。

肩天下之任者,全要个气。御天下之气者,全要个理。

无事时惟有丘民好蹂践,自吏卒以上人人得而鱼肉之。有事时惟有丘民难收拾,虽天子亦无躲避处,何况衣冠?此难与诵诗读书者道也。

余居官有六自簿:均徭先令自审,均地先令自丈,未完令其自限,纸赎令其自催,干证催词讼令其自拘,干证拘小事令其自处。乡约亦往往行得去,官逸而事亦理。久之可省刑罚。当今天下之民极苦官之繁苛,一与宽仁,其应如响。

自井田废，而窃劫始多矣。饱暖无资，饥寒难耐，等死耳，与其瘠僵于沟壑无人称廉，不若苟活于旦夕未必即犯。彼义士廉夫尚难责以饿死，而况种种贫民半于天下乎？彼膏粱文绣坐于法堂，而严刑峻法以正窃劫之罪者，不患无人，所谓“哀矜而勿喜”者谁与①？余以为衣食足而为盗者，杀无赦；其迫于饥寒者，皆宜有以处之。不然，罪有所由而独诛盗，亦可愧矣。

①哀矜而勿喜：《论语·子张》：“子曰：‘上失其道，民散久矣。如其得情，则哀矜而勿喜。’”哀矜，悲哀怜悯。

余作《原财》一篇，有六生十二耗。六生者何？曰垦荒闲之田，曰通水泉之利，曰教农桑之务，曰招流移之民，曰当时事之宜，曰详积贮之法。十二耗者何？曰严造饮之禁，曰惩淫巧之工，曰重游手之罚，曰绝倡优剧戏，曰限在官之役，曰抑僭奢之俗，曰禁寺庙之建，曰戒坊第游观之所刻无益之书，曰禁邪教之倡，曰重迎送供张之罪，曰定学校之额、科举之制，曰诛贪墨之吏。语多愤世，其文不传。

太和之气，虽贯彻于四时，然炎徼以南常热，朔方以北常寒，姑无论。只以中土言之，纯然暄燠而无一毫寒凉之气者，惟是五月半后，八月半前九十日耳，中间亦有夜用夹绵时。至七月而暑已处，八月而白露零，九月寒露霜降，亥子丑寅，其寒无俟言矣。二、三月后犹未脱绵，谷雨以后始得断霜，四月已夏，犹谓清和。大都严肃之气，岁常十八，而草木二月萌芽，十月犹有生意，乃生育长养不专在于暄燠，而严肃之中正所以操纵冲和之机者也。圣人之为政也法天，当宽则用春夏，当严则用秋冬，而常持之体，则于严威之中施长养之惠。何者？严不匮，惠易穷，威中之惠鼓舞人群，惠中之惠骄弛众志。子产相郑，铸刑书，诛强宗，伍田畴，褚衣冠[①]，及语子太叔，犹有“莫如猛”之言[②]，可不谓严乎？乃孔子之评子产，则曰惠人也[③]。他日又曰子产众人之母[④]。孔子之为政可考矣。彼沾沾煦煦尚姑息以养民之恶，卒至废弛玩愒，令不行，禁不止，小人纵恣，善良吞泣，则孔子之罪人也。故曰居上以宽为本，未尝以宽为政。严也者，所以成其宽也。故怀宽心不宜任宽政。是以懦主杀臣，慈母杀子。

①“子产相郑”五句：子产，春秋时郑国人，为郑国相，铸刑书诸事，参见《左传》昭公六年、襄公三十年等所述。伍，“赋”之借字。褚，同“贮”。　②“及语子太叔”二句：参见《左传·襄公二十五年》所述。③“乃孔子之评”二句：参见《论语·宪问》所载。　④“他日”句：参见《礼记·仲尼燕居》所载。

馀息而在沟壑，斗珠不如升糠；裸裎而卧冰雪，败絮重于绣縠。举世用人皆珠縠之贵也，有甚高品？有甚清流？不适缓急之用，即真非所急矣。

盈天地间只靠二种人为命，曰农夫、织妇，却又没人重他，是自戕其命也。

一代人才，自足以成一代之治。既作养无术，而用之者又非其人，无怪乎万事不理也。

三代以后治天下,只求个不敢。不知其不敢者,皆苟文以应上也。真敢在心,暗则足以蛊国家,明之足以亡社稷,乃知不敢不足恃也。

古者国不易君,家不易大夫,故其治因民宜俗,立纲陈纪,百姓与己相安,然后从容渐渍,日新月盛,而治功成。故曰"必世后仁"[①],曰"久道成化"[②]。譬之天地不悠久便成物不得。自封建变而为郡县,官无久暖之席,民无尽识之官。施设未竟而谗毁随之,建官未久而黜陟随之。方胹熊蹯而夺之薪,方缫茧丝而截其绪。一番人至一度更张,各有性情,各有识见,百姓闻其政令半不及理会,听其教化尚未及信从,而新者卒至,旧政废阁,何所信从?何所遵守?况加以监司之掣肘,制一帻,而不问首之大小,都使之冠;制一衣,而不问时之冬夏,必使之服。不审民情便否,先以簿书督责,即高才疾足之士,俄顷措置之之功,亦不过目前小康,一事小补,而上以此为殿最,下以此为欢虞。呜呼!伤心矣。先正有言:"人不里居,田不井授,虽欲言治,皆苟而已。"愚谓建官亦然。政因地而定之,官择人而守之。政善不得更张,民安不得易法。其多事扰民,任情变法,与惰政慢法者斥逐之。更其人不易其治,则郡县贤于封建远矣。

①必世后仁:《论语·子路》:"子曰:'如有王者,必世而后仁。'" ②久道成化:《周易·恒卦》:彖曰:"圣人久于其道而天下化成。"言圣人得其长久之道,故能使万物从化而成也。

法之立也,体其必至之情,宽以自生之路,而后绳其逾分之私,则上有直色,而下无心言。今也小官之俸,不足供饔飧,偶受常例,而辄以贪法罢之,是小官终不可设也。识体者欲广其公而闭之私,而当事者又计其私,某常例某从来也。夫宽其所应得,而后罪其不义之取,与夫因有不义之取也,遂俭于应得焉孰是?盖仓官月粮一石,而驿丞俸金岁七两云。

顺心之言易入也,有害于治;逆耳之言裨治也,不可于人:可恨也。夫惟圣君以逆耳者顺于心,故天下治。

使马者知地险,操舟者观水势,驭天下者察民情,此安危之机也。

宇内有三权:天之权曰祸福,人君之权曰刑赏,天下之权曰褒贬。祸福不爽,曰天道之清平。有不尽然者,夺于气数。刑赏不忒,曰君道之清平。有不尽然者,限于见闻,蔽于喜怒。褒贬不诬,曰人道之清平。有不尽然者,偏于爱憎,误于声响。褒贬者,天之所恃以为祸福者也,故曰“天视自我民视,天听自我民听”[①];君之所恃以为刑赏者也,故曰“好人之所恶,恶人之所好,是谓拂人之性”[②]。褒贬不可以不慎也,是天道、君道之所用也。一有作好作恶,是谓天之罪人,君之戮民。

①“天视”二句:语出《尚书·泰誓》,意谓天无所谓视听,天意必须通过民心来表达。　②“好人之所恶”三句:语出《礼记·大学》。

呻吟语卷六·外篇·数集

人　　情

无所乐有所苦，即父子不相保也，而况民乎？有所乐无所苦，即戎狄且相亲也，而况民乎？

世之人，闻人过失，便喜谈而乐道之；见人规己之过，既掩护之，又痛疾之；闻人称誉，便欣喜而夸张之；见人称人之善，既盖藏之，又搜索之。试思这个念头是君子乎？是小人乎？

乍见之患，愚者所惊；渐至之殃，智者所忽也。以愚者而当智者之所忽，可畏哉！

论人情只往薄处求，说人心只往恶边想，此是私而刻底念头，自家便是个小人。古人责人每于有过中求无过，此是长厚心、盛德事。学者熟思，自有滋味。

人说己善则喜，人说己过则怒。自家善恶自家真知，待祸败时欺人不得。人说体实则喜，人说体虚则怒。自家病痛自家独觉，到死亡时欺人不得。

一巨卿还家，门户不如做官时，悄然不乐曰："世态炎凉如是，人何以堪？"余曰："君自炎凉，非独世态之过也。平常淡素是我本来事，热闹纷华是我傥来事。君留恋富贵以为当然，厌恶贫贱以为遭际，何炎凉如之，而暇叹世情哉？"

迷莫迷于明知，愚莫愚于用智，辱莫辱于求荣，小莫小于好大。

两人相非，不破家不止，只回头认自家一句错，便是无边受用；两人自是，不反面稽唇不止，只温语称人一句好，便是无限欢欣。

将好名儿都收在自家身上，将恶名儿都推在别人身上，此天下通情。不知此两个念头都揽个恶名在身，不如让善引过。

露己之美者恶，分人之美者尤恶，而况专人之美，窃人之美乎？吾党戒之。

守义礼者，今人以为倨傲；工谀佞者，今人以为谦恭。举世名公达宦自号儒流，亦迷乱相责而不悟，大可笑也。

爱人以德而令之仇，人以德爱我而仇之，此二人者皆愚也。

无可知处尽有可知之人而忽之，谓之瞽；可知处尽有不可知之人而忽之，亦谓之瞽。

世间有三利衢坏人心术，有四要路坏人气质，当此地而不坏者，可谓定守矣。君门，士大夫之利衢也；公门，吏胥之利衢也；市门，商贾之利衢也。翰林、吏部、台、省，四要路也。有道者处之，在在都是真我。

朝廷法纪做不得人情，天下名分做不得人情，圣贤道理做不得人情，他人事做不得人情，我无力量做不得人情。以此五者徇人，皆妄也。君子慎之。

古人之相与也，明目张胆，推心置腹。其未言也，无先疑；其既言也，无后虑。今人之相与也，小心屏息，藏意饰容。其未言也，怀疑畏；其既言也，触祸机。哀哉！安得心地光明之君子，而与之披情愫、论肝膈也？哀哉！彼亦示人以光明，而以机阱陷人也。

古之君子，不以其所能者病人；今人却以其所不能者病人。

古人名望相近则相得，今人名望相近则相妒。

福莫大于无祸，祸莫大于求福。

言在行先，名在实先，食在事先，皆君子之所耻也。

两悔无不释之怨，两求无不合之交，两怒无不成之祸。

己无才而不让能，甚则害之；己为恶而恶人之为善，甚则诬之；己贫贱而恶人之富贵，甚则倾之。此三妒者，人之大戮也。

以患难时心居安乐，以贫贱时心居富贵，以屈局时心居广大，则无往而不泰然。以渊谷视康庄，以疾病视强健，以不测视无事，则无往而不安稳。

不怕在朝市中无泉石心，只怕归泉石时动朝市心。

积威与积恩，二者皆祸也。积威之祸可救，积恩之祸难救。积威之后，宽一分则安，恩一分则悦；积恩之后，止而不加则以为薄，才减毫发则以为怨。恩极则穷，穷则难继；爱极则纵，纵则难堪。不可继则不进，其势必退。故威退为福，恩退为祸；恩进为福，威进为祸。圣人非靳恩也，惧祸也。湿薪之解也易，燥薪之束也难。圣人之靳恩也，其爱人无已之至情，调剂人情之微权也。

人皆知少之为忧，而不知多之为忧也。惟智者忧多。

众恶之必察焉，众好之必察焉，易；自恶之必察焉，自好之必察焉，难。

有人情之识，有物理之识，有事体之识，有事势之识，有事变之识，有精细之识，有阔大之识。此皆不可兼也，而事变之识为难，阔大之识为贵。

圣人之道，本不拂人，然亦不求可人。人情原无限量，务可人不惟不是，亦自不能。故君子只务可理。

施人者虽无已，而我常慎所求，是谓养施；报我者虽无已，而我常不敢当，是谓养报。此不尽人之情，而全交之道也。

攻人者，有五分过恶，只攻他三四分，不惟彼有馀惧，而亦倾心引服，足以塞其辩口。攻到五分，已伤浑厚，而我无救性矣。若更多一分，是贻之以自解之资，彼据其一而得五，我贪其一而失五矣。此言责家之大戒也。

见利向前，见害退后，同功专美于己，同过委罪于人，此小人恒态，而丈夫之耻行也。

任彼薄恶，而吾以厚道敦之，则薄恶者必愧感，而情好愈笃。若因其薄恶也，而亦以薄恶报之，则彼我同非，特分先后耳，毕竟何时解释？此庸人之行，而君子不由也。

恕人有六：或彼识见有不到处，或彼听闻有未真处，或彼力量有不及处，或彼心事有所苦处，或彼精神有所忽处，或彼微意有所在处。先此六恕而命之不从，教之不改，然后可罪也已。是以君子教人而后责人，体人而后怒人。

直友难得，而吾又拒以讳过之声色；佞人不少，而吾又接以喜谀之意态。呜呼！欲不日入于恶也难矣。

笞、杖、徒、流、死，此五者小人之律令也；礼、义、廉、耻，此四者君子之律令也。小人犯律令刑于有司，君子犯律令刑于公论。虽然，刑罚滥及，小人不惧，何也？非至当之刑也；毁谤交攻，君子不惧，何也？非至公之论也。

情不足而文之以言，其言不可亲也；诚不足而文之以貌，其貌不足信也。是以天下之事贵真，真不容掩，而见之言貌，其可亲可信也夫！

势、利、术、言，此四者公道之敌也。炙手可热则公道为屈，贿赂潜通则公道为屈，智巧阴投则公道为屈，毁誉肆行则公道为屈。世之冀幸受诬者，不啻十五也，可慨夫！

圣人处世只于人情上做工夫，其于人情，又只于未言之先、不言之表上做工夫。

美生爱，爱生狎，狎生玩，玩生骄，骄生悍，悍生死。

礼是圣人制底，情不是圣人制底。圣人缘情而生礼，君子见礼而得情。众人以礼视礼，而不知其情，由是礼为天下虚文，而崇真者思弃之矣。

人到无所顾惜时，君父之尊不能使之严，鼎镬之威不能使之惧，千言万语不能使之喻，虽圣人亦无如之何也已。圣人知其然也，每养其体面，体其情私，而不使至于无所顾惜。

称人以颜子，无不悦者，忘其贫贱而夭；称人以桀、纣、盗跖，无不怒者，忘其富贵而寿。好善恶恶之同然如此，而作人却与桀、纣、盗跖同归，何恶其名而好其实耶？

今人骨肉之好不终，只为看得尔我二字太分晓。

圣人制礼本以体人情，非以拂之也。圣人之心非不因人情之所便而各顺之，然顺一时便一人，而后天下之大不顺便者因之矣。故圣人不敢恤小便拂大顺，徇一时弊万世，其拂人情者，乃所以宜人情也。

好人之善，恶人之恶，不难于过甚。只是好己之善，恶己之恶，便不如此痛切。

诚则无心，无心则无迹，无迹则人不疑，即疑，久将自消。我一着意，自然着迹，着迹则两相疑，两相疑则似者皆真，故着意之害大。三五岁之男女终日谈笑于市，男女不相嫌，见者亦无疑于男女，两诚故也。继母之慈，嫡妻之惠，不能脱然自忘，人未必脱然相信，则着意之故耳。

一人运一甓，其行疾；一人运三甓，其行迟；又二人共舆十甓，其行又迟。比暮而较之，此四人者其数均。天下之事苟从其所便，而足以济事，不必律之使一也，一则人情必有所苦。

先王不苦人所便以就吾之一而又病于事。

人之情，有言然而意未必然，有事然而意未必然者，非勉强于事势，则束缚于体面。善体人者要在识其难言之情，而不使其为言与事所苦。此圣人之所以感人心，而人乐为之死也。

人情愈体悉愈有趣味，物理愈玩索愈有入头。

不怕多感，只怕爱感。世之逐逐恋恋，皆爱感者也。

人情之险也，极矣。一令贪，上官欲论之而事泄，彼阳以他事得罪，上官避嫌，遂不敢论，世谓之箝口计。

有二三道义之友，数日别便相思，以为世俗之念，一别便生，亲厚之情，一别便疏。余曰："君此语甚有趣向，与淫朋狎友滋味迥然不同，但真味未深耳。孔、孟、颜、思，我辈平生何尝一接？只今诵读体认间如朝夕同堂对语，如家人父子相依，何者？心交神契，千载一时，万里一身也。久之，彼我且无，孰离孰合，孰亲孰疏哉？若相与而善念生，相违而欲心长，即旦暮一生，济得甚事？"

物　　理

鸱鸦，其本声也如鹊鸠然，第其声可憎，闻者以为不祥，每弹杀之。夫物之飞鸣，何尝择地哉？集屋鸣屋，集树鸣树。彼鸣屋者，主人疑之矣，不知其鸣于野树，主何人不祥也？至于犬人行、鼠人言、豕人立，真大异事，然不祥在物，无与于人。即使于人为凶，然亦不过感戾气而呈兆，在物亦莫知所以然耳。盖鬼神爱人，每示人以趋避之几，人能恐惧修省，则可转祸为福。如景公之退孛星[①]，高宗之枯桑谷[②]，妖不胜德，理气必然。然则妖异之呈兆，即蓍龟之告繇，是吾师也，何深恶而痛去之哉？

①事见《左传·昭公二十六年》：齐有彗星，齐景公使禳之。晏子谏曰："天之有彗也，以除秽也。君无秽德，又何禳焉？若德之秽，禳之何损？"于是景公乃止。孛星，即彗星。 ②枯桑谷：事发生在殷帝太戊时，帝太戊庙号中宗。高宗为帝武丁庙号。《史记·殷本纪》："亳有祥桑谷共生于朝，一暮大拱。帝大戊惧，问伊陟。伊陟曰：'臣闻妖不胜德，帝之政其有阙与？帝其修德。'太戊从之，而祥桑枯死而去。"

春夏秋冬不是四个天，东西南北不是四个地，温凉寒热不是四个气，喜怒哀乐不是四个面。

临池者不必仰观，而日月星辰可知也；闭户者不必游览，而阴晴寒暑可知也。

有国家者要知真正祥瑞，真正祥瑞者，致祥瑞之根本也。民安物阜，四海清宁，和气薰蒸，而祥瑞生焉，此至治之符也。至治已成，而应征乃见者也，即无祥瑞，何害其为至治哉？若世乱而祥瑞生焉，则祥瑞乃灾异耳。是故灾祥无定名，治乱有定象。庭生桑谷未必为妖,殿生玉芝未必为瑞。是故圣君不惧灾异,不喜祥瑞,尽吾自修之道而已。不然,岂后世祥瑞之主出二帝三王上哉?

先得天气而生者,本上而末下,人是已。先得地气而生者,本下而末上,草木是已。得气中之质者,飞。得质中之气者,走。得浑沦磅礴之气质者,为山河,为巨体之物。得游散纤细之气质者,为蠛蠓蚊蚁蠢动之虫,为苔藓萍蓬藂莀之草。

入钉惟恐其不坚,拔钉惟恐其不出。下锁惟恐其不严,开锁惟恐其不易。

以恒常度气数,以知识定窈冥,皆造化之所笑者也。造化亦定不得,造化尚听命于自然,而况为造化所造化者乎?堪舆星卜诸书,皆屡中者也。

古今载籍,莫滥于今日。括之有九:有全书,有要书,有赘书,有经世之书,有益人之书,有无用之书,有病道之书,有杂道之书,有败俗之书。《十三经注疏》、《二十一史》,此谓全书。或撮其要领,或类其隽腴,如《四书》、《六经集注》、《通鉴》之类,此谓要书。当时务,中机宜,用之而物阜民安,功成事济,此谓经世之书。言虽近理,而掇拾陈言,不足以羽翼经史,是谓赘书。医技农卜,养生防患,劝善惩恶,是谓益人之书。无关于天下国家,无益于身心性命,语不根心,言皆应世,而妨当世之务,是谓无用之书,又不如赘。佛、老、庄、列,是谓病道之书。迂儒腐说,贤智偏言,是谓杂道之书。淫邪幻诞,机械夸张，是谓败俗之书。有世道之责者，不毅然沙汰而芟锄之，其为世教人心之害也不小。

火不自知其热，冰不自知其寒，鹏不自知其大，蚁不自知其小，相忘于所生也。

声无形色，寄之于器；火无体质，寄之于薪；色无着落，寄之草木。故五行惟火无体，而用不穷。

大风无声，湍水无浪，烈火无焰，万物无影。

万物得气之先。

无功而食，雀鼠是已；肆害而食，虎狼是已。士大夫可图诸座右。

薰香莸臭[①]，莸固不可有，薰也是多了的，不如无臭。无臭者，臭之母也。

①薰香莸臭：薰，一种香草；莸，一种臭草。《左传·僖公四年》："一薰一莸，十年尚犹有臭。"

圣人因蛛而知网罟，蛛非学圣人而布丝也；因蝇而悟作绳，蝇非学圣人而交足也。物者，天能；圣人者，人能。

执火不焦指，轮圆不及下者，速也。

广 喻

剑长三尺,用在一丝之铦刃;笔长三寸,用在一端之锐毫,其馀皆无用之羡物也。虽然,使剑与笔但有其铦者锐者焉,则其用不可施。则知无用者,有用之资;有用者,无用之施。易牙不能无爨子①,欧冶不能无砧手②,工输不能无钻厮③。苟不能无,则与有用者等也,若之何而可以相病也?

①易牙:春秋时齐桓公幸臣,长调味,喜奉迎,传说曾烹其子以进桓公。 ②欧冶:春秋时冶工,善铸剑。 ③工输:即鲁班。

坐井者不可与言一度之天,出而四顾,则始觉其大矣。虽然,云木碍眼,所见犹拘也,登泰山之巅,则视天莫知其际矣。虽然,不如身游八极之表,心通九垓之外。天在胸中如太仓一粒,然后可以语通达之识。

着味非至味也,故玄酒为五味先①;着色非至色也,故太素为五色主;着象非至象也,故无象为万象母;着力非至力也,故大块载万物而不负;着情非至情也,故太清生万物而不亲;着心非至心也,故圣人应万事而不有。

①玄酒:上古祭祀用水,后引申为薄酒。

凡病人面红如赭、发润如油者不治，盖萃一身之元气血脉尽于面目之上也。呜呼！人君富，四海贫，可以惧矣。

有国家者，厚下恤民，非独为民也。譬之于墉，广其下，削其上，乃可固也；譬之于木，溉其本，剔其末，乃可茂也。夫墉未有上丰下狭而不倾，木未有露本繁末而不毙者。可畏也夫！

天下之势，积渐成之也。无忽一毫舆羽折轴者，积也。无忽寒露寻至坚冰者，渐也。自古天下国家、身之败亡，不出积渐二字。积之微，渐之始，可为寒心哉！

火之大灼者无烟，水之顺流者无声，人之情平者无语。

风之初发于谷也，拔木走石，渐远而减，又远而弱，又远而微，又远而尽。其势然也。使风出谷也，仅能振叶拂毛，即咫尺不能推行矣。京师号令之首也，纪法不可以不振也。

背上有物，反顾千万转而不可见也，遂谓人言不可信；若必待自见，则无见时矣。

人有畏更衣之寒而忍一岁之冻，惧一针之痛而甘必死之疡者。一劳永逸，可与有识者道。

齿之密比，不嫌于相逼，固有故也。落而补之，则觉有物矣。夫惟固有者，多不得，少不得。

婴珠珮玉,服锦曳罗,而饿死于室中,不如丐人持一升之粟。是以明王贵用物,而诛尚无用者。

元气已虚,而血肉未溃,饮食起居不甚觉也,一旦外邪袭之,溘然死矣。不怕千日怕一旦,一旦者,千日之积也。千日可为,一旦不可为矣。故慎于千日,正以防其一旦也。有天下国家者,可惕然惧矣。

以果下车驾骐骥,以盆池水养蛟龙,以小廉细谨绳英雄豪杰,善官人者笑之。

水千流万派,始于一源;木千枝万叶,出于一本;人千酬万应,发于一心;身千病万症,根于一脏。眩于千万,举世之大迷也;直指原头,智者之独见也。故病治一,而千万皆除;政理一,而千万皆举矣。

水、鉴、灯烛、日月、眼,世间惟此五照,宜谓五明。

毫厘之轻,斤钧之所藉以为重者也;合勺之微,斛斗之所赖以为多者也;分寸之短,丈尺之所需以为长者也。

人中黄之秽,天灵盖之凶,人人畏恶之矣。卧病于床,命在须臾,片脑苏合,玉屑金泊,固有视为无用之物,而唯彼之亟亟者,时有所需也。胶柱用人于缓急之际,良可悲矣!

长戟利于锥,而戟不可以为锥;猛虎勇于狸,而虎不可以为狸。用小者无取于大，犹用大者无取于小，二者不可以相消也。

夭乔之物利于水泽，土燥烈，天暵干，固枯槁矣。然沃以卤水则黄，沃以油浆则病，沃以沸汤则死，惟井水则生，又不如河水之王。虽然，倘浸渍汪洋，泥淖经月，惟水物则生，其他未有不死者。用恩顾不难哉！

鉴不能自照，尺不能自度，权不能自称，囿于物也。圣人则自照、自度、自称，成其为鉴、为尺、为权，而后能妍媸长短，轻重天下。

冰凌烧不熟，石砂蒸不粘。

火性空，故以兰麝投之则香，以毛骨投之则臭；水性空，故烹茶则清苦，煮肉则腥膻：无我故也。无我故能物物，若自家有一种气味杂于其间，则物矣。物与物交，两无宾主，同归于杂。如煮肉于茶，投毛骨于兰麝，是谓浑淆驳杂。物且不物，况语道乎？

大车满载，蚊蚋千万集焉，其去其来，无加于重轻也。

苍松古柏与夭桃秾李争妍，重较鸾镳与冲车猎马争步，岂直不能？亦可丑矣。

射之不中也，弓无罪，矢无罪，鹄无罪；书之弗工也，笔无罪,墨无罪,纸无罪。

锁钥各有合,合则开,不合则不开。亦有合而不开者,必有所以合而不开之故也。亦有终日开,偶然抵死不开,必有所以偶然不开之故也。万事必有故,应万事必求其故。

窗间一纸,能障拔木之风;胸前一瓠,不溺拍天之浪:其所托者然也。

人有馈一木者,家僮曰:“留以为梁。”余曰:“木小不堪也。”僮曰:“留以为栋。”余曰:“木大不宜也。”僮笑曰:“木一也,忽病其大,又病其小。”余曰:“小子听之,物各有宜用也,言各有攸当也,岂惟木哉?”他日为余生炭,满炉烘人。余曰:“太多矣。”乃尽湿之,留星星三二点,欲明欲灭。余曰:“太少矣。”僮怨曰:“火一也,既嫌其多,又嫌其少。”余曰:“小子听之,情各有所适也,事各有所量也,岂惟火哉?”

海,投以污秽,投以瓦砾,无所不容;取其宝藏,取其生育,无所不与。广博之量足以纳,触忤而不惊;富有之积足以供,采取而不竭。圣人者,万物之海也。

镜空而无我相,故照物不爽分毫。若有一丝痕,照人面上便有一丝;若有一点瘢,照人面上便有一点,差不在人面也。心体不虚,而应物亦然。故禅家尝教人空诸有,而吾儒惟有喜怒哀乐未发之中,故有发而中节之和[①]。

①“吾儒”二句：语本《中庸》：“喜怒哀乐之未发，谓之中；发而皆中节，谓之和。”

人未有洗面而不闭目，撮红而不虑手者，此犹爱小体也。人未有过檐滴而不疾走，践泥涂而不揭足者，此直爱衣履耳。七尺之躯顾不如一履哉？乃沉之滔天情欲之海，拚于焚林暴怒之场，粉身碎体甘心焉而不顾，悲夫！

恶言如鸱枭之噭，闲言如燕雀之喧，正言如狻猊之吼，仁言如鸾凤之鸣。以此思之，言可弗慎欤？

左手画圆，右手画方，是可能也。鼻左受香，右受恶；耳左听丝，右听竹；目左视东，右视西，是不可能也。二体且难分，况一念而可杂乎？

掷发于地，虽乌获不能使有声[①]；投核于石，虽童子不能使无声。人岂能使我轻重哉？自轻重耳。

①乌获：古代力士，秦国人。

泽、潞之役[①]，余与僚友并肩舆。日莫矣，僚友问舆夫：“去路几何？”曰：“五十里。”僚友怃然。少间又问：“尚有几何？”曰：“四十五里。”如此者数问，而声愈厉，意迫切不可言，甚者怒骂。余少憩车中，既下车，戏之曰：“君费力如许，到来与我一般。”僚友笑曰：“余口津且竭矣，而咽若火，始信兄讨得便宜多也。”问卜筮者亦然。天下岂有儿不下迫而强自催生之理乎？大抵皆揠苗之见也。

①泽、潞：指泽州（州治在今山西晋城）、潞州（州治在今山西长治）。

进香叫佛，某不禁，同僚非之。余怃然曰："王道荆榛而后蹊径多。彼所为诚非善事，而心且福利之，为何可弗禁？所赖者缘是以自戒，而不敢为恶也。故岁饥不禁草木之实，待年丰彼自不食矣。善乎孟子之言曰：'君子反经而已矣。''而已矣'三字，旨哉妙哉！涵蓄多少趣味！"

日食脍炙者，日见其美，若不可一日无。素食三月，闻肉味只觉其腥矣。今与脍炙人言腥，岂不讶哉？

钩吻[1]、砒霜，也都治病，看是甚么医手。

①钩吻：亦作断肠草、大茶药、胡蔓藤，有剧毒，误食能致命。

家家有路到长安，莫辨东西与南北。

一薪无焰，而百枝之束燎原；一泉无渠，而万泉之会溢海。

钟一鸣而万户千门有耳者莫不入其声，而声非不足。使钟鸣于百里无人之野，无一人闻之，而声非有馀。钟非人人分送其声而使之入，人人非取足于钟之声以盈吾耳，此一贯之说也。

未有有其心而无其政者，如渍种之必苗，爇兰之必香；未有无其心而有其政者，如塑人之无语，画鸟之不飞。

某尝与友人论一事，友人曰："我胸中自有权量。"某曰："虽妇人孺子未尝不权量，只怕他大斗小秤。"

齁鼾惊邻而睡者不闻，垢污满背而负者不见。

爱虺蝮而抚摩之，鲜不受其毒矣；恶虎豹而搏之，鲜不受其噬矣。处小人在不远不近之间。

玄奇之疾，医以平易。英发之疾，医以深沉。阔大之疾，医以充实。

不远之复，不若未行之审也。

千金之子，非一日而贫也。日朘月削，损于平日而贫于一旦，不咎其积，而咎其一旦，愚也。是故君子重小损，矜细行，防微敝。

上等手段用贼，其次拿贼，其次躲着贼走。

曳新屦者，行必择地。苟择地而行，则屦可以常新矣。

被桐以丝，其声两相借也。道不孤成，功不独立。

坐对明灯,不可以见暗,而暗中人见对灯者甚真。是故君子贵处幽。

无涵养之功,一开口动身便露出本象,说不得你有灼见真知;无保养之实,遇外感内伤依旧是病人,说不得你有真传口授。

磨墨得省身克己之法,膏笔得用人处事之法,写字得经世宰物之法。

不知天地观四时,不知四时观万物。四时分成是四截,总是一气呼吸,譬如釜水寒温热凉,随火之有无而变,不可谓之四水。万物分来是万种,总来一气薰陶,譬如一树花,大小后先,随气之完欠而成,不可谓之殊花。

阳主动,动生燥,有得于阳,则袒裼可以卧冰雪;阴主静,静生寒,有得于静,则盛暑可以衣裘褐。君子有得于道,焉往而不裕如哉? 外若可挠,必内无所得者也。

或问:"士希贤,贤希圣,圣希天①,何如?"曰:"体味之不免有病。士、贤、圣皆志于天,而分量有大小,造诣有浅深者也。譬之适长安者,皆志于长安,其行有疾迟,有止不止耳。若曰跬步者希百里,百里者希千里,则非也。故造道之等,必由贤而后能圣,志之所希,则合下便欲与圣人一般。"

①"士希贤"三句:语出周敦颐《通书·志学》。

言教不如身教之行也,事化不如意化之妙也。事化信,信则不劳而教成;意化神,神则不知而俗变。螟蛉语生[①],言化也;鸟孚生,气化也;鳖思生[②],神化也。

①螟蛉语生:《诗经·小雅·小宛》:"螟蛉有子,蜾蠃负之。"古人以为蜾蠃负螟蛉于木空中,并说"象我象我",于是七日化为其子。其实蜾蠃负螟蛉是喂它的幼虫,古人误以为蜾蠃养螟蛉为子。 ②鳖思生:鳖是两栖类动物,产卵于岸边沙土中,随着气温的升高而孵化。古人不理解这一点,以为鳖是靠着思念的力量使其卵孵化。

天道渐则生,躐则杀。阴阳之气皆以渐,故万物长养而百化昌遂。冬燠则生气散,夏寒则生气收,皆躐也。故圣人举事,不骇人听闻。

只一条线把紧,要机括提掇得醒,满眼景物都生色,到处鬼神都响应。

一法立而一弊生,诚是,然因弊生而不立法,未见其为是也。夫立法以禁弊,犹为防以止水也,堤薄土疏而乘隙决溃诚有之矣,未有因决而废防者。无弊之法,虽尧、舜不能。生弊之法,亦立法者之拙也。故圣人不苟立法,不立一事之法,不为一切之法,不惩小弊而废良法,不为一时之弊而废可久之法。

庙堂之上最要荡荡平平,宁留有馀不尽之意,无为一著快心之事。或者不然予言,予曰:"君见悬坠乎?悬坠者,以一线系重物下垂，往来不定者也。当两壁之间，人以一手撼之，撞于东壁重则反于西壁亦重，无撞而不反之理，无撞重而反轻之理，待其定也，中悬而止。君快于东壁之一撞，而不虑西壁之一反乎？国家以无事为福，无心处事，当可而止，则无事矣。”

地以一气嘘万物，而使之生，而物之受其气者，早暮不同，则物之性殊也，气无早暮；夭乔不同，物之体殊也，气无夭乔；甘苦不同，物之味殊也，气无甘苦；红白不同，物之色殊也，气无红白；荣悴不同，物之禀遇殊也，气无荣悴。尽吾发育之力，满物各足之分量；顺吾生植之道，听其取足之多寡，如此而已。圣人之治天下也亦然。

口塞而鼻气盛，鼻塞而口气盛，鼻口俱塞，胀闷而死。治河者不可不知也。故欲其力大而势急，则塞其旁流；欲其力微而势杀也，则多其支派；欲其蓄积而有用也，则节其急流。治天下之于民情也亦然。

木钟撞之也有木声，土鼓击之也有土响，未有感而不应者也，如何只是怨尤？或曰：“亦有感而不应者。”曰：“以发击鼓，以羽撞钟，何应之有？”

四时之气，先感万物，而万物应。所以应者何也？天地万物一气也。故春感而粪壤气升，雨感而础石先润，磁石动而针转，阳燧映而火生，况有知乎？格天动物，只是这个道理。

积衰之难振也，如痿人之不能起。然若久痿，须补养之，使之渐起;若新痿,须针砭之,使之骤起。

器械与其备二之不精,不如精其一之为约。二而精之,万全之虑也。

我之子我怜之,邻人之子邻人怜之,非我非邻人之子,而转相鬻育,则不死为恩矣。是故公衙不如私舍之坚,驿马不如家骑之肥,不以我有视之也。苟扩其无我之心,则垂永逸者不惮。今日之一劳,惟民财与力之可惜耳,奚必我居也?怀一体者,当使刍牧之常足,惟造物生命之可悯耳,奚必我乘也?呜呼!天下之有我久矣,不独此一二事也。学者须要打破这藩篱,才成大世界。

脍炙之处,蝇飞满几,而太羹玄酒不至[①]。脍炙日增,而欲蝇之集太羹玄酒,虽驱之不至也。脍炙彻而蝇不得不趋于太羹玄酒矣。是故返朴还淳,莫如崇俭而禁其可欲。

①太羹:祭祀用的肉汁。

驼负百钧,蚁负一粒,各尽其力也;象饮数石,鼷饮一勺,各充其量也。君子之用人,不必其效之同,各尽所长而已。

古人云:"声色之于以化民,末也[①]。"这个末,好容易底。近世声色不行,动大声色;大声色不行,动大刑罚;大刑罚才济得一半事,化不化全不暇理会。常言三代之民与礼教习,若有奸宄然后丽刑,如腹与菽粟,偶一失调,始用药饵。后世之民与刑罚习,若德化不由,日积月累,如孔子之三年[2],王者之必世,骤使欣然向道,万万不能。譬之刚肠硬腹之人,服大承气汤三五剂始觉,而却以四物、君子补之,非不养人,殊与疾悖,而反生他症矣。却要在刑政中兼德礼,则德礼可行,所谓兼攻兼补,以攻为补,先攻后补,有宜攻有宜补,惟在剂量,民情不拂不纵始得。噫!可与良医道。

①"声色"二句:语出《礼记·中庸》,意谓圣王化民在潜移默化,无声无臭。若化民见之于声色,是末技,不足道也。 ②孔子之三年:《论语·子路》:"子曰:'苟有用我者,期月而已可也,三年有成。'"

得良医而挠之,与委庸医而听之,其失均。

以莫邪授婴儿而使之御虏[1],以繁弱授蒙瞍而使之中的[2],其不胜任,授者之罪也。

①莫邪:宝剑名,也作宝剑的通称。 ②繁弱:大弓名,也作良弓的通称。

道途不治,不责妇人;中馈不治,不责仆夫。各有所官也。

齐有南北官道,洿下者里馀,雨多行潦,行者不便则傍西踏人田行,行数日而成路。田家苦之,断以横墙,十步一堵,堵数十焉,行者避墙,更西踏田愈广,数日又成路。田家无计,乃蹲田边且骂且泣,欲止欲讼,而无如多人何也。或告之曰:"墙之所断,已成弃地矣。胡不仆墙而使之通,犹得省于墙之更西者乎?”予笑曰:“更有奇法,以筑墙之土垫道,则道平矣。道平人皆由道,又不省于道之西者乎? 安用墙为?”越数日道成,而道旁无一人迹矣。

瓦砾在道,过者皆弗见也,裹之以纸,人必拾之矣,十袭而椟之,人必盗之矣。故藏之,人思亡之;掩之,人思检之;围之,人思窥之;障之,人思望之,惟光明者不令人疑。故君子置其身于光天化日之下,丑好在我,我无饰也;爱憎在人,我无与也。

稳桌脚者于平处着力,益甚其不平。不平有二:有两隅不平,有一隅不平。于不少处着力,必致其欹斜。

极必反,自然之势也。故绳过绞则反转,掷过急则反射。无知之物尚尔,势使然也。

是把钥匙都开底锁,只看投簧不投簧。

蜀道不难,有难于蜀道者,只要在人得步。得步则蜀道若周行,失步则家庭皆蜀道矣。

未有冥行疾走于断崖绝壁之道而不倾跌者。

张敬伯常经山险,谓余曰:“天下事常震于始,而安于习。某数过栈道,初不敢移足,今如履平地矣。”余曰:“君始以为险,是不险;近以为不险,却是险。”

君子之教人也,能妙夫因材之术,不能变其各具之质。譬之地然,发育万物者,其性也,草得之而为柔,木得之而为刚,不能使草之为木,而木之为草也。是故君子以人治人,不以我治人。

无星之秤,公则公矣,而不分明;无权之秤,平则平矣,而不通变。君子不法焉。

羊肠之隘,前车覆而后车协力,非以厚之也。前车当关,后车停驾,匪惟同缓急,亦且共利害。为人也,而实自为也。呜呼!士君子共事而忘人之急,无乃所以自孤也夫?

万水自发源处入百川,容不得,入江、淮、河、汉,容不得,直流至海,则浩浩恢恢,不知江、淮几时入,河、汉何处来,兼收而并容之矣。闲杂懊恼,无端谤讟,傥来横逆,加之众人,不受,加之贤人,不受,加之圣人,则了不见其辞色,自有道以处之。故圣人者,疾垢之海也。

两物交必有声,两人交必有争。有声,两刚之故也。两柔则无声,一柔一刚亦无声矣。有争,两贪之故也。两让则无争,一贪一让亦无争矣。抑有进焉,一柔可以驯刚,一让可以化贪。

石不入水者,坚也;磁不入水者,密也。人身内坚而外密,何外感之能入?物有一隙,水即入一隙;物虚一寸,水即入一寸。

人有兄弟争长者,其一生于甲子八月二十五日,其一生于乙丑二月初三日。一曰:“我多汝一岁。”一曰:“我多汝月与日。”不决,讼于有司。有司无以自断,曰:“汝两人者均平,不相兄,更不然,递相兄可也。”(此河图大衍对待流行之全数。)

挞人者梃也,而受挞者不怨梃;杀人者刃也,而受杀者不怨刃。

人间等子多不准[1],自有准等儿,人又不识。我自是定等子底人,用底是时行天平法马。

①等子:一种称量金银、药品的小秤。

颈檠一首,足荷七尺,终身由之而不觉其重,固有之也。使他人之首枕我肩,他人之身在我足,则不胜其重矣。

不怕炊不熟,只愁断了火。火不断时,炼金煮砂可使为水作泥。而今冷灶清锅,却恁空忙作甚?

王酒者,京师富店也。树百尺之竿,揭金书之帘,罗玉相之器,绘五楹之室,出十石之壶,名其馆曰“五美”,饮者争趋之也。然而酒恶,明日酒恶之名遍都市。又明日,门外有张罗者。予叹曰:“嘻!王酒以五美之名而彰一恶之实,自取穷也。夫京师之市酒者不减万家,其为酒恶者多矣,必人人尝之,人人始知之,待人人知之,已三二岁矣。彼无所表著以彰其恶,而饮者亦无所指记以名其恶也,计所获视王酒亦百倍焉。朱酒者,酒美亦无所表著,计所获视王酒亦百倍焉。”或曰:“为酒者将掩名以售其恶乎?”曰:“二者吾不居焉,吾居朱氏。夫名为善之累也,故藏修者恶之①。彼朱酒者无名,何害其为美酒哉?”

①藏修:谓专心向学,使业不离身。《礼记·学记》:“故君子之于学也,藏焉,修焉,息焉,游焉。”

有脍炙于此,一人曰咸,一人曰酸,一人曰淡,一人曰辛,一人曰精,一人曰粗,一人曰生,一人曰熟,一人曰适口,未知谁是。质之易牙而味定矣。夫明知易牙之知味,而未必已口之信从,人之情也。况世未必有易牙,而易牙又未易识,识之又未必信从已。呜呼!是非之难一久矣。

余燕服长公服少许,余恶之,令差短焉。或曰:“何害?”余曰:“为下者出其分寸长,以形在上者之短,身之灾也,害孰大焉?”

水至清不掩鱼鲕之细,练至白不藏蝇点之缁。故清白二字,君子以持身则可,若以处世,道之贼而祸之薮也。故浑沦无所不包,幽晦无所不藏。

一人入饼肆,问:“饼直几何?”馆人曰:“饼一钱一。”食数饼矣,钱如数与之。馆人曰:“饼不用面乎?应面钱若干。”食者曰:“是也。”与之。又曰:“不用薪水乎?应薪水钱若干。”食者曰:“是也。”与之。又曰:“不用人工为之乎?应工钱若干。”

食者曰:“是也。”与之。归而思于路曰:“吾愚也哉！出此三色钱,不应又有饼钱矣。”

一人买布一匹,价钱百五十,令染人青之,染人曰:“欲青,钱三百。”既染矣,逾年而不能取,染人牵而索之曰:“若负我钱三百,何久不与？吾讼汝。”买布者惧,跽而恳之曰:“我布值已百五十矣,再益百五十,其免我乎?”染人得钱而释之。

无盐而脂粉①,犹可言也;西施而脂粉②,不仁甚矣。

①无盐:战国时齐地无盐邑丑女,后为丑女的代称。　②西施:春秋时越国美女,后为美女的代称。

昨见一少妇行哭甚哀,声似贤节,意甚怜之。友人曰:“子得无视妇女乎?”曰:“非视也,见也。大都广衢之中,好丑杂沓,情态缤纷,入吾目者千般万状,不可胜数也,吾何尝视？吾何尝不见？吾见此妇亦如不可胜数者而已。夫能使聪明不为所留,心志不为所引,如风声日影然,何害其为见哉？子欲入市而闭目乎？将有所择而见乎？虽然,吾犹感心也,见可恶而恶之,见可哀而哀之,见可好而好之。虽情性之正犹感也,感则人,无感则天。感之正者圣人,感之杂者众人,感之邪者小人。君子不能无感,慎其所以感之者。此谓动处试静,乱中见治,工夫效验都在这里。”

尝与友人游圃,品题众芳,渠以艳色浓香为第一。余曰:“浓香不如清香,清香不若无香之为香;艳色不如浅色,浅色不如白色之为色。”友人曰:“既谓之花,不厌浓艳矣。”余曰:“花也,而能淡素,岂不尤难哉?若松柏本淡素,则不须称矣。”

服砒霜、巴豆者[1],岂不得肠胃一时之快?而留毒五脏,以贼元气,病者暗受而不知也。养虎以除豺狼,豺狼尽而虎将何食哉?主人亦可寒心矣。是故梁冀去而五侯来[2],宦官灭而董卓起[3]。

①巴豆:植物名,有毒性,可供药用。 ②梁冀:字伯卓,东汉权臣,骄奢横暴,专断朝政,后自杀。事见《后汉书·梁统列传》。 五侯:梁冀骄横,桓帝与中常侍单超等五人谋杀梁氏。梁氏败后,五人同日封侯,谓之五侯,事详《后汉书·宦者列传》。 ③董卓:东汉末年权臣,曾废少帝,立献帝,专断朝政。事见《后汉书·董卓列传》。

以佳儿易一跛子,子之父母不从,非不辨美恶也,各有所爱也。

一人多避忌,家有庆贺,一切尚红而恶素。客有乘白马者,不令入厩闲。有少年面白者,善诙谑,以朱涂面入,主人惊问,生曰:“知翁之恶素也,不敢以白面取罪。”满座大笑,主人愧而改之。

有过彭泽者,值盛夏风涛拍天,及其反也,则隆冬矣,坚冰可履。问旧馆人:“此何所也?”曰:“彭泽。”怒曰:“欺我哉!吾始过彭泽可舟也,而今可车;始也水活泼,而今坚结。无一似昔也,而君曰彭泽,欺我哉!”

人有夫妇将他出者，托仆守户。爱子在床，火延寝室。及归，妇人震号，其夫环庭追仆而杖之。当是时也，汲水扑火，其儿尚可免与！

发去木一段，造神椟一，镜台一，脚桶一。锡五斤，造香炉一，酒壶一，溺器一。(此造物之象也。)一段之木，五斤之锡，初无贵贱荣辱之等，赋畀之初无心，而成形之后各殊，造物者亦不知莫之为而为耳。木，造物之不还者，贫贱忧戚，当安于有生之初；锡，造物之循环者，富贵福泽，莫恃为固有之物。

词　章

六经之文不相师也，而后世不敢轩轾。后之为文者，吾惑矣。拟韩临柳[①]，效马学班[②]，代相祖述，窃其糟粕，谬矣。夫文以载道也，苟文足以明道，谓吾之文为六经可也。何也？与六经不相叛也。否则，发明申、韩之学术，饰以六经之文法，有道君子以之覆瓿矣。

①拟韩临柳：韩，即韩愈；柳，即柳宗元。　②效马学班：马，即司马迁，班，即班固。

诗、词、文、赋，都要有个忧君爱国之意，济人利物之心，春风舞雩之趣[①]，达天见性之精；不为赘言，不袭馀绪，不道鄙迂，不言幽僻，不事刻削，不徇偏执。

①春风舞雩之趣：见《论语·先进》所载孔子弟子曾皙所言："莫春者，春服既成，冠者五六人，童子六七人，浴乎沂，风乎舞雩，泳而归。"

一先达为文示予，令改之，予谦让。先达曰："某不护短，即令公笑我，只是一人笑。若为我回护，是令天下笑也。"予极服其诚，又服其智。嗟夫！恶一人面指，而安受天下之背笑者，岂独文哉？岂独一二人哉？观此可以悟矣。

议论之家，旁引根据，然而，据传莫如据经，据经莫如据理。

古今载籍之言，率有七种：一曰天分语。身为道铸，心是理成，自然而然，毫无所为，生知安行之圣人。二曰性分语。理所当然，职所当尽，务满分量，毙而后已，学知利行之圣人。三曰是非语。为善者为君子，为恶者为小人，以劝贤者。四曰利害语。"作善降之百祥，作不善降之百殃[①]"，以策众人。五曰权变语。托词画策以应务。六曰威令语。五刑以防淫。七曰无奈语。五兵以禁乱。此语之外，皆乱道之谈也，学者之所务辨也。

①"作善"二句：语出《尚书·伊训》，意谓作善事就会有好报，作恶就会遭殃。

疏狂之人多豪兴，其诗雄，读之令人洒落，有起懦之功。清逸之人多芳兴，其诗俊，读之令人自爱，脱粗鄙之态。沉潜之人多幽兴，其诗淡，读之令人寂静，动深远之思。冲淡之人多雅兴，其诗老，读之令人平易，消童稚之气。

愁红怨绿，是儿女语；对白抽黄，是骚墨语；叹老嗟卑，是寒酸语；慕膻附腥，是乞丐语。

艰语深辞，险句怪字，文章之妖而道之贼也，后学之殃而木之灾也。路本平，而山溪之；日月本明，而云雾之。无异理，有异言；无深情，有深语。是人不诚，而是书不焚，有世教之责者之罪也。若曰其人学博而识深，意奥而语奇，然则孔、孟之言浅鄙甚矣。

圣人不作无用文章，其论道则为有德之言，其论事则为有见之言，其叙述歌咏则为有益世教之言。

真字要如圣人燕居[①]，危坐端庄而和气自在；草字要如圣人应物，进退存亡，辞受取予，变化不测，因事异施而不失其中。要之，同归于任其自然，不事造作。

①真字：真书，即楷书。

圣人作经，有指时物者，有指时事者，有指方事者，有论心事者，当时精意与身往矣。话言所遗，不能写心之十一，而儒者以后世之事物，一己之意见度之，不得则强为训诂。呜呼！汉宋诸儒不生，则先圣经旨后世诚不得十一，然以牵合附会而失其自然之旨者，亦不少也。

圣人垂世则为持衡之言,救世则有偏重之言。持衡之言,达之天下万世者也,可以示极;偏重之言,因事因人者也,可以矫枉。而不善读书者,每以偏重之言垂训,乱道也夫!诬圣也夫!

言语者,圣人之糟粕也。圣人不可言之妙,非言语所能形容。汉宋以来,解经诸儒泥文拘字,破碎牵合,失圣人天然自得之趣,晦天下本然自在之道,不近人情,不合物理,使后世学者无所适从。且其负一世之高明,系千古之重望,遂成百世不刊之典。后学者岂无千虑一得,发前圣之心传,而救先儒之小失?然一下笔开喙,腐儒俗士不辨是非,噬指而惊,掩口而笑,且曰:"兹先哲之明训也,安得妄议?"噫!此诚信而好古之义也。泥传离经,勉从强信,是先儒阿意曲从之子也。昔朱子将终,尚改《诚意》注说[1],使朱子先一年而卒,则《诚意》章必非精到之语;使天假朱子数年,所改宁止《诚意》章哉?

①《诚意》:《大学》的一章,朱熹去世前不久还在修改这一章的注解。

圣人之言,简淡明直中有无穷之味,大羹玄酒也;贤人之言,一见便透,而理趣充溢,读之使人豁然,脍炙珍羞也。

圣人终日信口开阖,千言万语,随事问答,无一字不可为训。贤者深沉而思,稽留而应,平气而言,易心而语,始免于过。出此二者,而恣口放言,皆狂迷醉梦语也。终日言,无一字近道,何以多为?

诗,低处在觅故事寻对头,高处在写胸中自得之趣,说眼前见在之景。

自孔子时便说“史不阙文”[①],又曰“文胜质则史”[②],把史字就作了一伪字看。如今读史只看他治乱兴亡,足为法戒,至于是非真伪,总是除外底。譬之听戏文一般,何须问他真假,只是足为感创,便于风化有关。但有一桩可恨处,只缘当真看,把伪底当真;只缘当伪看,又把真底当伪。这里便宜了多少小人,亏枉了多少君子。

①史不阙文:疑当作“史之阙文”。《论语·卫灵公》:“子曰:‘吾犹及史之阙文也。有马者借人乘之。今亡矣夫。’” ②文胜质则史:语出《论语·雍也》:“子曰:‘质胜文则野,文胜质则史。文质彬彬,然后君子。’”

诗辞要如哭笑,发乎情之不容已,则真切而有味。果真矣,不必较工拙。后世只要学诗辞,然工而失真,非诗辞之本意矣。故诗辞以情真切、语自然者为第一。

古人无无益之文章,其明道也不得不形而为言,其发言也不得不成而为文。所谓因文见道者也,其文之古今工拙无论。唐宋以来,渐尚文章,然犹以道饰文,意虽非古,而文犹可传。后世则专为文章矣。工其辞语,涣其波澜,炼其字句,怪其机轴,深其意指,而道则破碎支离,晦盲否塞矣,是道之贼也。而无识者犹以文章崇尚之,哀哉!

文章有八要:简、切、明、尽、正、大、温、雅。不简则失之繁冗,不切则失之浮泛,不明则失之含糊,不尽则失之疏遗,不正则理不足以服人,不大则失冠冕之体,不温则暴厉刻削,不雅则鄙陋浅俗。庙堂文要有天覆地载,山林文要有仙风道骨,征伐文要有吞象食牛,奏对文要有忠肝义胆。诸如此类,可以例求。

学者读书只替前人解说,全不向自家身上照一照。譬之小郎替人负货,努尽筋力,觅得几文钱,更不知此中是何细软珍重。

《太玄》虽终身不看亦可①。

①《太玄》:西汉扬雄的著作,体裁模仿《周易》。全书以“玄”为中心思想,相当于《老子》的“道”和《周易》的“易”。

自乡举里选之法废,而后世率尚词章。唐以诗赋求真才,更为可叹。宋以经义取士,而我朝因之。夫取士以文,已为言举人矣。然犹曰:言,心声也。因文可得其心,因心可知其人。其文爽亮者,其心必光明,而察其粗浅之病;其文劲直者,其人必刚方,而察其豪悍之病;其文藻丽者,其人必文采,而察其靡曼之病;其文庄重者,其人必端严,而察其寥落之病;其文飘逸者,其人必流动,而察其浮薄之病;其文典雅者,其人必质实,而察其朴钝之病;其文雄畅者,其人必挥霍,而察其弛跅之病;其文温润者,其人必和顺,而察其巽软之病;其文简洁者,其人必修谨,而察其拘挛之病;其文深沉者,其人必精细,而察其阴险之病;其文冲淡者,其人必恬雅,而察其懒散之病;其文变化者，其人必圆通，而察其机械之病；其文奇巧者，其人必聪明，而察其怪诞之病；其文苍老者，其人必不俗，而察其迂腐之病。有文之长，而无文之病，则其人可知矣。文即未纯，必不可弃。今也但取其文而已。见欲深邃，调欲新脱，意欲奇特，句欲饤饾，锻炼欲工，态度欲俏，粉黛欲浓，面皮欲厚。是以业举之家，弃理而工辞，忘我而徇世，剽窃凑泊，全无自己神情，口语笔端，迎合主司好尚。沿习之调既成，本然之天不露，而校文者亦迷于世调，取其文而忘其人，何异暗摸而辨苍黄，隔壁而察妍媸？欲得真才，岂不难哉？隆庆戊辰[①]，永城胡君格诚登第，三场文字皆涂抹过半，西安郑给谏大经所取士也。人皆笑之。后余阅其卷，乃叹曰："涂抹即尽，弃掷不能，何者？其荒疏狂诞，绳之以举业，自当落地，而一段雄伟器度、爽朗精神，英英然一世豪杰如对其面，其人之可收，自在文章之外耳。胡君不羁之才，难挫之气，吞牛食象，倒海冲山，自非寻常庸众人。惜也！以不合世调，竟使沉沦。"余因拈出以为取士者不专在数篇工拙，当得之牝牡骊黄之外也。

①隆庆戊辰：即隆庆二年（1568）。

万历丙戌而后[①]，举业文字如晦夜浓阴封地穴，闭目蒙被灭灯光；又如墓中人说鬼话，颠狂人说风话，伏章人说天话；又如《楞严》《孔雀》[②]，咒语真言，世道之大妖也。其名家云："文到人不省得处才中，到自家不省得处才高中。"不重其法，人心日趋于魑魅魍魉矣。或曰："文章关甚么人心世道？"嗟嗟！此醉生梦死语也。国家以文取士，非取其文，因文而知其心，因心而知其人，故取之耳。言若此矣，谓其人曰光明正大之君子,吾不信也。且录其人曰中式,进呈其文曰中式之文,试问其式安在?乃高皇帝所谓文理平通,明顺典实者也,今以编造晦涩妄诞放恣之辞为式,悖典甚矣。今之选试官者,必以高科,其高科所中,便非明顺典实之文。其典试也,安得不黜明顺典实之士乎?人心巧伪,皆此文为之祟耳。噫!是言也,向谁人道?不过仰屋长太息而已。使礼曹礼科得正大光明、执持风力之士,无所畏徇,重一惩创,一两科后,无刘几矣[③]。

①万历丙戌:即万历十四年(1586)。 ②《楞严》《孔雀》:即《楞严经》和《孔雀经》,是两部佛教经书。 ③刘几:《梦溪笔谈》卷九"人事一":"嘉祐中士人刘几,累为国学第一人。骤为怪险之语,学者翕然效之,遂成风俗。欧阳公深恶之。会公主文,决意痛惩。凡为新文者,一切弃黜。时体为之一变。"

《左传》、《国语》、《战国策》,春秋之时文也,未尝见春秋时人学三代。《史记》、《汉书》,西汉之时文也,未尝见班、马学《国》、《左》。今之时文,安知非后世之古文?而不拟《国》、《左》,则拟《史》、《汉》,陋矣,人之弃已而袭人也!六经四书,三代以上之古文也,而不拟者何?习见也。甚矣人之厌常而喜异也!余以为文贵理胜,得理,何古何今?苟理不如人而摹仿于句字之间,以希博洽之誉,有识者耻之。

菜◇根◇谈

〔明〕洪应明　著

菜根谈原序

戊子之秋，七月既望，余以抱病在山，禁足阅藏。适岫云琮公由京来顾，出所刻《菜根谈》命予为序，于是公自言其略曰："来琳初受近圆，即诣西方讲社，听教于不翁老人。参请之暇，老人私诫曰：'大德聪明过人，应久在律席，调伏身心，遵五夏之制①，熟三聚之文②，为菩提之本③，作定慧之基④，何急急以听教为哉？'居未几，不善用心，失血莫医。自知法缘微薄，辞翁欲还岫云。翁曰：'善，察尔因缘，在彼当大有振作，但恐心为事役，不暇研究律部。吾有一书，首题《菜根谈》，系洪应明著。其间有仁语义语、持身涉世、隐逸显达、迁善介节、禅机旨趣、学道见道等语，词约意明，文简理诣。设能熟习而励行之，其于语默动静之间，穷通得失之际，可以补过，可以进德，且近于律，亦近于道矣。今授于汝，宜知珍重。'尔时虽敬诺拜受，究不喻其为药石意也。洎回岫云历理常住事务，俱忝要职，当空花之在前，元由眼翳而莫辨，认水月以为实，本属天影而不知。由是心被境迁，神为力耗，不觉酿成大病，幸未及于尽耳。既微瘥间，无以解郁，因追忆往事，三复此书。乃悟从前事事皆非，深有负于老人授书时之心焉。惜是书行世已久，纸朽虫蠹，原板无从稽得，于是命工缮写，重付枣梨。请弁言于首，启迪天下后世，俾见闻读诵者身体力行，勿使如来琳老方知悔，徒自惭伤，是所望也！"

余闻琮公之说,抚卷叹曰:“夫洪应明者,不知为何许人,其首命名题,又不知何所取义,将安序哉?”窃拟之曰:菜之为物,日用所不可少,以其有味也。但味由根发,故凡种菜者必要厚培其根,其味乃厚。似此书所说世味及出世味,皆为培根之论,可弗重欤?又古人云:“性定菜根香。”夫菜根,弃物也,而其香非性定者莫知。如此书,人多忽之,而其旨唯静心沉玩者,方堪领会。是与否与?既不能反质于原人,聊将以俟教于来哲。即此为序。时乾隆三十三年中元节后三日。

三山通理达夫谨识

①五夏:即古代郊庙乐典《昭夏》、《皇夏》、《诚夏》、《需夏》和《肆夏》的合称。 ②三聚:指大乘菩萨之戒法。聚,种类之意。 ③菩提:意译即觉、智、知、道。广义言之,即断绝世间烦恼而成就涅槃的智慧。 ④定慧:即定学和慧学的通称。定,即禅定;慧,即智慧。

菜根谈题词

逐客孤踪，屏居蓬舍。乐与方以内人游，不乐与方以外人游也。妄与千古圣贤置辩于五经同异之间，不妄与二三小子浪迹于云山变幻之麓也。日与渔父、田夫朗吟唱和于五湖之滨、绿野之坳，不日与竞刀锥、荣升斗者交臂抒情于冷热之场、腥膻之窟也。间有习濂洛之说者牧之①，习竺乾之业者辟之②，为谭天雕龙之辩者远之③，此足以毕予山中伎俩矣。

适有友人洪自诚者，持《菜根谈》示予，且丐予序。予始訑訑然视之耳，既而彻几上陈编，屏胸中杂虑，手读之。则觉其谈性命直入玄微，道人情曲尽岩险。俯仰天地，见胸次之夷犹；尘芥功名，知识趣之高远。笔底陶铸，无非绿树青山；口吻化工，尽是鸢飞鱼跃④。此其自得何如，固未能深信，而据所摛词，悉砭世醒人之吃紧，非入耳出口之浮华也。谈以“菜根”名⑤，固自清苦历练中来，亦自栽培灌溉里得，其颠顿风波，备尝险阻，可想矣。洪子曰：“天劳我以形，吾逸吾心以补之，天厄我以遇，吾高吾道以通之。”其所自警自力者，又可思矣。由是以数语弁之，俾公诸人人知菜根中有真味也。

三峰主人于孔兼题

①濂洛：宋代理学的主要学派。濂学以周敦颐为代表；洛学以河南

二程，即程颐和程颢为代表。 ②竺乾：印度的别称，也指佛。③谭天雕龙：战国时齐人驺衍、驺奭善闳辩，时人因称之为“谈天衍”、“雕龙奭”，后喻为善于文辞。 ④鸢飞鱼跃：语出《诗·大雅·旱麓》：“鸢飞戾天，鱼跃于渊。” ⑤菜根：古人以“咬菜根”喻过清苦生活。朱熹《朱子全书·学四》：“某观今人因不能咬菜根，而至于违其本心者众矣，可不戒哉！”

菜根谈

修　省

欲做精金美玉的人品，定从烈火中锻来；思立掀天揭地的事功，须向薄冰上履过[①]。

①“须向”句：语出《诗经·小雅·小旻》：“战战兢兢，如临深渊，如履薄冰。”

一念错，便觉百行皆非，防之当如渡海浮囊，勿容一针之罅漏；万善全，始得一生无愧，修之当如凌云宝树，须假众木以撑持。

忙处事为，常向闲中先检点，过举自稀；动时念想，预从静里密操持，非心自息。

为善而欲自高胜人，施恩而欲要名结好，修业而欲惊世骇俗，植节而欲标异见奇，此皆是善念中戈矛，理路上荆棘，最易夹带，最难拔除者也。须是涤尽渣滓，斩绝萌芽，才见本来真体。

能轻富贵，不能轻一轻富贵之心；能重名义，又复重一重名义之念,是事境之尘氛未扫,而心境之芥蒂未忘。此处拔除不净,恐石去而草复生矣。

纷扰固溺志之场,而枯寂亦槁心之地。故学者当栖心玄默,以宁吾真体;亦当适志恬愉,以养吾圆机。

昨日之非不可留,留之则根柢复萌,而尘情终累乎理趣;今日之是不可执,执之则渣滓未化,而理趣反转为欲根。

无事便思有闲杂念想否,有事便思有粗浮意气否,得意便思有骄矜辞色否,失意便思有怨望情怀否。时时检点,到得从多入少,从有入无处,才是学问的真消息。

士人有百折不回之真心,才有万变不穷之妙用。

非盘根错节,何以别攻木之利器①;非贯石饮羽,何以明射虎之精诚②;非颠沛横逆,何以验操守之坚定。

①"非盘根"二句:《后汉书·虞诩传》:"不遇槃根错节,何以别利器乎?" ②"非贯石"二句:《史记·李将军列传》:"(李)广出猎,见草中石,以为虎而射之,中石没镞。视之石也。"

立业建功,事事要从实地著脚,若少慕名闻,便成伪果;讲道修德,念念要从虚处立基,若稍计功效,便落尘情。

身不宜忙,而忙于闲暇之时,亦可警惕惰气;心不可放,而放于收摄之后，亦可鼓畅天机。

钟鼓体虚，为声闻而招撞击；麋鹿性逸，因豢养而受羁縻。可见名为招祸之本，欲乃散志之媒，学者不可不力为扫除也。

一念常惺[①]，才避去神弓鬼矢；纤尘不染，方解开地网天罗。

①惺：清醒。

一点不忍的念头，是生民生物之根芽；一段不爱的气节[①]，是撑天撑地之柱石。故君子于一虫一蚁，不忍伤残；一缕一丝，勿容贪冒，便可为民物立命，为天地立心矣。

①爱：此为贪恋之义。

拨开世上尘氛，胸中自无火炎冰兢；消却心中鄙吝，眼前时有月到风来。

穷理尽妙，钩深出重渊之鱼；进道忘劳，致远乘千里之马。

学者动静殊操，喧寂异趣，还是锻炼未熟，心神混淆故耳。须是操存涵养，定云止水中有鸢飞鱼跃的景象，风狂雨骤处有波恬浪静的风光，才是处一化齐之妙。

心是一颗明珠，以物欲障蔽之，犹明珠而混以泥沙，其洗涤犹易;以情识衬贴之,犹明珠而饰以银黄,其涤除最难。故学者不患垢病,而患洁病之难治;不畏事障,而畏理障之难除①。

①事障、理障:《圆觉经》:"云何二障?一者理障,碍正知见;二者事障,续诸生死。"事障指为物欲所蒙蔽,理障指不明事理,偏执谬见。

躯壳之我要看得破,则万有皆空,而其心常虚,虚则义理来居;心性之我要认得真,则万理皆备,而其心常实,实则物欲不入。

面上扫开十层甲①,眉目才无可憎;胸中涤去数斗尘,语言方觉有味。

①十层甲:《开元天宝遗事》载唐进士杨光远干谒权贵,厚颜无耻,为时人所鄙,称其"惭颜厚如十重铁甲"。

完得心上之本来,方可言了心①;尽得世间之常道,才堪论出世。

①了心:即了悟之心,佛教以明心见性为了悟。

我果为洪炉大冶,顽金钝铁,何患不可陶镕;我果为巨海长江,横流污渎,何患不能容纳。

白日欺人,难逃清夜之愧赧;红颜失志,空贻皓首之悲伤。

以积货财之心积学问，以求功名之念求道德，以爱妻子之心爱父母，以保爵位之策保国家。出此入彼，念虑只差毫末，而超凡入圣，人品且判星渊矣。人胡不猛然转念哉？

立百福之基，只在一念慈祥；开万善之门，无如寸心挹损。

恣口体，极耳目，与物镊铄，人谓乐而苦莫大焉；隳形骸，泯心智，不与物伍，人谓苦而乐莫至焉。是以乐苦者苦日深；苦乐者乐日化。

塞得物欲之路，才堪辟道义之门；弛得尘俗之肩，方可挑圣贤之担。

融得性情上偏私，便是一大学问；消得家庭内嫌隙，便是一大经纶。

功夫自难处做去者，如逆风鼓棹，才是一段真精神；学问自苦中得来者，似披沙获金，才是一个真消息。

执拗者福轻，而圆融之人其禄必厚；操切者寿夭，而宽厚之士其年必长。故君子不言命，养性即所以立命；亦不言天，尽人自可以回天。

才智英敏者，宜以问学摄其躁；气节激昂者，当以德性融其偏。

云烟影里现真身,始悟形骸为桎梏;禽鸟声中闻自性,方知情识是戈矛。

人欲从初起处剪除,便似新刍遽斩,其工夫极易;天理自乍明时充拓,便如尘镜复磨,其光彩更新。

一勺水便具四海水味,世法不必尽尝;千江月总是一轮月光,心珠宜当独朗。

得意处论地谈天,俱是水底捞月;拂意时吞冰啮雪①,才为火内栽莲②。

①"啮雪"句:用苏武典。《汉书·苏武传》载苏武不降,没有食物饮水,"天雨雪,武卧啮雪"。　②火内栽莲:《维摩诘经·佛道品》:"火中生莲花,是可谓稀有。"

事理因人言而悟者,有悟还有迷,总不如自悟之了了;意兴从外境而得者,有得还有失,总不如自得之休休。

言行相顾,心迹相符,终始不二,幽明无间,易世俗所难,缓时流之急,置身于千古圣贤之列,不屑为随波逐浪之人。

欲遇变而无仓忙,须向常时念念守得定;欲临死而无贪恋,须向生时事事看得轻。

尘许栴檀彻底香①,勿以微善而起略退之念;毫端鸩血同体毒，莫以细恶而萌无伤之芽。

①栴檀：香木名，其香气形成有一过程。《观佛三昧海经一》："牛头栴檀虽生此林，未成就故，不能发香；仲秋月满，卒从出地，成栴檀树，众人皆闻牛头栴檀之香。"

一念过差，足丧生平之善；终身检饬，难盖一事之愆。

从五更枕席上参勘心体，气未动，情未萌，才见本来面目；向三时饮食中谙练世味，浓不欣，淡不厌，方为切实工夫。

应　酬

操存要有真宰[①]，无真宰则遇事便倒，何以植顶天立地之砥柱？应用要有圆机，无圆机则触物有碍，何以成旋乾转坤之经纶？

①真宰：真诚的思想感情。宰，主宰，指心。

士君子之涉世，为人不可轻为喜怒，喜怒轻则心腹肝胆皆为人所窥；于事不可重为爱憎，爱憎重则意气精神悉为物所制。

倚高才而玩世，背后须防射影之虫[①]；饰厚貌以欺人，面前恐有照胆之镜②。

①射影之虫:《诗经·小雅·何人斯》:“为鬼为蜮,则不可得。”蜮又名射影。相传居水中,听到人声,以气为矢,含沙以射人,被射中的人皮肤发疮。人影被射中也会害病。 ②照胆之镜:《西京杂记》载秦咸阳宫中有镜,能照见人的五脏。女子有邪心,照后胆张心动。

心体澄澈,常在明镜止水之中①,则天下自无可厌之事;意气和平,常在丽日光风之内,则天下自无可恶之人。

①止水:典出《庄子·德充符》:“人莫鉴于流水而鉴于止水。”

当是非邪正之交,不可少迁就,少迁就则失从违之正;值利害得失之会,不可太分明,太分明则起趋避之私。

苍蝇附骥①,捷则捷矣,难避处后之羞;茑萝依松②,高则高矣,未免仰攀之耻。所以君子宁以风霜自挟,毋为鱼鸟亲人③。

①苍蝇附骥:喻依附他人以成名。《史记·伯夷列传》:“颜渊虽笃学,附骥尾而行益显。”《索隐》谓:“苍蝇附骥尾而致千里,以譬颜回因孔子而名彰也。” ②茑萝依松:典出《诗·小雅·頍弁》:“茑与女萝,施于松柏。” ③鱼鸟亲人:典出《世说新语·言语》:“觉鸟兽禽鱼自来亲人。”此处意为依附他人。

好丑心太明,则物不契;贤愚心太明,则人不亲。士君子须是内精明而外浑厚,使好丑两得其平,贤愚共受其益,才是生成的德量。

伺察以为明者，常因明而生暗，故君子以恬养智；奋迅以为速者，多因速而致迟，故君子以重持轻。

士君子济人利物，宜居其实，不宜居其名，居其名则德损；士大夫忧国为民，当有其心，不当有其语，有其语则毁来。

平居息欲调身，临大节则达生委命；齐家量入为出，徇大义则芥视千金。

遇大事矜持者，小事必纵弛；处明庭检饬者，暗室必放逸。君子只是一个念头持到底，自然临小事如临大敌，坐密室若坐通衢。

使人有面前之誉，不若使其无背后之毁；使人有乍交之欢，不若使其无久处之厌。

善启迪人心者，当因其所明而渐通之，勿强开其所闭；善移风化者，当因其所易而渐反之，勿轻矫其所难。

彩笔描空，笔不落色，而空亦不受染；利刀割水，刀不损锷，而水亦不留痕。得此意以持身涉世，感与应俱适，心与境两忘矣。

长袖善舞，多钱能贾①，漫炫附魂之伎俩；孤槎济川，只骑解围,才是出格之奇伟。

①“长袖”二句:语出《韩非子·五蠹》所引俚谚,原句为“长袖善舞,多钱善贾”。

己之情欲不可纵,当用逆之之法以制之,其道只在一忍字;人之情欲不可拂,当用顺之之法以调之,其道只在一恕字。今人皆恕以适己,而忍以制人,毋乃不可乎?

好察非明,能察能不察之谓明;必胜非勇,能胜能不胜之谓勇。

随时之内善救时,若和风之消酷暑;混俗之中能脱俗,似淡月之映轻云。

思入世而有为者,须先领得世外风光,否则无以脱垢浊之尘缘;思出世而无染者,须先谙尽世中滋味,否则无以持空寂之苦趣。

与人者,与其易疏于终,不若难亲于始;御事者,与其巧持于后,不若拙守于前。

酷烈之祸,多起于玩忽之人;盛满之功,常败于细微之事。故语云:“人人道好,须防一人著恼;事事有功,须防一事不终。”

不虞之誉不必喜,求全之毁何须辞[1]。自反有愧,无怨于他人;自反无愆,更何嫌众口。

①不虞之誉、求全之毁:语皆本《孟子·离娄上》。

功名富贵,直从灭处观究竟,则贪恋自轻;横逆困穷,直从起处究由来,则怨尤自息。

宇宙内事,要力担当,又要善摆脱,不担当则无经世之事业,不摆脱则无出世之襟期。

待人而留有馀不尽之恩礼,则可以维系无厌之人心;御事而留有馀不尽之才智,则可以提防不测之事变。

了心自了事,犹根拔而草不生;逃世不逃名,似膻存而蚋仍集。

仇边之弩易避,而恩里之戈难防;苦时之坎易逃,而乐处之阱难脱。

拖泥带水之累,病根在一恋字;随方逐圆之妙,便宜在一耐字。

膻秽则蝇蚋丛嘬,芳馨则蜂蝶交侵。故君子不作垢业,亦不立芳名;只是元气浑然,圭角不露[1],便是持身涉世一安乐窝也[2]。

①圭角:圭的棱角。此犹言锋芒。朱熹《朱子语类》卷二九:“如宁武子,虽冒昧向前,不露圭角。” ②安乐窝:宋代邵雍自号安乐先生,称其所居为“安乐窝”。

从静中观物动,向闲处看人忙,才得超尘脱俗的趣味;遇忙处会偷闲,处闹中能取静,便是安身立命的工夫。

邀千百人之欢,不如释一人之怨;希千百事之荣,不如免一事之丑。

落落者难合亦难分,欣欣者易亲亦易散。是以君子宁以刚方见惮,勿以媚悦取容。

意气与天下相期,如春风之鼓畅庶类,不宜存半点隔阂之形;肝胆与天下相照,似秋月之洞彻群品,不可作一毫暧昧之状。

仕途虽赫奕,常思林下的风味,则权势之念自轻;仕途虽纷华,常思泉下的光景,则利欲之心自淡。

鸿未至先援弓,兔已亡再呼犬,总非当机作用;风息时休起浪,岸到处便离船,才是了手工夫。

从热闹场中出几句清冷言语,便扫除无限杀机;向寒微路上用一点赤热心肠,自培植许多生意。

师古不师今,舍举世共趋之辙;依法不依人,遵时豪耻问之途。

随缘便是遣缘,似舞蝶与飞花共适;顺事自然无事,若满月偕盂水同圆。

淡泊之守,须从浓艳场中试来;镇定之操,还向纷纭境上勘过。不然操持未定,应用未圆,恐一临机登坛,而上品禅师又成一下品俗士矣。

求见知于人世易,求真知于自己难;求粉饰于耳目易,求无愧于隐微难。

廉所以戒贪,我果不贪,又何必标一廉名以来贪夫之侧目?让所以戒争,我果不争,又何必立一让的以致暴客之弯弓?

无事常如有事时提防,才可以弥意外之变;有事常如无事时镇定,方可以消局中之危。

处世而欲人感恩,便为敛怨之道;遇事而为人除害,即是导利之机。

持身如泰山九鼎,凝然不动,则愆尤自少;应事若流水落花,悠然而逝,则趣味常多。

口里圣贤,心中戈剑,劝人而不劝己,名为挂榜修行;独慎衾影[①],阴惜分寸,竞处而复竞时,才是有根学问。

①独慎衾影:语本《刘子·慎独》:"独立不惭影,独寝不愧衾。"意谓在独处时依然保持良好的品行。

君子严如介石[①],而畏其难亲,鲜不以明珠为怪物,而起按剑之心[②];小人滑如脂膏,而喜其易合,鲜不以毒螫为甘饴,而纵染指之欲[③]。

①介石:巨石。 ②"鲜不以"二句:《史记·邹阳列传》:"臣闻明月之珠,夜光之璧,以暗投人于道路,人无不按剑相眄者。" ③染指:本指用手指沾尝鼎中的食物,典见《左传·宣公四年》。此指贪图非分之利。

遇事只一味镇定从容,纵纷若乱丝,终当就绪;待人无半毫矫伪欺隐,虽狡如山鬼,亦自献诚。

肝肠煦若春风,虽囊乏一文,还怜茕独;气骨严如秋水,纵家徒四壁,终傲王公。

讨了人事的便宜,必受天道的亏;贪了世味的滋益,必招性分的损。涉世者宜审择之,慎勿贪黄雀而坠深井,舍隋珠而弹飞禽也[①]。

①隋珠:宝珠。《庄子·让王》言有人欲以隋侯之珠弹千仞之雀,为

世所笑,因“其所用者重,而所要者轻也”。

费千金而结纳贤豪,孰若倾半瓢之粟以济饥饿之人;构千楹而招来宾客,孰若葺数椽之茅以庇孤寒之士。

解斗者,助之以威则怒气自平;惩贪者,济之以欲则利心反淡。所谓因其势而利导之,亦救时应变一权宜法也。

市恩不如报德之为厚,雪忿不如忍耻之为高,要誉不如逃名之为适,矫情不如直节之为真。

救既败之事者,如驭临崖之马,休轻策一鞭;图垂成之功者,如挽上滩之舟,莫少停一棹。

先达笑弹冠①,休向侯门轻曳裾;相知犹按剑,莫从世路暗投珠②。

①“先达”句:语出王维《酌酒与裴迪》。先达,指前辈为官者。弹冠,指新人正冠出仕。 ②“相知”二句:《史记·鲁仲连邹阳列传》:“臣闻明月之珠,夜光之璧,以暗投人于道路,人无不按剑相眄者,何则?无因而至前也。”

杨修之躯见杀于曹操①,以露己之长也;韦诞之墓见发于钟繇②,以秘己之美也。故哲士多匿采韬光,至人常逊美而公善③。

①杨修：汉末文学家，好学能文，才思敏捷。曹操因杨修有智谋，又是袁术之甥，虑有后患，遂借故杀之。　②韦诞：三国时魏人，善辞章，尤工书法，又善制笔，撰有《笔经》。钟繇：三国时魏人，善书，尤长于正、隶。《太平广记》卷二〇六记钟繇曾问笔法于韦诞，韦诞不与。韦诞死后，钟繇令人盗掘其墓，遂得之。　③公善：把自己之所善公之于众。

少年之人，不患其不奋迅，常患以奋迅而成卤莽，故当抑其躁心；老成之人，不患其不持重，常患以持重而成退缩，故当振其惰气。

望重缙绅，怎似寒微之颂德；朋来海宇，何如骨肉之孚心。

舌存常见齿亡，刚强终不胜柔弱[①]；户朽未闻枢蠹[②]，偏执岂能及圆融？

①"舌存"句：典出刘向《说苑·敬慎》，记老子说："夫舌之存也，岂非以其柔邪；齿之亡也，岂非以其刚邪？"　②"户朽"句：典出《吕氏春秋·尽数》："流水不腐，户枢不蝼，动也。"

评　议

物莫大于天地日月，而子美云："日月笼中鸟，乾坤水上萍。"[①]事莫大于揖逊征诛，而康节云："唐虞揖逊三杯酒，汤武征诛一局棋。"[②]人能以此胸襟眼界，吞吐六合，上下千古，事来如沤生大海，事去如影灭长空，自经纶万变而不动一尘矣。

①子美：即唐代诗人杜甫，字子美。“日月”二句，语出其《衡州送李大夫赴广州》诗。　②康节：即宋代思想家邵雍，字尧夫，卒谥康节先生。“唐虞”二句，语出其《首尾吟》。

尼山以富贵不义，视如浮云①；漆园谓真性之外，皆为尘垢②。如是则悠悠之事，何足介意。

①尼山：山名，又名尼丘，在山东曲阜县东南。相传孔子生于此，故孔子名丘，字仲尼。后因以尼山代指孔子。《论语·述而》：“不义而富且贵，于我如浮云。”　②漆园：地名，在山东曹县。庄子曾在此为吏，后世因以代指庄子。庄子提倡真性，“真者，所以受于天也，自然不可易也”(《庄子·渔父》)，反对“以物易其性”(《骈拇》)。

君子好名，便起欺人之念；小人好名，犹怀畏人之心。故人而皆好名，则开诈善之门；使人而不好名，则绝为善之路。此讥好名者当严责夫君子，不当过求于小人也。

大恶多从柔处伏，哲士须防绵里之针；深仇常自爱中来，达人宜远刀头之蜜①。

①刀头之蜜：《佛说四十二章经》：“佛言财色之于人，譬如小儿含刀刃之蜜，甜不足一食之美，然有截舌之患也。”

持身涉世，不可随境而迁，须是大火流金，而清风穆然；严霜杀物，而和气蔼然；阴霾翳空，而慧日朗然；洪涛倒海，而砥柱屹然,方是宇宙内的真人品。

爱是万缘之根,当知割舍;识是众欲之本,要力扫除。

作人要脱俗,不可存一矫俗之心;应事要随时,不可起一趋时之念。

宁有求全之毁,不可有过情之誉①;宁有无妄之灾②,不可有非分之福。

①“宁有”二句:《孟子·离娄上》:“有不虞之誉,有求全之毁。”
②无妄之灾:语见《易·无妄》:“六三,无妄之灾。或系之牛,行人之得,邑人之灾。”

毁人者不美,而受人之毁者遭一番讪谤便加一番修省,可以释冤而增美;欺人者非福,而受人欺者遇一番横逆便长一番器宇,可以转祸而为福。

梦里悬金佩玉,事事逼真,睡去虽真觉后假;闲中演偈谈玄,言言酷似,说来虽是用时非。

天欲祸人,必先以微福骄之,所以福来不心喜,要看他会受;天欲福人,必先以微祸儆之,所以祸来不必忧,要看他会救。

荣与辱共蒂,厌辱何须求荣?生与死同根,贪生不必畏死。

非理外至，当如逢虎而深避，勿恃格兽之能；妄念内兴，且拟探汤而疾禁[①]，莫纵染指之欲。

①探汤：以手探沸水。比喻会造成严重后果而引起戒惧。

作人只是一味率真，踪迹虽隐还显；存心若有半毫未净，事为虽公亦私。

鹩占一枝[①]，反笑鹏心奢侈；兔营三窟[②]，转嗤鹤垒高危。智小者不可以谋大，趣卑者不可与谈高。信然矣。

①鹩占一枝：《庄子·逍遥游》："鷦鷯巢于涂林，不过一枝。"
②兔营三窟：《战国策·齐策四》："狡兔有三窟，仅得免其死耳。"

贫贱骄人[①]，虽涉虚矫，还有几分侠气；英雄欺世，纵似挥霍，全没半点真心。

①贫贱骄人：《史记·魏世家》记田子方说："亦贫贱者骄人耳。"后以"贫贱骄人"指鄙视权贵。

糟糠不为彘肥[①]，何事偏贪钩下饵？锦绮岂因牺贵[②]，谁人能解笼中囮？

①"糟糠"句：典出《庄子·达生》："祝宗人玄端以临牢筴，说彘曰：

‘汝奚恶死,吾将三月豢汝,十日戒,三日斋,藉白茅,加汝肩尻乎雕俎之上,则汝为之乎?’为彘谋曰:不如食以糟糠而错之牢筴之中。”

②“锦绮”句:典出《庄子·列御寇》:“子见夫牺牛乎,衣以文绣,食以刍叔,及而牵而入于太庙,虽欲为孤犊,其可得乎?”此数句皆谓利禄戕害人之性命,可是俗人不解而追慕之,故身陷其害。

大千沙界[①],尚为空里之空名;巨万金钱,固是末中之末事。非上上智,无了了心。

①大千沙界:即佛教所谓恒河沙数三千大千世界。

琴书诗画,达士以之养性灵,而庸夫徒赏其迹像;山川云物,高人以之助学识,而俗子徒玩其光华。可见事物无定品,随人识见以为高下。故读书穷理要以识趣为先。

美女不尚铅华,似疏梅之映淡月;禅师不落空寂,若碧沼之吐青莲。

廉官多无后,以其太清也;痴人每多福,以其近厚也。故君子虽重廉介,不可无含垢纳污之雅量;虽戒痴顽,亦不必有察渊洗垢之精明[①]。

①察渊:明察秋毫,能看见深渊中的鱼。《列子·说符》:“周谚有言:察见渊鱼者不祥,智料隐匿者有殃。”

密则神气拘逼,疏则天真烂熳,此岂独诗文之工拙从此分哉？吾见周密之人纯用机巧，疏狂之士独任性真。人心之生死，亦于此判也。

翠筱傲严霜，节纵孤高，无伤冲雅；红蕖媚秋水，色虽艳丽，何损清修。

贫贱所难，不难在砥节，而难在用情；富贵所难，不难在推恩，而难在好礼。

簪缨之士，常不及孤寒之子可以抗节致忠；庙堂之士，常不及山野之夫可以料事烛理。何也？彼以浓艳损志，此以淡泊全真也。

荣誉旁边辱等待，不必扬扬；困穷背后福跟随，何须戚戚？

古人闲适处，今人却忙过了一生；古人实受处，今人又虚度了一世。总是耽空逐妄，看个色身不破①，认个法身不真耳②。

①色身：佛教语，即肉身。《坛经》："皮肉是色身。" ②法身：佛教语，谓证得清净自性，成就一切功德之身。也称佛身。

芝草无根醴无源①，志士当勇奋翼；彩云易散琉璃脆②，达人当早回头。

①"芝草"句：语出虞翻《与弟书》："芝草无根，醴泉无源。"

②“彩云”句：语出白居易《简简吟》诗。

少壮者当事事用意而意反轻，徒泛泛作水中凫[1]，何以振云霄之翮？衰老者事事宜忘情而情反重，徒碌碌为辕下驹[2]，何以脱缰锁之身？

①“徒泛泛”句：语出《楚辞·卜居》：“将泛泛若水中之凫，与波上下，偷以全吾躯乎？” ②辕下驹：车辕下的小马，喻畏缩胆怯者。典出《史记·魏其武安侯列传》。

帆只扬五分，船便安；水只注五分，器便稳[1]。如韩信以勇略震主被擒[2]，陆机以才名冠世见杀[3]，霍光败于权势逼君[4]，石崇死于财赋敌国[5]，皆以十分取败者也。康节云：“饮酒莫教成酩酊，看花慎勿至离披。”[6]旨哉言乎！

①“水只注”二句：孔子观攲器，注水时“中而正，满而覆，虚而攲。”典出《荀子·宥坐》。 ②韩信：汉初人，刘邦手下得力将领，曾统帅汉军破秦灭楚。后被吕后杀害。 ③陆机：晋吴郡人，字士衡，文章冠世。后为人讥谤而被杀。 ④霍光：霍去病异母弟，昭帝时权臣。宣帝亲政后，收霍氏兵权，遂以谋反致夷族。 ⑤石崇：晋人，字季伦，富可敌国，后为赵王伦所杀。 ⑥康节：即邵雍。所云二句见其诗《安乐窝中吟》。

附势者如寄生依木，木伐而寄生亦枯；窃利者如蠕虹盗人，人死而蠕虹亦灭。始以势利害人，终以势利自毙。势利之为害也，如是夫！

失血于杯中，堪笑猩猩之嗜酒①；为巢于幕上，可怜燕燕之偷安②。

①“失血”二句：典出《蜀志》。谓“人以酒取之，猩猩觉，初暂尝之，得其味甘而饮之，终见羁缨也。”又《华阳国志》：“猩猩能言，其血可以染朱罽。” ②“为巢”二句：《左传·襄公二十七年》：“夫子之在此也，犹燕之巢于幕上。”喻处境极不安全。

鹤立鸡群①，可谓超然无侣矣。然进而观于大海之鹏，则渺然自小；又进而求之九霄之凤②，则巍乎莫及。所以至人常若无若虚，而盛德多不矜不伐也③。

①鹤立鸡群：比喻人的仪表才华超群脱凡。《世说新语·容止》：“有人语王戎曰：‘嵇延祖卓卓如野鹤之在鸡群。’” ②九霄之凤：贾谊《吊屈原赋》：“凤凰翔于千仞兮，览德辉而下之。” ③不矜不伐：“矜”“伐”意自大自夸。《老子》二十二章：“不自伐，故有功；不自矜，故长。”

铅刀只有一割能，莫认偶尔之效，辄寄调鼎之责；干将不便如锥用，勿以暂时之拙，全没倚天之才。

贪心胜者，逐兽而不见泰山在前①，弹雀而不知深井在后②。疑心胜者，见弓影而惊杯中之蛇③，听人言而信市上之虎④。人心一偏，遂视有为无，造无作有。如此心可妄动乎哉？

①“逐兽”句：典出《淮南子·说林训》：“逐兽者不见太山，嗜欲在外则明听蔽矣。” ②“弹雀”句：《吴越春秋·夫差内传》写螳螂捕蝉，黄

雀在后；黄雀不知其后有人挟弹将射之；而其人“志在黄雀，不知空埳其旁，闇忽埳中，陷于深井”。　③“见弓影”句：成语有“杯弓蛇影”，比喻因疑虑不解而自相惊扰。典见《风俗通》。　④“听人言”句：典出《战国策·魏二》：“夫市之无虎明矣，然而三人言而成虎。”比喻说的人一多，就能弄假成真。

蛾扑火，火焦蛾，莫谓祸生无本；果种花，花结果，须知福至有因。

车争险道，马骋先鞭，到败处未免噬脐[①]；粟喜堆山，金夸过斗，临行时还是空手。

①噬脐：比喻后悔不及。《左传·庄公六年》：“若不早图，后君噬脐，其及图之乎？”

花逞春光，一番雨，一番风，催归尘土；竹坚雅操，几朝霜，几朝雪，傲就琅玕[①]。

①琅玕：原意为美玉，后用以比喻竹子。

富贵是无情之物，看得它重，它害你越大；贫贱是耐久之交，处得它好，它益你反深。故贪商於而恋金谷者[①]，竟被一时之显戮；乐箪瓢而甘敝缊者[②]，终享千载之令名。

①“贪商於”句：商於，地名，秦孝公封卫鞅以商於十五邑。赵良劝他归还，勿贪商於之富，不然，将速其亡。卫鞅不从，终致祸。金谷，地名，晋太康中石崇筑园于此，极为豪侈，后为孙秀所谮，被杀。

②“乐箪瓢”句:《论语·雍也》中孔子赞扬颜回:“一箪食,一瓢饮,在陋巷,人不堪其忧,回也不改其乐。”《论语·子罕》又说:“衣敝缊袍,与衣狐貉者立,而不耻者,其由也与!”此皆形容甘于贫苦生活,乐在其中。

鸽恶铃而高飞,不知敛翼而铃自息;人恶影而疾走,不知处阴而影自灭。故愚夫徒疾走高飞,而平地反为苦海;达士知阴敛翼,而巉岩亦是坦途。

秋虫春鸟共畅天机,何必浪生悲喜?老树新花同含生意,胡为妄别媸妍?

己享其利者为有德,柳跖之腹心[①];巧饰其貌者无实行,优孟之流风[②]。

①柳跖:即盗跖,相传为春秋末期人。《庄子·盗跖》言跖为柳下惠之弟。　②优孟:春秋楚国的艺人,善于摹拟。

多栽桃李少栽荆,便是开条福路;不积诗书偏积玉,还如筑个祸基。

习伪智矫性徇时,损天真取世资考,至人所弗为也。

万境一辙,原无地著个穷通;万物一体,原无处分个彼我。世人迷真逐妄,乃向坦途上自设一坷坎,从空洞中自筑一藩篱,良足慨哉!

大聪明的人,小事必朦胧;大懵懂的人,小事必伺察。盖伺察乃懵懂之根,而朦胧正聪明之窟也。

大烈鸿猷[①],常出悠闲镇定之士,不必忙忙;休征景福[②],多集宽洪长厚之家,何须琐琐。

①大烈鸿猷:显赫的功业和重要的谋划。 ②休征景福:休征,吉利的征兆。景福,大福。

贫士肯济人,才是性天中惠泽;闹场能学道,方为心地上工夫。

人生只为欲字所累,便如马如牛听人羁络,为鹰为犬任物鞭笞。若果一念清明,淡然无欲,天地也不能转动我,鬼神也不能役使我,况一切区区事物乎?

贪得者身富而心贫,知足者身贫而心富,居高者形逸而神劳,处下者形劳而神逸。孰得孰失?孰幻孰真?达人当自辨之。

众人以顺境为乐,而君子乐自逆境中来;众人以拂意为忧,而君子忧从快意处起。盖众人忧乐以情,而君子忧乐以理也。

谢豹覆面[①],犹知自愧;唐鼠易肠[②],犹知自悔。盖悔愧二字,乃吾人去恶迁善之门,起死回生之路也。人生若无此念头，便是既死之寒灰，已枯之槁木矣[3]，何处讨些生理？

①谢豹：动物名，状如虾蟆，见人即以前两脚交，覆首，如羞状。见《酉阳杂俎·广动植部》。　②唐鼠：《梁州记》："智水北智乡山有仙人唐公房祠。山有易肠鼠，一日三吐易其肠。束广微所谓唐鼠也。"
③槁木死灰：比喻毫无生气，意气消沉。典出《庄子·齐物论》："形固可使如槁木，而心固可使如死灰乎？"

异宝奇珍，俱是必争之器；瑰节奇行，多冒不祥之名。总不若寻常历履，易简行藏，可以完天地浑噩之真，享民物和平之福。

福善不在杳冥，即在食息起居处牖其衷；祸淫不在幽渺，即在动静语默间夺其魄。可见人之精爽常通于天，天之威命即寓于人，天人岂相远哉？

闲　　适

昼闲人寂，听数声鸟语悠扬，不觉耳根尽彻；夜静天高，看一片云光舒卷，顿令眼界俱空。

世事如棋局，不著的才是高手；人生似瓦盆，打破了方见真空。

龙可豢[①]，非真龙；虎可搏，非真虎。故爵禄可饵荣进之辈，决难笼淡然无欲之人；鼎镬可及宠利之流，岂能加飘然远引之士。

①龙可豢：传说虞舜时有董父，能蓄龙，有功，舜赐之氏曰豢龙。

一场闲富贵，狠狠争来，虽得还是失；百岁好光阴，忙忙过了，纵寿亦为夭。

高车嫌地僻，不如鱼鸟解亲人；驷马喜门高，怎似莺花能避俗？

红烛烧残，万念自然灰冷；黄粱梦破[①]，一身亦似云浮。

①黄粱梦：唐沈既济《枕中记》载，卢生在邯郸旅舍中昼寝入梦，历尽荣华富贵。梦觉黄粱米饭尚未成熟。喻虚幻之事。

千载奇逢，无如好书良友；一生清福，只在碗茗炉烟。

困来稳睡落花前，天地即为衾枕；机息坐忘磐石上，古今尽属蜉蝣[①]。

①蜉蝣：《诗经·曹风·蜉蝣》："蜉蝣之羽，衣裳楚楚。"《毛传》说，蜉蝣"朝生夕死"。

昂藏老鹤虽饥，饮啄犹闲，肯同鸡鹜之营营竞食？偃蹇寒松纵老，丰标自在，岂似桃李之灼灼争妍？

吾人适志于花柳烂熳之时，得趣于笙歌腾沸之处，乃是造化之幻境，人心之荡念也。须从木落草枯之后，向声希味淡之中，觅得一些消息，才是乾坤的橐籥[1]，人物的根宗。

①橐籥：古代冶炼用以鼓风的装备，犹今之风箱。《老子》"天地之间，其犹橐籥乎？虚而不屈，动而愈出。"比喻为动力。

静处观人事，即伊、吕之勋庸[1]，夷、齐之节义[2]，无非大海浮沤；闲中玩物情，虽木石之偏枯，鹿豕之顽蠢，总是吾性真如。

①伊、吕：伊尹佐商汤，吕尚佐周武王，都是开国元勋。　②夷、齐：伯夷、叔齐。古人以之为高尚守节的典型。

花开花谢春不管，拂意事休对人言；水暖水寒鱼自知，会心处还期独赏。

啄食之翼，善警畏而迅飞，常虞系捕之奄及；涉境之心，宜憬觉而疾止，须防流宕之忘归。

闲观扑纸蝇，笑痴人自生障碍；静睹竞巢鹊，叹杰士空逞英雄。

看破有尽身躯，万境之尘缘自息；悟入无怀境界，一轮之心月独明。

土床石枕冷家风,拥衾时梦魂亦爽;麦饭豆羹淡滋味,放箸处齿颊犹香。

谈纷华而厌者,或见纷华而喜;语淡泊而欣者,或处淡泊而厌。须扫除浓淡之见,灭却欣厌之情,才可以忘纷华而甘淡泊也。

鸟惊心,花溅泪[①],怀此热肝肠,如何领取得冷风月。山写照,水传神,识吾真面目,方可摆脱得幻乾坤。

①“鸟惊心”二句:语本杜甫《春望》诗:“感时花溅泪,恨别鸟惊心。”

富贵的一世宠荣,到死时反增了一个恋字,如负重担;贫贱的一世清苦,到死时反脱了一个厌字,如释重枷。人诚想念到此,当急回贪恋之首,而猛舒愁苦之眉矣。

人之有生也,如太仓之粒米[①],如灼目之电光,如悬崖之朽木,如逝海之巨波。知此者,如何不悲?如何不乐?如何看他不破而怀贪生之虑?如何看他不重而贻虚生之羞?

①太仓之粒米:也叫“太仓稊米”。《庄子·秋水》:“计中国之在海内,不似稊米之在太仓乎?”太仓,大的粮仓。

浮生可见,如梦幻泡影[①],虽有象而终无。妙本难穷,谓真信灵明,虽无象而常有。

①梦幻泡影:佛教认为世界中的一切,如梦中所见,如幻术变化,如水中泡影,如镜中影象,虚而不实。《金刚经》:"一切有为法,如梦幻泡影。"

鹬蚌相持[1],兔犬共毙[2],冷觑来令人猛气全消;鸥凫共浴,鹿豕同眠,闲观去使我机心顿息。

①鹬蚌相持:鹬蚌相持不下,全为渔翁所擒。喻双方相争,第三方因而得利。故事见《战国策·燕策二》。 ②兔犬共毙:兔子死了,猎狗因无用了,也被杀掉。《史记·越王勾践世家》:"飞鸟尽,良弓藏;狡兔死,走狗烹。"

迷则乐境成苦海,如水凝为冰;悟则苦海为乐境,犹冰涣作水。可见苦乐无二境,迷悟非两心,只在一转念间耳。

遍阅人情,始识疏狂之足贵;备尝世味,方知淡泊之为真。

地宽天高,尚觉鹏程之窄小;云深松老,方知鹤梦之悠闲。

两个空拳握古今,握住了还当放手;一条竹杖挑风月,挑到时也要息肩。

阶下几点飞翠落红,收拾来无非诗料;窗前一片浮青映日,悟人处尽是禅机。

忽睹天际彩云，常疑好事皆虚事；再观山中古木，方信闲人是福人。

东海水，曾闻无定波，世事何须扼腕？北邙山[①]，未省留闲地，人生且自舒眉。

①北邙山：在今洛阳市东北。汉魏以来，王侯贵族多葬于此，后泛称墓地。

天地尚无停息，日月且有盈亏，况区区人世，能事事圆满，而时时暇逸乎？只是向忙里偷闲，遇缺处知足，则操纵在我，作息自如，即造物不得与之论劳逸，较盈亏矣。

心游瑰玮之编，所以慕高远；目想清旷之域，聊以淡繁华。于道虽非大成，于理亦为小补。

霜天闻鹤唳，雪夜听鸡鸣，得乾坤清纯之气；晴空看鸟飞，活水观鱼戏，识宇宙活泼之机。

闲烹山茗听瓶声，炉内识阴阳之理；漫履楸枰观局戏，手中悟生杀之机。

芳菲园圃看蜂忙，觑破几般尘情世态；寂寞衡茅观燕寝，引起一种冷趣幽思。

会心不在远[①]，得趣不在多。盆池拳石间，便居然有万里山川之势；片言只语内，便宛然见千古圣贤之心，才是高士的眼界，达人的胸襟。

①会心不在远：语本《世说新语·言语》：“简文入华林园，顾谓左右曰：‘会心处不必在远。’”

心与竹俱空，问是非何处安脚？貌偕松共瘦，知忧喜无由上眉。

趋炎虽暖，暖后更觉寒威；食蔗虽甘，甘馀便生苦趣。何似养志于清修，而炎凉不涉；栖心于淡泊，而甘苦俱忘，其自得为更多也。

席拥飞花落絮，坐林中锦绣团裀；炉烹白雪清冰，熬天上玲珑液髓。

逸态闲情，惟期自尚，何事外修边幅？清标傲骨，不愿人怜，无劳多买胭脂。

天地景物，如山间之空翠，水上之涟漪，潭中之云影，草际之烟光，月下之花容，风中之柳态，若有若无，半真半幻，最足以悦人心目而豁人性灵，真天地间一妙境也。

乐意相关禽对语，生香不断树交花，此是无彼无此之真机。野色更无山隔断，天光常与水相连，此是彻上彻下之真境。吾人时时以此景象注之心目，何患心思不活泼，气象不宽平？

鹤唳雪月霜天，想见屈大夫独醒之激烈[①]；鸥眠春风暖日，会知谢丞相高卧之风流[②]。

①屈大夫：指屈原，他曾为楚国三闾大夫。《楚辞·渔父》：屈原答渔父曰："众人皆醉我独醒。" ②谢丞相：指谢安，东晋阳夏人，士族出身，孝武帝时为宰相。曾隐居会稽，"高卧东山"。见《晋书》本传。

黄鸟情多，常向梦中唤骚客；白云意懒，偏来僻处媚幽人。

栖迟蓬户，耳目虽拘，而神情自旷；结纳山翁，仪文虽略，而意念常真。

满室清风满几月，坐中物物见天心；一溪流水一山云，行处时时观妙道。

炮凤烹龙，放箸时与齑盐无异；悬金佩玉，成灰处共瓦砾何殊？

扫地白云来，才著工夫便起障；凿池明月入，能空境界自生明。

造化唤作小儿，切莫受渠戏弄；天地原为大块，须要任我炉锤。

想到白骨黄泉，壮士之肝肠自冷；坐老清溪碧嶂，俗流之胸次亦闲。

夜眠八尺,日啖二升,何须百般计较?书读五车,才分八斗,未闻一日清闲。

概　论

君子之心事,天青日白,不可使人不知;君子之才华,玉韫珠藏,不可使人易知。

耳中常闻逆耳之言,心中常有拂心之事,才是进德修行之砥石。若言言悦耳,事事快心,便把此生埋在鸩毒中矣。

疾风怒雨,禽鸟戚戚;霁月光风,草木欣欣。可见天地不可一日无和气,人心不可一日无喜神。

醲肥辛甘非真味,真味只是淡;神奇卓异非至人,至人只是常。

夜深人静,独坐观心,始觉妄穷而真独露,每于此中得大机趣;既觉真现而妄难逃,又于此中得大惭忸。

恩里由来生害,故快意时须早回头;败后或反成功,故拂心处切莫放手。

藜口苋肠者,多冰清玉洁;衮衣玉食者,甘婢膝奴颜。盖志以淡泊明,而节从肥甘丧也。

面前的田地要放得宽,使人无不平之叹;身后的惠泽要流得长,使人有不匮之思。

路径窄处,留一步与人行;滋味浓的,减三分让人尝。此是涉世一极乐法。

作人无甚高远的事业,摆脱得俗情便入名流;为学无甚增益的工夫,减除得物累便臻圣境。

宠利毋居人前,德业毋落人后,受享毋逾分外,修持毋减分中。

处世让一步为高,退步即进步的张本;待人宽一分是福,利人实利己的根基。

盖世的功劳,当不得一个"矜"字;弥天的罪过,当不得一个"悔"字。

完名美节,不宜独任,分些与人,可以远害全身;辱行污名,不宜全推,引些归己,可以韬光养德。

事事要留个有馀不尽的意思,便造物不能忌我,鬼神不能损我。若业必求满,功必求盈者,不生内变,必招外忧。

抗心希古，雄节迈伦，穷且弥坚，老当益壮[①]。脱落俦侣，如独象之行踪；超腾风云，若大龙之起舞。

①"穷且"二句：语出《后汉书·马援传》："丈夫为志，穷且益坚，老当益壮。"

攻人之恶毋太严，要思其堪受；教人以善毋过高，当使其可从。

粪虫至秽，变为蝉而饮露于秋风[①]；腐草无光，化为萤而耀采于夏月[②]。因知洁常自污出，明每从晦生也。

①"粪虫"二句：《埤雅》："蝉为其变蜕而禅，故曰蝉。舍卑秽，趋高洁，其禅足道也。" ②"腐草"二句：《礼记》："季夏之月，腐草为萤。"

矜高倨傲，无非客气[①]，降伏得客气下，而后正气伸；情欲意识，尽属妄心，消杀得妄心尽，而后真心现。

①客气：言行虚娇，不真诚为客气。

饱后思味，则浓淡之境都消；色后思淫，则男女之见尽绝。故人当以事后之悔悟破临事之痴迷，则性定而动无不正。

居轩冕之中，不可无山林的气味；处林泉之下，须要怀廊庙的经纶。

处世不必徼功,无过便是功;与人不求感德,无怨便是德。

忧勤是美德,太苦则无以适性怡情;淡泊是高风,太枯则无以济人利物。

事穷势蹙之人,当原其初心;功成行满之士,要观其末路。

富贵家宜宽厚,而反忌刻,是富贵而贫贱其行,如何能享?聪明人宜敛藏,而反炫耀,是聪明而愚懵其病,如何不败?

人情反覆,世路崎岖。行不去,须知退一步之法;行得去,务加让三分之功。

待小人不难于严,而难于不恶;待君子不难于恭,而难于有礼。

宁守浑噩而黜聪明,留些正气还天地;宁谢纷华而甘淡泊,遗个清名在乾坤。

降魔者先降其心,心伏则群魔退听;驭横者先驭其气,气平则外横不侵。

养弟子如养闺女,最要严出入,谨交游。若一接近匪人,是清净田中下一不净的种子,便终身难植嘉苗矣。

欲路上事,毋乐其便而姑为染指,一染指便深入万仞;理路上事，毋惮其难而稍为退步，一退步便远隔千山。

念头浓者，自待厚，待人亦厚，处处皆厚；念头淡者，自待薄，待人亦薄，事事皆薄。故君子居常嗜好，不可太浓艳，亦不宜太枯寂。

彼富我仁，彼爵我义[①]，君子故不为君相所牢笼；人定胜天，志一动气，君子亦不受造化之陶铸。

①"彼富"二句：《孟子·公孙丑下》：孟子引曾子言曰："彼以其富，我以吾仁，彼以其爵，我以吾义，吾何慊乎哉？"

立身不高一步立，如尘里振衣，泥中濯足，如何超达？处世不退一步处，如飞蛾投烛[①]，羝羊触藩[②]，如何解脱？

①飞蛾投烛：喻自取灭亡。《梁书·到溉传》："如飞蛾之赴火，岂焚身之可吝？" ②羝羊触藩：羝羊，即公羊，有角。藩，即藩篱。《周易·大壮》："羝羊触藩，羸其角。"喻进退两难。

学者要收拾精神并归一处，如修德而留意于事功名誉，必无实谊；读书而寄兴于吟咏风雅，定不深心。

人人有个大慈悲，维摩广额无二心也[①]；处处有种真趣味，金屋茅檐非两地也。只是欲闭情封，当面错过，便咫尺千里矣。

①维摩：佛名，即维摩诘，释迦同时人。 广额：指老子。《史记·老子列传》注曰："(老子)长耳大目，广额疏齿。"

进德修道，要个木石的念头，若一有欣羡，便趋欲境；济世经邦，要段云水的趣味，若一有贪著，便堕危机。

肝受病则目不能视，肾受病则耳不能听，病受于人所不见，必发于人所共见。故君子欲无得罪于昭昭，必先无得罪于冥冥。

福莫福于少事，祸莫祸于多心。唯更事者，方知少事为福；唯平心者，始知多心之为祸。

处治世宜方，处乱世宜圆，处叔季之世当方圆并用[①]。待善人宜宽，待恶人宜严，待庸众之人当宽严互存。

①叔季之世："叔世"、"季世"之合称。指国家衰乱时代。

我有功于人不可念，而过则不可不念；人有恩于我不可忘，而怨则不可不忘。

心地干净，方可读书学古。不然，见一善行，窃以济私，闻一善言，假以覆短，是又藉寇兵而赍盗粮矣[①]。

①藉寇兵而赍盗粮：语出《荀子·大略》。

奢者富而不足，何如俭者贫而有余？能者劳而俯怨，何如拙者逸而全真？

读书不见圣贤，如铅椠佣[①]；居官不爱子民，如衣冠盗。讲学不尚躬行，为口头禅[②]；立业不思种德，为眼前花。

①铅椠佣：铅，铅粉笔；椠，木板。两者皆古人记录文字的工具。铅椠佣，意即书本的奴仆。 ②口头禅：指不能领会禅理，只是袭用禅宗和尚的常用语作为谈话的点缀。

人心有部真文章，都被残编断简封锢了；有部真鼓吹[①]，都被妖歌艳舞湮没了。学者须扫除外物，直觅本来，才有个真受用。

①鼓吹：原为音乐术语，后比喻宣扬羽翼某物的东西。《世说新语·文学》："《三都》《两京》，《五经》鼓吹。"

苦心中常得悦心之趣，得意时便生失意之悲。

富贵名誉自道德来者，如山林中花，自是舒徐繁衍；自功业来者，如盆槛中花，便有迁徙废兴；若以权力得者，如瓶钵中花，其根不植，其萎可立而待矣。

栖守道德者，寂寞一时；依阿权势者，凄凉万古。达人观物外之物，思身后之身，宁受一时之寂寞，毋取万古之凄凉。

春至时和，花尚铺一段好色，鸟且啭几句好音。士君子幸列头角，复遇温饱，不思立好言，行好事，虽是在世百年，恰似未生一日。

学者有段兢业的心思，又要有段潇洒的趣味。若一味敛束清苦，是有秋杀无春生，何以发育万物？

真廉无廉名，立名者正所以为贪；大巧无巧术，用术者乃所以为拙。

心体光明，暗室中有青天；念头暗昧，白日下有厉鬼。

人知名位为乐，不知无名无位之乐为最真；人知饥寒为忧，不知不饥不寒之忧为更甚。

为恶而畏人知，恶中犹有善路；为善而急人知，善处即是恶根。

天之机缄不测，抑而伸，伸而抑，皆是播弄英雄、颠倒豪杰处。君子只是逆来顺受，居安思危，天亦无所用其伎俩矣。

福不可徼，养喜神以为召福之本；祸不可避，去杀机以为远祸之方。

十语九中未必称奇，一语不中则愆尤骈集；十谋九成未必归功，一谋不成则訾议丛兴。君子所以宁默毋躁，宁拙毋巧。

天地之气，暖则生，寒则杀。故性气清冷者，受享亦凉薄。唯气和心暖之人，其福亦厚，其泽也长。

天理路上甚宽，稍游心，胸中便觉广大宏朗；人欲路上甚窄，才寄迹，眼前俱是荆棘泥途。

一苦一乐相磨练，练极而成福者，其福始久；一疑一信相参勘，勘极而成知者，其知始真。

地之秽者多生物，水之清者常无鱼[①]。故君子当存含垢纳污之量，不可持好洁独行之操。

①"水之清"句：语本《汉书·东方朔传》："水至清则无鱼，人至察则无徒。"

泛驾之马可就驰驱，跃冶之金终归型范。只一优游不振，便终身无个进步。白沙云："为人多病未足羞，一生无病是吾忧。"[①]真确实论也。

①白沙：即明代哲学家陈献章，居于广东新会白沙里，因以为号。

人只一念贪私，便销刚为柔，塞智为昏，变恩为惨，染洁为污，坏了一生人品。故古人以不贪为宝，所以度越一世。

耳目见闻为外贼，情欲意识为内贼[①]。只是主人翁惺惺不昧，独坐中堂，贼便化为家人矣。

①外贼、内贼:本佛教理论。佛教谓眼、耳、鼻、舌、身、意六者为罪孽根源,称“六根”。《释氏六帖》卷十五“六贼破家”条引《大佛名经》,以六根为“破汝善家”的“六大贼”。

图未就之功,不如保已成之业;悔既往之失,亦要防将来之非。

气象要高旷,而不可疏狂;心思要慎细,而不可琐屑;趣味要冲淡,而不可偏枯;操守要严明,而不可激烈。

风来疏竹,风过而竹不留声;雁度寒潭,雁去而潭不留影。故君子事来而心始现,事去而心随空。

清能有容,仁能善断,明不伤察,直不过矫,是谓蜜饯不甜,海味不咸,才是懿德。

贫家净扫地,贫女净梳头,景色虽不艳丽,气度自是风雅。士君子当穷愁寥落,奈何辄自废弛哉!

闲中不放过,忙中有受用;静中不落空,动中有受用;暗中不欺隐,明中有受用。

念头起处,才觉向欲路上去,便挽回理路上来。一起便觉,一觉便转,此是转祸为福、起死回生的关头,切莫当面错过。

天薄我以福，吾厚吾德以迓之；天劳我以形，吾逸吾心以补之；天厄我以遇，吾亨吾道以通之。天且奈我何哉？

真士无心徼福，天即就无心处牖其衷；憸人著意避祸[①]，天即就著意中夺其魄。可见天之机权最神，人之智巧何益？

①憸人：小人，奸邪的人。

声妓晚景从良，一世之烟花无碍；贞妇白头失守，半生之清苦俱非。语云："看人只看后半截。"真名言也。

平民肯种德施惠，便是无位的卿相；士夫徒贪权市宠，竟成有爵的乞人。

问祖宗之德泽，吾身所享者是，当念其积累之难；问子孙之福祉，吾身所贻者是，要思其倾覆之易。

君子而诈善，无异小人之肆恶；君子而改节，不若小人之自新。

家人有过，不宜暴扬，不宜轻弃。此事难言，借他事而隐讽之；今日不悟，俟来日而正警之。如春风之解冻，和气之消冰，才是家庭的型范。

遇艳艾于密室，见遗金于旷郊，甚于两块试金石；受眉睫之横逆，闻萧墙之谗诟，即是他山攻玉砂。

此心常看得圆满,天下自无缺陷之处所;此心常放得宽平,天下自无险侧之人情。

淡泊之士,必为浓艳者所疑;检饬之人,多为放肆者所忌。君子处此,固不可少变其操履,亦不可太露其锋芒。

居逆境中,周身皆针砭药石,砥节砺行而不觉;处顺境内,满前尽兵刃戈矛,销膏靡骨而不知。

生长富贵丛中者,嗜欲如猛火,权势似烈焰。若不带些清冷气味,其火焰不至焚人,必将自焚。

人心一真,便霜可飞,城可陨[①],金石可镂。若伪妄之人,形骸徒具,真宰已亡,对人则面目可憎,独居则形影自愧。

①"人心一真"三句:王充《论衡·感虚》:"邹衍无罪,见构于燕,当夏五月,仰天而叹,天为陨霜。"又传说孟姜女哭于长城,城为之崩。

文章做到极处,无有他奇,只是恰好;人品做到极处,无有他异,只是本然。

以幻境言,无论功名富贵,即肢体亦属委形[①];以真境言,无论父母兄弟,即万物皆吾一体。人能看得破,认得真,才可以任天下之负担,亦可脱世间之缰锁。

①委形:赋予形体。《庄子·知北游》:"舜曰:吾身非吾有也,孰有

之哉？曰:是天地之委形也。”

爽口之味,皆烂肠腐骨之药[①],五分便无殃;快心之事,悉败身丧德之媒,五分便无悔。

①“爽口”二句:语本枚乘《七发》:“甘脆肥脓,命曰腐肠之药。”

不责人小过,不发人阴私,不念人旧恶。三者可以养德,亦可以远害。

天地有万古,此身不再得;人生只百年,此日最易过。幸生其间者,不可不知有生之乐,亦不可不怀虚生之忧。

老来疾病,都是少时招的;衰时罪孽,都是盛时作的。故持盈履满[①],君子尤兢兢焉。

①持盈履满:比喻居高位,处顺境。曹操《善哉行》:“持满如不盈,有德者能卒。”

市私恩,不如扶公议;结新知,不如敦旧好;立荣名,不如种阴德;尚奇节,不如谨庸行。

公平正论不可犯手,一犯手则贻羞万世;权门私窦不可著脚,一著脚则玷污终身。

曲意而使人喜,不若直节而使人忌;无善而致人誉,不如无恶而致人毁。

处父兄骨肉之变,宜从容,不宜激烈;遇朋友交游之失,宜剀切,不宜优游。

小处不渗漏,暗处不欺隐,末路不怠荒,才是真正英雄。

惊奇喜异者,终无远大之识;苦节独行者,要有恒久之操。

当怒火欲水正腾沸时,明明知得,又明明犯着。知得是谁?犯着又是谁?此处能猛省转念,回头便为真君子矣。

毋偏信而为奸所欺,毋自任而为气所使;毋以己之长而形人之短,毋以己之拙而忌人之能。

人之短处,要曲为弥缝,如暴而扬之,是以短攻短;人有顽固,要善为化诲,如忿而疾之,是以顽济顽。

遇沉沉不语之士,且莫输心①;见悻悻自好之人,应须防口。

①输心:表示真心。

念头昏散处,要知提醒;念头吃紧时,要知放下。不然,恐去昏昏之病,又来憧憧之扰矣。

霁日青天,倏变为迅雷震电;疾风怒雨,倏转为朗月晴空。气机何尝一毫凝滞?太虚何尝一毫障蔽?人之心体亦当如是。

胜私制欲之功,有曰识不早力不易者,有曰识得破忍不过者。盖识是一颗照魔的明珠,力是一把斩魔的慧剑,两不可少也。

横逆困穷,是锻炼豪杰的一副炉锤。能受其锻炼者,则身心交益;不受其锻炼者,则身心交损。

害人之心不可有,防人之心不可无,此戒疏于虑者;宁受人之欺,毋逆人之诈,此警伤于察者。二语并存,精明浑厚矣。

毋因群疑而阻独见,毋任己意而废人言,毋私小惠而伤大体,毋借公论以快私情。

善人未能急亲,不宜预扬,恐来谗谮之奸;恶人未能轻去,不宜先发,恐招媒蘖之祸。

一翳在眼,空花乱起,纤尘著体,杂念纷飞。了翳无花,销尘绝念。

青天白日的节义,自暗室漏屋中培来①;旋乾转坤的经纶,从临深履薄中操出②。

①暗室漏屋:指无人独处之所。《中庸》:"尚不愧于屋漏。"
②临深履薄:《诗经·小雅·小旻》:"战战兢兢,如临深渊,如履薄冰。"

父慈子孝,兄友弟恭,纵做到极处,俱是合当如是,著不得一毫感激的念头。如施者任德,受者怀恩,便是路人,便成市道矣。

炎凉之态,富贵更甚于贫贱;妒忌之心,骨肉尤狠于外人。此处若不当以冷肠,御以平气,鲜不日坐烦恼障中矣。

功过不宜少混,混则人怀惰隳之心;恩仇不可太明,明则人起携贰之志。

恶忌阴,善忌阳。故恶之显者祸浅,而隐者祸深;善之显者功小,而隐者功大。

德者才之主,才者德之奴。有才无德,如家无主而奴用事矣,几何不魍魉猖狂?

锄奸杜倖,要放他一条去路。若使之一无所容,便如塞鼠穴者,一切去路都塞尽,则一切好物都咬破矣。

士君子贫不能济物者,遇人痴迷处,出一言提醒之;遇人急难处,出一言解救之,亦是无量功德。

处己者触事皆成药石,尤人者动念即是戈矛。一以辟众善之路，一以浚诸恶之源，相去霄壤矣。

事业文章，随身消毁，而精神万古如新；功名富贵，逐世转移，而气节千载一日。吾信不以彼易此也。

鱼网之设，鸿则罹其中①；螳螂之贪，雀又乘其后②。机里藏机，变外生变，智巧何足恃哉！

①“鱼网”二句：见于《诗经·邶风·新台》：“鱼网之设，鸿则离之。”意谓所得非所求。离，通“罹”。　②“螳螂”二句：见于《说苑·正谏》中“螳螂捕蝉，黄雀在后”的故事。喻只见眼前利益而不顾后患。

作人无一点真恳的念头，便成个花子，事事皆虚；涉世无一段圆活的机趣，便是个木人，处处有碍。

有一念而犯鬼神之忌，一言而伤天地之和，一事而酿子孙之祸者，最宜切戒。

事有急之不白者，宽之或自明，毋躁急以速其忿；人有切之不从者，纵之或自明，毋躁切以益其顽。

节义傲青云，文章高白雪，若不以德性陶熔之，终为血气之私，技能之末。

谢事当谢于正盛之时，居身宜居于独后之地，谨德须谨于至微之事，施恩务施于不报之人。

德者事业之基,未有基不固而栋宇坚久者;心者修行之根,未有根不植而枝叶荣茂者。

道是一件公众的物事,当随人而接引;学是一个寻常的家饭,当随事而警惕。

学道之人,虽曰有心,心常在定,非同猿马之未宁①;虽曰无心,心常在慧,非同株块之不动②。

①猿马:即心猿意马,喻心神不定。敦煌变文《维摩诘经·菩萨品》:"卓定深沉莫测量,心猿意马罢颠狂。" ②株块:木头和土块,喻无知之物。《列子·杨朱》:"名者,固非实之所取也。虽称之弗知,虽赏之不知,与株块无以异矣。"

念头宽厚的,如春风煦育,万物遭之而生;念头忌尅的,如朔雪阴凝,万物遭之而死。

勤者,敏于德义,而世人借勤以济其贪;俭者,淡于货利,而世人假俭以饰其吝。君子持身之符,反为小人营私之具矣,惜哉!

人之过误宜恕,而在己则不可恕;己之困辱宜忍,而在人则不可忍。

恩宜自淡而浓,先浓后淡者,人忘其惠;威宜自严而宽,先宽后严者,人怨其酷。

士君子处权门要路,操履要严明,心气要和易,毋少随而近腥膻之党,亦毋过激而犯蜂虿之毒。

遇欺诈的人,以诚心感动之;遇暴戾的人,以和气薰蒸之;遇倾邪私曲的人,以名义气节激励之;天下无不入我陶熔中矣。

一念慈祥,可以酝酿两间和气;寸心洁白,可以昭垂百代清芬。

阴谋怪习,异行奇能,俱是涉世的祸胎;只一个庸德庸行,便可以完混沌而召和平。

语云:“登山耐险路,踏雪耐危桥。”一“耐”字极有意味。如倾险之人情,坎坷之世道,若不得一“耐”字撑持过去,几何不堕入榛莽坑堑哉!

夸逞功业,炫耀文章,皆是靠外物做人。不知心体莹然,本来不失;即无寸功只字,亦自有堂堂正正做人处。

不昧己心,不拂人情,不竭物力,三者可以为天地立心,为生民立命,为后裔造福①。

①“三者”三句:宋张载《论语说》:“为天地立心,为生民立命,为往圣继绝学,为万世开太平。”

居官有二语：曰惟公则生明①，惟廉则生威。居家有二语：曰惟恕则平情，惟俭则足用。

①公生明：语出《荀子·不苟》："公生明，偏生暗。"

处安乐之场，当体患难景况；立旁观之地，要知当局苦衷；理现成之事，宜审创始艰辛。

持身不可太高洁，一切污辱垢秽亦要茹纳；与人不可太分明，一切善恶贤愚须要涵容。

休与小人仇雠，小人自有对头；休向君子谄媚，君子原无私惠。

磨砺当如百炼之金，急就者非邃养；施为宜似千钧之弩，轻发者无宏功。

建功立业者，多虚圆之士；偾事失机者，必执拗之人。

俭，美德也，过则为悭吝，为鄙啬，反伤雅道；让，懿行也，过则为足恭，为曲谨，多出机心。

毋忧拂意，毋喜快心，毋恃久安，毋惮初难。

仁人心地宽舒，便福厚而庆长，事事成个宽舒气象；鄙夫念头迫促，便禄薄而泽短，事事成个迫促规模。

用人不宜刻，刻则思效者去；交友不宜滥，滥则贡谀者来。

大人不可不畏，畏大人则无放逸之心；小民亦不可不畏，畏小民则无豪横之名。

事稍拂逆，便思不如我的人，则怨尤自消；心稍怠荒，便思胜似我的人，则精神自奋。

不可乘喜而轻诺，不可因甘而过食，不可乘快而多事，不可因倦而鲜终。

钓水，逸事也，尚持生杀之柄；弈棋，清戏也，且动战争之心。可见喜事不如省事之为适，多能不如无能之全真。

听静夜之钟声，唤醒梦中之梦[①]；观澄潭之月影，窥见身外之身。

①梦中之梦：《庄子・齐物论》："方其梦也，不知其梦也，梦之中又占其梦焉，觉而后知其梦也。"

鸟语虫声，总是传心之诀；花英草色，无非见道之文。学者要天机清彻，胸次玲珑，触物皆有会心处。

人解读有字书，不解读无字书；知弹有弦琴，不知弹无弦琴。以迹用不以神用，何以得琴书佳趣？

山河大地已属微尘①，而况尘中之尘；血肉身躯且归泡影，而况影外之影。非上上智，无了了心。

①微尘：佛教语，指极小之物。《北齐书·樊逊传》："法王自在，变化无穷，置世界于微尘，纳须弥于黍米。"

石火光中争长竞短①，几何光阴？蜗牛角上较雌论雄②，许大世界？

①"石火"句：释道原《景德传灯录》卷二十曰："僧问：'如何是佛法大意？'……师曰：'石火电光，已经尘劫。'"石火电光，喻瞬间即逝之物。　②"蜗牛"句：典出《庄子·则阳》："有国于蜗之左角者，曰触氏，有国于蜗之右角者，曰蛮氏，时相与争地而战，伏尸数万。"

延促由于一念，宽窄系之寸心。故机闲者一日遥于千古，意宽者斗室广于两间。

都来眼前事，知足者仙境，不知足者凡境；总出世上因，善用者生机，不善用者杀机。

趋炎附势之祸，甚惨亦甚速；栖恬守逸之味，最淡亦最长。

色欲火炽，而一念及病时，便兴似寒灰；名利饴甘，而一想到死地，便味如嚼蜡。故人常忧死虑病，亦可消幻业而长道心。

争先的，径路窄，退后一步自宽平一步；浓艳的，滋味短，清淡一分自悠长一分。

隐逸林中无荣辱，道义路上泯炎凉。

进步处便思退步，庶免触藩之祸[①]；著手时先图放手，才脱骑虎之危。

①触藩：比喻进退两难的困境。《易·大壮》："羝羊触藩，羸其角。"

贪得者，分金恨不得玉，封公怨不授侯，权豪自甘乞丐；知足者，藜羹旨于膏粱，布袍暖于狐貉，编民不让王公。

矜名不如逃名趣，练事何如省事闲。

孤云出岫[①]，去留一无所系；朗镜悬空，静躁两不相干。

①"孤云"句：典出陶渊明《归去来兮辞》："云无心而出岫。"

山林是胜地，一营恋便成市朝；书画是雅事，一贪痴便成商贾。盖心无染著，欲境是仙都；心有丝牵，乐境成悲地。

时当喧杂，则平日所记忆者皆漫然忘去；境在清宁，则夙昔所遗忘者又恍尔现前。可见静躁稍分，昏明顿异。

芦花被下卧雪眠云，保全得一窝夜气[①]；竹叶杯中吟风弄月，躲离了万丈红尘。

①夜气：喻清明纯净的心境。见《孟子·告子上》。

出世之道即在涉世中，不必绝人以逃世；了心之功即在尽心内，不必绝欲以灰心。

此身常放在闲处，荣辱得失谁能差遣我？此心常安在静中，是非利害谁能瞒昧我？

我不希荣，何忧乎利禄之香饵；我不竞进，何畏乎仕宦之危机。

多藏厚亡[①]，故知富不如贫之无虑；高位疾颠，故知贵不如贱之常安。

①多藏厚亡：指聚财越多，最终损失越大。《老子》四十四章："甚爱必大费，多藏必厚亡。"

世人只缘认得"我"字太真，故多种种嗜好，种种烦恼。前人云："不复知有我，安知物为贵？"又云："知身不是我，烦恼更何侵？"真破的之言也。

人情世态倏忽万端，不宜认得太真。尧夫云："昔日所云我，而今却是伊。不知今日我，又属后来谁？"[①]人常作如是观，便可解却胸中罥矣。

①“昔日”四句：为邵雍《寄曹州李审言龙图》诗。

视民为吾民，善善恶恶或不均；视民为吾心，慈善悲恶无不真。故曰天地同根，万物一体，是谓同仁。

有一乐境界，就有一不乐的相对待；有一好光景，就有一不好的相乘除。只是寻常家饭，素位风光，才是个安乐窝巢。

知成之必败，则求成之心不必太坚；知生之必死，则保生之道不必过劳。

眼看西晋之荆榛[①]，犹矜白刃；身属北邙之狐兔，尚惜黄金[②]。语云：“猛兽易伏，人心难降；溪壑易填，人心难满。”信哉！

①“眼看”句：典出《晋书·索靖传》：“靖有先识远量，知天下将乱，指洛阳宫门铜驼叹曰：‘会见汝在荆棘中耳。’” ②“身属”句：用石崇典。《晋书·石崇传》谓石崇被杀之前，尚痛惜其家财将为他人所用。

心地上无风涛，随在皆青山绿水；性天中有化育，触处都鱼跃鸢飞。

静极则心通，言志则体会，是以会通之人，心若悬鉴，口若结舌，形若槁木，气若霜雪。

狐眠败砌，兔走荒台，尽是当年歌舞之地；露冷黄花，烟迷衰草，悉属旧时争战之场。盛衰何常？强弱安在？念此令人心灰。

宠辱不惊，闲看庭前花开落；去留无意，漫随天外云卷舒。

晴空朗月，何天不可翱翔，而飞蛾独投夜烛；清泉绿竹，何物不可饮啄，而鸱鸮偏嗜腐鼠[①]。噫！世之不为飞蛾鸱鸮者几何人哉！

①“鸱鸮”句：典出《庄子·秋水》：“鸱得腐鼠，鹓鸰过之，仰而视之曰吓。”

游鱼不知海，飞鸟不知空，凡民不知道。是以善体道者，身若鱼鸟，心若海空，庶乎近焉。

权贵龙骧，英雄虎战，以冷眼视之，如蚁聚膻，如蝇竞血；是非蜂起，得失猬兴，以冷情当之，如冶化金，如汤消雪。

真空不空[①]，执相非真，破相亦非真[②]，问世尊如何发付[③]？在世出世，徇欲是苦，绝欲亦是苦，听吾侪善自修持。

①真空：佛教语，谓真如之理体远离一切迷情所见之相，杜绝“有”、“空”之相对，故曰真空。　②破相：佛教语，谓破除一切妄相而直显性体。　③世尊：佛陀的尊称。

烈士让千乘[①]，贪夫争一文，人品星渊也，而好名不殊好利;天子营家国,乞人号饔飧,位分霄壤也,而焦思何异焦声?

①千乘:千乘之国。古时以一车四马为一乘,配甲士三人,步卒七十二人。千乘之国即是大国。

见外境而迷者,继踵竞进,居怨府,蹈畏途,触祸机,懵然不知;见内境而悟者,拂衣独往,跻寿域,栖天真,养太和,翛然自得,高卑敻绝,何啻霄壤。

性天澄澈,即饥餐渴饮,无非康济身心;心地沉迷,纵谈禅演偈,总是播弄精魂。

人心有真境,非丝非竹而自恬愉,不烟不茗而自清芬。须念净境虚空,虑忘形释,才得以游衍其中。

天地中万物,人伦中万情,世界中万事,以俗眼观,纷纷各异;以道眼观,种种是常,何须分别?何须取舍?

缠脱只在自心,心了则屠肆、糟廛居然净土。不然,纵一琴一鹤,一花一卉,嗜好虽清,魔障终在。语云:“能休尘境为真境,未了僧家是俗家[①]。”

①“能休”二句:语出邵雍《十三日游上寺及黄涧》诗。

以我转物者,得固不喜,失亦不忧,大地尽属逍遥;以物役我者,逆固生憎,顺亦生爱,一毫便生缠缚。

试思未生之前有何象貌,又思既死之后有何景色,则万念灰冷,一性寂然,自可超然物外而游象先。

优人傅粉调朱,效妍丑于毫端,俄而歌残场罢,妍丑何存?弈者争先竞后,较雌雄于指下,俄而局散子收,雌雄安在?

把握未定,宜绝迹尘嚣,使心不见可欲而不乱,以澄吾静体;操持既坚,又当混迹风尘,使此心见可欲而亦不乱,以养吾圆机。

喜寂厌喧者,往往避人以求静,不知意在无人,便成我相①;心著于静,便是动根,如何到得人我一空,动静两忘的境界?

①我相:佛教语,四相之一,指把轮回六道的自体当作真实存在的观点。《金刚经》:"若菩萨有我相、人相、众生相、寿者相,即非菩萨。"

人生祸区福境,皆念想造成。故释氏云:"利欲炽然,即是火坑;贪爱沉弱,便为苦海。一念清净,烈焰成池;一念惊觉,船登彼岸。"念心稍异,境界顿殊,可不慎哉!

绳锯材断,水滴石穿,学道者须要努索;水到渠成,瓜熟蒂落,得道者一任天机。

就一身了一身者,方能以万物付万物;还天下于天下者,方能出世间于世间。

人生原是傀儡，只要把柄在手，一线不乱，卷舒自由，行止在我，一毫不受他人提掇，便超出此场中矣。

陆鱼不忘濡沫，笼鸟不忘理翰[①]，以其失常思返也。人失常而不思返，是鱼鸟之不若也。

①"陆鱼"两句：语本《庄子·大宗师》："泉涸，鱼相与处于陆，相呴以湿，相濡以沫，不如相忘于江湖。"又陶渊明《归园田居》："羁鸟恋旧林，池鱼思故渊。"

"为鼠常留饭，怜蛾纱罩灯[①]。"古人此等念头，是吾人一点生生之机，无此，即所谓土木形骸而已。

①"为鼠"二句：语出苏轼《次韵寄定慧钦长老》诗。

世态有炎凉，而我无嗔喜；世味有浓淡，而我无欣厌。一毫不落世情窠臼，便是一在世出世法也。